HUNDE

TETSU YAMAZAKI
TOYOHARU KOJIMA

First published in Japan in 1993 by Yama-Kei Publishers Co., Ltd.
Tokyo, Japan

Deutsche Redaktion: Ina Friedrich
Deutsche Übersetzung: Ilona Marchand
Satz: akapit, Berlin
Titel des englischen Originals: Legacy of the Dog

Printed in the EU.

ISBN 3-85049-587-6

Inhalt

Hunde über alles 4

Die Geschichte des Haushundes 6

Verzeichnis der Hundegruppen 10

Der Körperbau 28

Die Gruppe der Hütehunde 33
Anatolischer Hirtenhund 34
Australian Cattle Dog 36
Australian Kelpie 38
Bearded Collie 40
Belgischer Schäferhund 42
Bergamasker 44
Bouvier des Flandres 46
Briard 48
Border Collie 50
Katalonischer Schäferhund 51
Collie 52
Holländischer Schäferhund 54
Komondor 56
Kuvasz 57
Maremma - Abruzzenhund 58
Mudi 59
Bobtail 60
Polnischer Niederungshütehund 62
Puli 64
Pumi 65
Pyrenäenschäferhund 66
Saarloos Wolfhond 67
Sarplaninac 68
Schapendoes 69
Shetland Sheepdog (Sheltie) 70
Welsh Corgi Cardigan 72
Welsh Corgi Pembroke 74

Die Gruppe der Arbeitshunde 75
Akita Inu 76
Alaskan Malamute 78
Appenzeller Sennenhund 80
Österreichischer Kurzhaarpinscher 81
Berner Sennenhund 82
Boxer 84
Bullmastiff 86
Bordeaux Dogge 88
Dogo Argentino 89
Dobermann 90
Deutscher Schäferhund 92
Deutsche Dogge 94
Pyrenäenberghund 96
Hokkaido 98
Hovawart 99
Island Hund 100
Jämthund 101
Kai 102
Karelischer Bärenhund 103
Kishu 104
Laika 105
Landseer 106
Leonberger 107
Mastiff 108
Mastino Napoletano 109
Neufundländer 110
Pinscher 112
Podengo Portugues 113
Rottweiler 114
Russischer Hütehund 116
Bernhardiner 118
Samoyede 120
Shiba Inu 122
Siberian Husky 124
Shikoku 126
Spanischer Mastiff 127
Westgotenspitz 128
Tibet - Dogge 129
Tosa Inu 130

Die Gruppe der Sporthunde 131
Amerikanischer Cocker Spaniel 132
Bretonischer Vorstehhund 134
Chesapeake Bay Retriever 135
Clumber Spaniel 136
Curly - Coated Retriever 138
English Cocker Spaniel 140
Pointer 142
English Setter 144
Englischer Springer Spaniel 146
Field Spaniel 147
Flat Coated Retriever 148
Deutscher Wachtelhund 149
Deutsch Kurzhaar/ Deutsch Drahthaar 150
Golden Retriever 152
Gordon Setter 154
Irish Setter 156
Rot - weißer Irish Setter 158
Irish Water Spaniel 159
Spinone 160
Kooikerhondje 161
Labrador Retriever 162
Großer Münsterländer 164
Nova Scotia Duck Tolling Retriever 165
Pont - Audemer Spaniel 166
Portugiesischer Wassehund 168
Sussex Spaniel 169
Vizsla Kurzhaar 170
Weimaraner 172
Welsh Springer Spaniel 174
Wetterhoun 176

Die Gruppe der Jagdhunde 177
Afghanischer Windhund 178
Basenji 180
Basset Hound 182
Beagle 184
Basset Fauve de Bretagne 186
Bayerischer Gebirgsschweißhund 187
Berner Laufhund 188
Black and Tan Coonhound 189
Bluthund 190
Barsoi 192
Cirneco dell' Etna 194
Deerhound 195
Dackel 196
Drever 198
Elchhund 199
Siebenbürger Bracke 200
Foxhound 201
Greyhound 202
Hamiltonstövare 204
Ungarischer Windhund 205
Ibizan Hound 206
Irischer Wolfshund 208
Otterhound 210
Petit Basset Griffon Vendéen 211
Pharaonenhund 212
Rhodesian Ridgeback 213
Saluki 214
Sabueso Español 215
Schweizerischer Laufhund 216
Tiroler Bracke 217
Whippet 218
Windhund 220

Die Gruppe der Terrier 221
Airedale Terrier 222
American Staffordshire Terrier 224
Australian Terrier 225
Bedlington Terrier 226
Russischer Terrier 228
Border Terrier 229
Bull Terrier 230
Cairn Terrier 232
Cesky Terrier 234
Dandie Dinmont Terrier 235
Glatthaariger Foxterrier 236
Drahthaariger Foxterrier 238
Deutscher Jagdterrier 240
Glen of Imaal Terrier 241
Irish Terrier 242
Jack Russell Terrier 244
Kerry Blue Terrier 246
Lakeland Terrier 248
Manchester Terrier 250
Norfolk Terrier 252
Norwich Terrier 253
Scottish Terrier 254
Skye Terrier 256
Soft - Coated Wheaten - Terrier 258
Sealyham Terrier 260
Staffordshire Bull Terrier 261
West Highland White Terrier 262
Welsh Terrier 264

Die Gruppe der Toy - Hunde 265
Affenpinscher 266
(Australian) Silky Terier 267
Bichon Frisé 268
Brüsseler Griffon 270
Cavalier King Charles Spaniels 272
Chihuahua 274
Coton de Tulear 277
Chinesischer Schopfhund 278
Italienisches Windspiel 280
Japan Chin 282
Japanischer Terrier 284
King Charles Spaniel 285
Löwchen 286
Mexikanischer Nackthund 287
Malteser 288
Zwergpinscher 290
Papillon 290
Peruanischer Nackthund 298
Pekingese 296
Zwergspitz 298
Mops 300
Shih Tzu 302
Toy Manchester Terrier 304
Yorkshire Terrier 305

Gruppe der Nichtsporthunde 307
Bulldogge 308
Boston Terrier 310
Kanaan Hund 311
Chow Chow 312
Dalmatiner 314
Eurasier 316
Französische Bulldogge 317
Finnischer Spitz 318
Deutscher Spitz 319
Italienischer Spitz 320
Japanischer Spitz 321
Wolfsspitz 322
Kromfohrländer 322
Lhasa Apso 324
Pudel 326
Schipperke 329
Schnauzer 330
Shar Pei 332
Tibet Spaniel 334
Tibet Terrier 335

Glossar 336

Index 342

Hunde über alles

Unter allen Tierarten pflegen die Hunde die am längsten währende Freundschaft mit dem Menschen. Wenn es keine Hunde gegeben hätte, hätten die Menschen wahrscheinlich nie den derzeitigen Zivilisationsstand erreicht. Hunde verteidigten unser Leben und unseren Besitz gegen Feinde, sie halfen uns bei der Jagd nach anderen Tieren, die unsere Nahrungsgrundlage waren und sie unterstützen uns in schwierigen Situationen und haben dabei oft ihr eigenes Leben geopfert. Nur wenige andere Tiere waren für die Menschheit so wichtig. Die Liebe zu Hunden ist fast genauso umfassend wie der Wunsch nach Weltfrieden. Dieses Buch ist unseren geliebten Hunden gewidmet, sowie den Lesern, die mehr über sie wissen möchten.

Es sind schon viele Bücher über Welpenaufzucht, Haltung und Erziehung veröffentlicht worden, aber nur wenige davon sind illustriert und zeigen, wie jede einzelne Rasse wirklich aussieht. Dieses Buch enthält Fotos von preisgekrönten Hunden aus mehr als zweihundert Rassen.

Da ich von Kindesbeinen an Hunde geliebt habe - insbesondere seltene Rassen - habe ich zahllose Bücher über sie gelesen. Bis vor kurzem gab es nur sehr wenige seltene, ausländische Rassen in Japan.

Solche Hunde konnte man nur in Illustrationen oder auf Fotos sehen. So kam es, dass ich mich, obwohl ich von jeder Hunderasse ein Bild im Kopf hatte, während meiner ganzen Jugend immer wieder fragte, wie sie tatsächlich aussehen. Als ich dann später die Gelegenheit hatte, diese Rassen in Fleisch und Blut zu sehen, erkannte ich, dass meine früheren Vorstellungen sich oft sehr von der Realität unterschieden. Der Grund hierfür liegt vermutlich darin, dass die Illustrationen und Fotos, die ich gesehen hatte, nicht sehr nah am Rassestandard waren.

In diesem Buch habe ich Wert darauf gelegt, Fotos von Hunden auszuwählen, die so nah wie nur möglich an den derzeitigen Standards sind. Es wurden so viele Fotografien wie möglich einbezogen, um ein visuelles Lesevergnügen zu bereiten und den Lesern gleichzeitig auf den ersten Blick das tatsächliche Aussehen der einzelnen Rassen zu zeigen. Um diese Bilder der weltbesten Hunde zusammenzustellen, haben der Fotograf Tetsu Yamazaki und ich mehr als drei Jahre lang wichtige Hundeschauen und bekannte Zwinger in Japan und auf der ganzen Welt besucht.

Dieses Buch teilt die wichtigsten Rassen in sieben Gruppen ein. Wenn von 'reinen' Rassen gesprochen wird, müssen wir dabei aber auch bedenken, dass einige Rassen, obwohl sie sich über eine sehr lange Zeit hinweg entwickelt haben, doch durch sorgfältige Auswahl über mehrere Generationen aus Kreuzungen entstanden sind. Auf diese Weise konnten bestimmte Charakteristiken wie zum Beispiel die Fähigkeiten als Jagd- oder Gebrauchshund, Schnelligkeit und Sozialverhalten betont werden, während negative Charakterzüge eliminiert oder minimiert wurden. Genauso wurden körperliche Merkmale, die diesen Eigenschaften und Aufgaben am besten entsprachen, ausgewählt, was zu den heutigen festen Rassen führte. Ohne Zweifel werden in Zukunft neue Rassen entwickelt, während einige der derzeit anerkannten Rassen verschwinden werden, wenn ihre Popularität sinkt. Ich glaube, dass wir es verhindern sollten, irgendeine dieser Rassen zu verlieren, damit sich auch noch zukünftige Generationen an ihnen erfreuen können.

Mein herzlicher Dank gilt den Verantwortlichen der vielen Zuchtverbände in allen Ländern, die ich besucht habe, sowie den Hundebesitzern und Helfern für ihre unendliche Zusammenarbeit beim Auswählen und Fotografieren der großartigen Hunde, die auf den folgenden Seiten gezeigt werden.

Toyoharu Kojima

Die Geschichte des Haushundes

Die Klassifizierung des Hundes

Die Geschichte der Urväter des Hundes ist faszinierend, aber die Fakten bleiben bis heute hoch spekulativ. Die Hunde werden in die Gattung der Fleischfresser, eine Untergruppe der Säugetiere, eingeteilt. Die Fleischfresser werden für gewöhnlich in acht Familien unterteilt: Caniden (Hunde), Procyoniden (Waschbären), Feliden (Katzen), Muteliden (Wiesel), Ailuriden (Pandas), Ursiden (Bären), Viverriden (kleine Wildkatzen) und die Hyaeniden (Hyänen). Die Haushunde gehören zu den Caniden. Die Caniden wiederum werden für gewöhnlich in vier Gruppen unterteilt: die Gruppe der Hunde (genus Canis), die Gruppe der Füchse (genus Vulpes), die Gruppe der Culpeo (genus Dysicyon) und die Gruppe der Buschhunde (alle anderen genera).

Die Gruppe der Buschhunde umfasst den Buschhund, den Pflanzen fressenden Fuchs, den Fuchs mit Fledermausohren, den Waschbärenhund und den Graufuchs, während die Gruppe der Füchse fast alle Fuchsarten außer den Graufuchs und wenige andere abdeckt.

Die Culpeo-Gruppe beinhaltet Arten, die zwischen Hund und Fuchs liegen, wie den Falkland Wolf, den Culpeo Fuchs, den Streifenschwanzhund, den Andenwolf und den Mähnenwolf.

In der Hundegruppe sind der Dhole, der Afrikanische Wildhund und die Caniden. Die ersten beiden Genera haben nur Dholen und Afrikanische Wildhunde, die Canisgruppe umfasst den Kojoten, den Schakal, den Wolf, den Dingo und den Haushund.

Alle in der Canisgruppe haben denselben Skelettaufbau, inklusive der fünf Zehen an den Vorderpfoten und der vier an den Hinterpfoten, sowie eine runde Iris, die sich zusammenzieht. Diese Merkmale, die der Haushund mit der Gruppe gemeinsam hat, sind ein Zeichen dafür, dass seine Vorfahren dort zu finden sein könnten.

Prähistorische Wurzeln

Die Mitglieder des genus canis tauchten vor etwa 1 Million Jahren auf, zuerst in Asien oder Eurasien. Später wanderten sie zwischen diesen Kontinenten hin und her. Außerdem erschienen sie damals auch in Amerika, hauptsächlich im Norden. Zu dieser Zeit waren Eurasien und Amerika noch keine getrennten Kontinente. Da bis jetzt noch keine Fossilien von Hunden in Australien gefunden wurden, glaubt man heute, dass die Hunde sich erst nach der Kontinentaltrennung entwickelten.

Da man glaubt, dass das älteste Fossil eines Hundes (es wurde in England, genauer gesagt in Yorkshire, gefunden) aus dem Mesolythikum stammt, ist man gemeinhin der Ansicht, dass die Menschen etwa 500.000 Jahre vorher - also im Palaeolythikum - noch keine Beziehung zu Hunden aufgebaut hatten. Viele frühe Hunderassen entwickelten sich zu ihrer heutigen Form, indem sie sich ihrer Heimat anpassten. Von Rassen mit alten Blutlinien, die vom Aussehen her Wölfen oder Schakalen ähneln, sagt man, dass sie weniger aggressiv als Wölfe seien, da sie oft in gewisser Weise Aasfresser waren und von den Resten anderer Fleischfresser und von Tieren lebten.

Wildhunde und Haushunde

Hunde ähneln Wölfen mehr als irgendein anderes Tier. Wölfe sind hauptsächlich in der nördlichen Hemisphäre verbreitet: in Europa, Nordamerika und Asien. Für gewöhnlich sind diejenigen, die in kälteren Klimazonen leben, größer, haben eine hellere Farbe (wahrscheinlich zum Schutz) und sind aggressiver, während diejenigen, die man in wärmeren Regionen findet, kleiner sind, eine gelbliche Rehfarbe haben, die zum Bauch hin heller wird, und weniger aggressiv sind. Diese Farbe ist auch die häufigste bei Haushunden. Obwohl man oft glaubt, dass Wölfe Feinde der Menschen seien, ist das Gegenteil eher richtig; sie greifen sehr sel-

Wolf

ten Menschen an, gewöhnen sich aber recht schnell an sie. Schakale jagen oft in Gruppen, obwohl sie hauptsächlich durch Aas überleben, das von anderen Fleischfressern übrig gelassen wird. Der Kojote sieht mit seiner spitzen Schnauze, großen Ohren und dem dicken Schwanz dem Wolf sehr ähnlich. Er lebt in den Grasebenen Nordamerikas, weshalb er auch der Grasebenenwolf genannt wird. Seine Zahl hat drastisch abgenommen, bedingt durch die irregeleiteten Anstrengungen der Menschen ihn auszurotten, um ihre Viehbestände zu schützen. In Südamerika gibt es Wildhunde, wie zum Beispiel den Pflanzen fressenden Wolf und den Zorro. Zorros haben große Ohren, dicke Schwänze und untersetzte Körper. Die Zucht von Kreuzungen zwischen diesen Wildhunden und den Haushunden wurde von den dort ansässigen Menschen wegen ihrer Jagdfähigkeiten hoch geschätzt. Der australische Wildhund ist der Dingo, der nur selten in der Wildnis bellt, der aber sofort damit anfängt, wenn er erst einmal gezähmt ist.

Alle oben genannten Hunde sind Mitglieder der so genannten Hundegruppe und werden daher als Verwandte des heute bekannten Haushundes angesehen. Vom Erscheinungsbild, ihren Gewohnheiten und ihrer Ausdrucksweise sind sie sich alle vollkommen ähnlich. Obwohl es einige Ausnahmen gibt, wie zum Beispiel Bulldoggen mit kurzen Schnauzen, Zwergchihuahuas, Setter und Spaniel mit hängenden Ohren, haben sie für gewöhnlich gemeinsame Merkmale. Diese beinhalten die Art und Zahl der Zähne (41); die Schädelform, obwohl die Größe unterschiedlich ist; die Gesamtzahl (50 - 52) und die Art der Wirbel: 7 Halswirbel, 13 Brustwirbel, 7 Lendenwirbel, 3 Kreuzbeinwirbel, und 20 - 22 Schwanzwirbel; eine Iris, die sich kreisförmig zusammenzieht, einen guten Geruchssinn, wobei die Beute durch den Geruch gesucht wird; ähnliche körperliche Leiden und Krankheiten wie Staupe, Tollwut und Herzwürmer; die Art zu heulen, zu knurren und Schmerzen auszudrücken, die Art, Freude auszudrücken (die Ohren anlegen und mit dem Schwanz wedeln), oder Wut (gestellte Haare und gefletschte Zähne) und Unterwerfung (sich auf den Rücken legen und/oder den Schwanz einklemmen); nächtliche Gewohnheiten; eine Neigung zum Graben, eine neunwöchige Trächtigkeit und das Öffnen der Augen im Alter von zwei Wochen. Trotz solcher ähnlicher Merkmale wird es als gefährlich angesehen, Haushun-

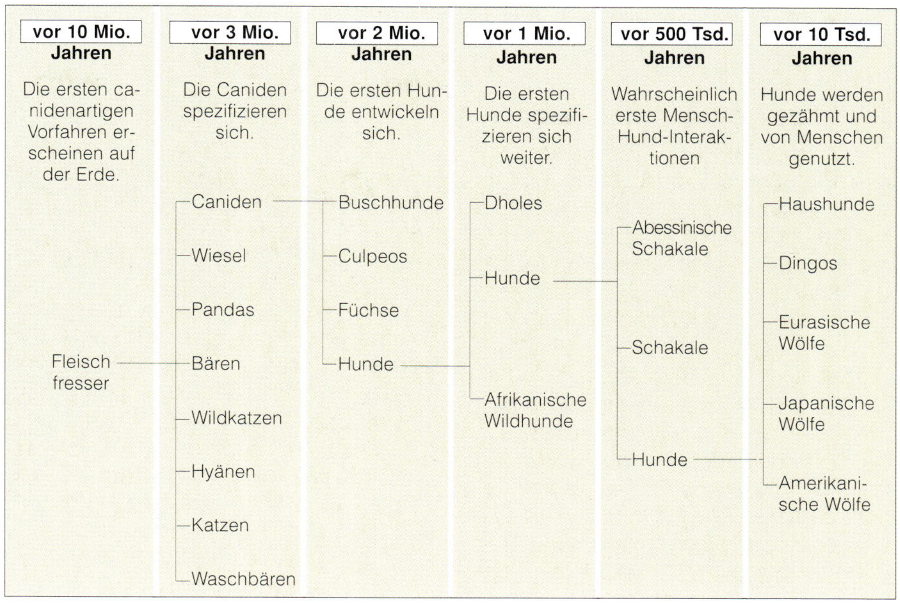

Dingos

Deutsche Familie mit Spaniel, Köln

de und Hunde aus der Gruppe der Canis familiaris miteinander zu kreuzen. Die Nachkommenschaft kann sich zwar reproduzieren, hat aber nicht nur ein seltsames äußeres Erscheinungsbild, sondern erweist sich auch oft als scheu. Die übrigen Arten von Wildhunden sind für die heutigen Haushunde eher unwichtig.

Sogar heute leben einige Wildhunde vollkommen ohne menschlichen Kontakt, wie sie es seit Zehntausenden von Jahren getan haben. So haben wir die Gelegenheit, Phänomene zu beobachten, die uns Hinweise darauf geben, wie frühe Hunde sich vor Zehntausenden von Jahren verhalten haben.

Menschen und Hund

Menschen aus der Vorzeit, die praktisch keine Kleidung kannten, müssen sehr gefroren haben, wenn sie Tiere wie Mammuts, Wild und Büffel mit in der Hand getragenen Waffen jagten. Sie fingen außerdem Fische und Schalentiere aus den Flüssen und an den Meeresufern, suchten nach Wurzeln und pflückten Früchte und essbare Pflanzen. Wahrscheinlich konkurrierten die Menschen zu dieser Zeit mit wilden Hunden um Nahrung und aßen sie sogar auch. Später, als die Menschen Stämme bildeten und in Höhlen zogen, begannen sie, abgegrenzte Gebiete zu errichten und zu bewachen. Während menschliche Jäger meistens über Hunderudel dominierten, begannen beide Kreaturen wahrscheinlich, sich über die gegenseitigen Vorteile einer Beziehung klar zu werden: Reste von Aas waren dort, wo Menschen siedelten, und Hunderudel bellten, wenn unbekannte Menschen oder andere Tiere sich näherten. Da die Hunde den Siedlungen der Menschen immer näher kamen, begannen die Menschen wahrscheinlich mit Versuchen, sie zu zähmen. Wir wissen, dass in Nordwesteuropa während des Mesolythicums, also vor etwa 12.000 Jahren, Menschen mit der Tierhaltung anfingen.

Während des Neolythicums zogen die Menschen aus den Höhlen aus und errichteten erste Siedlungen mit strohgedeckten Hütten in Wassernähe. Sie beschäftigten sich mit Ackerbau und der Aufzucht von Schafen. Ein vollständiges Fossil eines Hundes, der weder getötet noch gegessen worden war, wurde in einer europäischen Siedlung aus dieser Zeit gefunden. Man glaubt, dass es sich dabei um einen gezähmten Hund handelte. Ordentlich ausgelegte Hundeknochen von neolythischen Friedhöfen, die kürzlich in Europa ausgegraben wurden, zeigen, dass Hunde zu dieser Zeit von den Menschen schon hoch geschätzt wurden.

Von dem Zeitpunkt, zu dem die Menschen erkannten, dass gezähmte Hunde nützlich sein könnten und zu dem sie begannen, wilde Welpen zu fangen, begann auch die Auswahl nach erwünschten Körper- und Verhaltensmerkmalen, um die Hunde besser an bestimmte Aufgaben anzupassen. Über viele Jahrhunderte hinweg resultierten von Menschen durchgeführte Veränderungen in einer Zahl von verschiedenen Hunderassen mit unterschiedlichen Merkmalen. Heute werden etwa 350 Hunderassen von der Federation Cynologique Internationale (FCI) anerkannt, die ihren Hauptsitz in Belgien hat. Wenn man allerdings bedenkt, dass eine ganze Zahl nationaler Zuchtverbände immer noch keine Mitglieder der FCI sind, reicht die Gesamtzahl erkennbarer Rassen wahrscheinlich an die 500. Jede festgelegte Rasse hat einen offiziellen Satz von Standards, der den erstaunlichen Grad anzeigt, bis zu dem die ursprünglich wilden Hunde verändert wurden, um die große Vielfalt herzustellen, die wir heute kennen. Für gewöhnlich beinhalten die Standards, die von dem jeweiligen anerkannten Stammclub der betreffenden Rasse aufgestellt werden und mit deren Hilfe diese Art von Hund beurteilt wird, deren Geschichte und Stammbaum, ihre Verwendung, ihre allgemeine Erscheinung, ihr Temperament, ihren Körperbau (Kopf, Körper, Schwanz, Gliedmaßen, Fell, Farbe und so weiter), ihren Gang, ihre Größe und ihre Mängel.

Sieben Gruppen

Es folgt ein Überblick über die 7 Gruppen (Hütehunde, Arbeitshunde, Sporthunde, Terrier, Toy-Hunde, und Nicht-Sporthunde), in welche die Hunderassen in diesem Buch unterteilt sind.

Die Gruppe der Hütehunde

Menschen fingen wilde Tiere und hielten sie in Pferchen. Sie dienten als Nahrung, Nutzvieh oder als Farmtiere. Um die Tiere vom Weglaufen abzuhalten und sie vor Räubern zu schützen, hielten die Menschen Hunde und legten so den Grundstein für die Hütehunde. In der Folge verbesserte sich das Leben der Menschen enorm, da Nahrung und Materialien für Kleidung immer gleich bei der Hand waren.

Die Gruppe der Arbeitshunde

Hunde nehmen einen nahenden Feind wahr und warnen ihren Herren. Das war der Ursprung der Wachhunde. Heute umfasst diese Gruppe mutige und loyale Militärhunde; Packhunde, die schwere Lasten ziehen; große aber freundliche Rettungshunde; Kampfhunde, die einst andere Hunde und Tiere bekämpften; Polizeihunde; Begleithunde, die tauben und blinden Menschen helfen; Schlittenhunde und so weiter.

Die Gruppe der Sporthunde

Die Hunde dieser Gruppe haben eine gute Nase für Beute. Sie zeigen ihrem Herren, wo die Vögel sind und apportieren sie, wenn sie geschossen wurden. Einige Apportierhunde lieben Wasser und sind gute Schwimmer, sodass sie Beute aus dem Wasser holen.

Die Gruppe der Jagdhunde

Es gibt zwei Arten von Hunden: Sichthunde und Spürhunde. Sichthunde machen ihre Beute aus der Ferne aus und jagen sie, bis sie erschöpft ist, während die Spürhunde ihre Beute durch den Geruch finden. Spürhunde arbeiten mit der Polizei zusammen und suchen nach Drogen und Bomben. Manche Hunde dieser Gruppe können mehr als 55 km/h schnell laufen. Der kraftvolle und anmutige Körper eines Jagdhundes, der mit dieser Geschwindigkeit läuft, ist wie ein Kunstwerk. Viele Jagdhunde werden als Schauhunde oder Rennhunde verwendet.

Die Gruppe der Terrier

Der Name Terrier kommt von dem lateinischen Wort 'terra', das Erde oder Boden bedeutet. Diese Hunde werden so genannt, weil sie die Beute in Höhlen jagen. Große Jagdhunde werden mit dem Begriff Jagdhund bezeichnet, kleine nennt man Terrier. Jeder Terrier ist mit einem ausgezeichneten Geruchssinn, Schnelligkeit, einem kämpferischen Instinkt und mit viel Intelligenz ausgestattet. Terrier werden eingeteilt in langbeinig, kurzbeinig, langhaarig, kurzhaarig und rauhaarig. Heute sind sie eher als Haushunde oder Schauhunde bekannt, weil sie gut aussehen und weil sie schnell und intelligent sind.

Die Gruppe der Toy-Hunde

Einige Hunde aus der Jagdhundgruppe, Sportgruppe und Terriergruppe werden in die Gruppe der Toy-Hunde eingeteilt. Sie unterscheiden sich von den anderen durch ihre geringe Größe, ihre Schlauheit, ihre Begehrtheit als Streichelhunde und sie sind unentbehrliche Begleiter vieler Menschen.

Die Gruppe der Nicht-Sport-Hunde

Hunde, die sich für eine bestimmte Arbeit eignen und die in Bezug auf ihre äußere Erscheinung oder ihren Stammbaum nicht mit Hunden aus anderen Gruppen verwandt sind, werden in diese Gruppe eingeteilt. Einige eignen sich als Zirkusartisten, weil sie attraktiv aussehen und eine hervorragende Auffassungsgabe und ein hervorragendes Gedächtnis haben. Andere wiederum sind bessere Rattenfänger als Terrier oder sie sind ausgezeichnete Wachhunde, weil sie nicht unnötig bellen. Es scheint fast falsch zu sein, sie als nichtsportlich zu bezeichnen, da sie ausnahmslos wundervolle Hunde sind.

Gewohnheiten

Hunde haben einen ausnehmend guten Sinn für Richtungen, der nichts mit ihrem starken Geruchs-, Hör- und Gesichtssinn zu tun hat. Sie haben eine unheimliche Fähigkeit, aus weiten Entfernungen auf dem kürzesten Weg nach Hause zurückzukehren, ganz ohne für Menschen erkennbare Anhaltspunkte. Als ich ein kleiner Junge war, bekam ich einen ein Jahr alten Shiba Inu in Shinshu (auf der japanischen, dem Meer zugewandten Seite auf der Hauptinsel Honshu) und brachte ihn mit dem Zug zurück nach Tokyo. Am dritten Tag fraß er ein Loch in den hölzernen Zaun des Zwingers und entkam. Zehn Tage später war er zurück bei seinem Vorbesitzer in Shinshu, das etwa 250 km entfernt ist! Viele ähnliche Episoden wurden auf der ganzen Welt berichtet.

Es gibt viele Theorien darüber, warum Hunde graben, in versteckten, dunklen Gegenden schlafen wollen und warum sie für gewöhnlich - bevor sie schlafen - um ihren Ruheplatz herumtreten. Jedoch ist keine von ihnen schlüssig bewiesen worden.

Hunde halten sich selbst und ihre Umgebung gerne sauber. Das beginnt mit ihrer Geburt, wenn die Mutter die Welpen säubert. Sobald sie in der Lage sind, alleine zu laufen, werden sie ihren Darm ein gutes Stück von der Stelle entfernt entleeren, an der sie schlafen und essen. Zu dieser Zeit fangen sie auch an, sich Gegenstände zu schnappen und zu verstecken. Rüden markieren ihr Revier durch urinieren an verschiedenen Punkten innerhalb und außerhalb ihres Umkreises. Man glaubt, dass dies ein Charakterzug ist, der auf ihre Wurzel als Caniden zurückgeht.

Hunde haben einen legendären Ruf bezüglich Treue und Beschützerinstinkts, obwohl manche Rassen bessere Wachhunde sind als andere.

Hunde helfen uns auch in psychologischer Hinsicht. Tests haben gezeigt, dass das Spazierengehen mit einem Hund, oder auch nur wenn man einen als Haustier hat, dabei hilft, sich schneller von einer Krankheit zu erholen und Rehabilitationsmaßnahmen unterstützt. Für jeden, insbesondere aber für Kinder und ältere Menschen, kann ein Hund der beste Freund sein, jemand, mit dem man über alles sprechen kann und der dazu beiträgt, die Lebensqualität des Menschen zu erhöhen.

Egal wie man es betrachtet, Hunde sind liebenswerte Tiere.

Eine Hundeschau

Die Gruppe der Hütehunde

Diese Gruppe geht zurück auf die Zeit, zu der Menschen erstmals anfingen, Tiere zum Bewachen von Viehbeständen einzusetzen und sie haben viele der Instinkte und Charakterzüge ihrer Vorfahren geerbt. Man glaubt, dass die Vorfahren sehr wilde Wachhunde waren. Die Stachelhalsbänder, die wir mit solchen Hunden in Verbindung bringen, dienten ursprünglich dem Schutz des Halses vor Angriffen wilder Tiere.

Ausgehend von diesen Hunden wurde eine ganze Zahl von Rassen durch Auswahl gezüchtet, um die charakteristischen Merkmale der heutigen Gruppe der Hütehunde zu verstärken. Für Hunde, die in kalten Klimazonen leben und die Viehbestände vor Wölfen und Bären beschützen, waren ein dickes Fell (manchmal doppelt) sowie Größe und Stärke von großer Wichtigkeit. Ihr Fell schützt sie sowohl vor der Kälte als auch vor Räubern, weil ihre Haut dadurch schlecht zugänglich ist. Diese Hunde werden bei Sonnenuntergang instinktiv wachsamer. Komondore und Anatolische Hirtenhunde gehören in diese Gruppe.

Um die Viehbestände auf großen Farmen und Bauernhöfen zu kontrollieren, wurden Hunde ausgewählt, die schnell auf Kommandos hörten. Außerdem konnten sie die Tiere versammeln, in der Herde halten und auch vermisste Tiere aufspüren. Der Mudi zum Beispiel ist bekannt für seine Geduld bei der Jagd nach verirrten Schafen und Kühen. Solche Rassen beinhalten Collies, Shelties, Bearded Collies, Welsh Corgies und Border Collies. Vor der Erfindung von Autos und Zügen wurden der Bouvier des Flandres und der Australian Cattle Dog gezüchtet, um dabei zu helfen, Vieh über lange Entfernungen hinweg von abgelegenen Höfen zu großen Märkten in der Stadt zu treiben.

Bei der Entwicklung von Hütehundrassen lag die Betonung eher auf Effektivität und der Fähigkeit zur Erfüllung bestimmter Aufgaben wie Durchhaltevermögen bei schlechtem Wetter und die Fähigkeit, über längere Strecken hinweg bei maximaler Geschwindigkeit zu laufen, als auf dem Aussehen.

▶ Collie (rauhaarig)

▶ Shetland Sheepdog

▶ Collie (glatthaarig)

▶ Pyrenäenschäferhund

▲ Border Collie

▲ Bearded Collie

▲ Katalonischer Schäferhund

▼ Schapendoes

▲ Polnischer Niederungshütehund

▼ Bobtail

▶ Bouvier des Flandre

◀ Kuvasz

▼ Briard

▼ Maremma-Abruzzenhund

▲ Anatolischer Hirtenhund

◀ Komondor

▲ Puli

▼ Bergamasker

▲ Australian Cattle Dog

▶ Australian Cattle Dog (Stummelschwanz)

▲ Belgischer Schäferhund (Groenendael)

▶ Belgischer Schäferhund (Tervuren)

▲ Australian Kelpie

▲ Belgischer Schäferhund (Malinois)

▲ Welsh Corgi Pembroke

◀ Welsh Corgi Cardigan

▲ Belgischer Schäferhund (Laekenois)

▲ Mudi

▲ Pumi

▲ Sarplaninac

▲ Saarloos Wolfhond

◀ Holländischer Schäferhund (glatthaarig)

▲ Holländischer Schäferhund (rauhaarig)

Die Gruppe der Arbeitshunde

Mit dem gleichen Ursprung wie die Schäferhunde hat diese Gruppe ihre Wurzeln bei den alten Hunden, die nicht nur das Vieh bewachten, sondern die auch in Abwesenheit ihres Herren dessen Frau und Kinder grimmig verteidigten. In Kriegszeiten kämpften sie sogar als vierbeinige Soldaten, die oft Feinde angriffen, die weitaus größer waren als sie selbst und oft ihr Leben für ihre Aufgabe ließen. Dieser instinktive Sinn für Pflicht und Ergebenheit wurde in vielen Rassen weiter verfeinert, die bestimmte Aufgaben erfüllen konnten. Da sie in erster Linie Wachhunde sind, umfasst die Gruppe auch Polizei-, Schutz-, Rettungs- und Arbeitshunde. Allgemein beliebt ist der Deutsche Schäferhund, der nicht nur für seine Hingabe als Blindenhund bekannt ist, sondern auch als Polizeihund bei der Suche nach Drogen und Bomben. Ebenso mutig, kräftig, unermüdlich und mit gutem Gedächtnis ausgestattet sind auch andere Polizeihunde wie der Dobermann und der Boxer. Einige sind zu Kampfhunden herangezüchtet worden, wofür der Mastiff ein frühes Beispiel ist.

Der Bernhardiner, der Pyrenäenschäferhund und der Neufundländer sind bekannt für ihre Such- und Rettungserfolge in verschneiten Bergen, nach Lawinen und während Naturkatastrophen wie zum Beispiel Erdbeben. Ebenso gut angepasst an strenge Kälte und Schnee sind Schlittenhunde wie der Samoyede, der Alaskan Malamute und der Siberian Husky mit ihrer unglaublichen Ausdauer. Ebenfalls in dieser Gruppe ist der Akita, von denen einer, nämlich der Hachiko, für seine grimmige Ergebenheit bekannt ist. Solch Wesenszüge machen die Arbeitshunde zu äußerst nützlichen Gefährten.

▶ Deutscher Schäferhund

◀ Alaskan Malamute

▲ Siberian Husky

▶ Laika

◀ Karelischer Bärenhund

▲ Island Hund

◀ Jämthund

◀ Samoyede

▲ Neufundländer

▶ Pyrenäenberghund

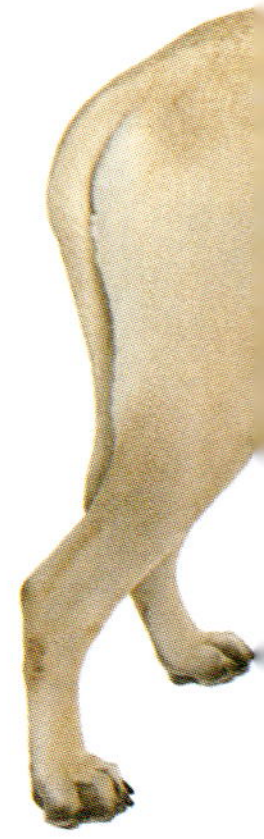

▶ Mastiff

▶ Landseer

▲ Bernhardiner (glatt)

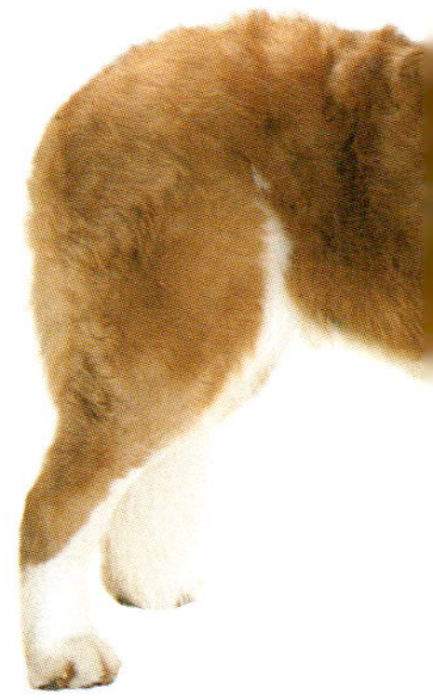

▶ Russischer Hütehund
(Süd Asien)

◀ Berner Sennhund

▲ Hovawart

▼ Appenzeller
Sennhund

◀ Russischer
Hütehund (Asien)

▲ Westgotenspitz

▼ Bullmastiff

▼ Bordeaux Dogge

◀ Bernhardiner (rau)

◀ Tosa Inu

◀ Rottweiler

▼ Spanischer Mastiff

▲ Leonberger

▲ Mastino Napoletano

▲ Österreichischer Kurzhaarpinscher

▼ Tibet - Dogge

▼ Russischer Hütehund (Kaukasus)

▼ Deutsche Dogge

▼ Dobermann

▼ Pinscher

◀ Podengo Portugues

▼ Boxer

▼ Dogo Argentino

▶ Podengo Portugues (klein)

▲ Akita Inu

▲ Kishu

▲ Kai

▶ Hokkaido

▲ Shikoku

▶ Shiba Inu

Die Hunde der Sportgruppe

Man ist gemeinhin der Ansicht, dass die Mitglieder dieser Gruppe zu den attraktivsten unter den Hunderassen gehören. Sie waren in Grasebenen, Sümpfen und an Gewässern gleichermaßen zuhause und wurden daher ursprünglich als Begleithunde entwickelt, die Vögel fangen und aufspüren sollten, noch lange bevor Schusswaffen erfunden waren. Die Hunde machten die Vögel aus. Anschließend wurden ein Falke oder Adler freigelassen, der das Wild ängstigen und in zuvor aufgestellte Netze treiben sollte, dann spürte der Hund das Wild leise auf. War die Jagd früher nur dem Adel zugänglich, ist sie heute ein Breitensport und Jagdhunde sind ein fester Bestandteil dieser Herausforderung.

Kurzhaarige Rassen wie Weimaraner, Viszla, Pointer und Deutsch Kurzhaar wurden für die Wildvogeljagd in den Bergen entwickelt. Der Deutsch Kurzhaar schnüffelt nach Wild genauso wie nach Fasanen. Wenn das Wild geortet ist, geht der Hund in eine stehende Haltung über. Sobald er den Befehl dazu erhalten hat, lässt der Hund das Wild auffliegen, sodass der Jäger es abschießen kann. Setter dagegen beugen sich herunter, um den Standort des Wildes anzuzeigen und dem Jäger eine Art Schusslinie vorzugeben.

Spaniel haben einen scharfen Geruchssinn, sind unermüdlich und drehen sich auf engem Raum um sich selbst, was große Setter nicht können. Sie manövrieren schnell um Sümpfe, Rosenbüsche und Brombeersträucher, scheuchen dabei Wildvögel heraus und verfolgen sie furchtlos. Einige, wie der englische und der amerikanische Cocker Spaniel, sind zu sehr beliebten Haustieren geworden und beliebt für ihr freundliches Wesen.

▼ English Cocker Spaniel

▶ Amerikanischer Cocker Spaniel

◀ Field Spaniel

▶ Clumber Spaniel

◀ Englischer Springer Spaniel

▲ Bretonischer Vorstehhund

◀ Welsh Springer Spaniel

▲ Deutscher Wachtelhund

◀ Sussex Spaniel

▶ Kooikerhondje

▶ Pointer

▲ Deutsch Kurzhaar

▼ Deutsch Drahthaar

▶ Weimaraner

▶ Vizsla Kurzhaar

▼ English Setter

▼ Irish Setter

◀ Gordon Setter

▶ Großer Münsterländer

▶ Rot-weißer Irish Setter

▲ Labrador Retriever

▼ Golden Retriever

▲ Flat Coated Retriever

▲ Nova Scotia Duck Tolling Retriever

▲ Chesapeake Bay Retriever

▲ Curly-Coated Retriever

▲ Wetterhoun

▼ Spinone

▲ Portugiesischer Wasserhund

▶ Irish Water Spaniel

▶ Pont-Audemer Spaniel

Die Gruppe der Jagdhunde

Diese Hunde sind in erster Linie tatsächliche Jagdhunde und danach eingeteilt, welche Beute sie jagen. Demnach werden sie in Vogel- und Tierhunde unterteilt. Die ersten befinden sich größtenteils in der Gruppe der Sporthunde und die letzten werden abgesehen von den Terriern den Jagdhunden zugerechnet. Diese können dann wiederum eingeteilt werden in Sicht-, Spür- oder in manchen Fällen auch Gehörhunde.

Sichthunde, wie Greyhounds, Afghanische Windhunde und Irische Wolfshunde, machen ihre Beute aus weiter Ferne aus und jagen sie mit einer unglaublichen Geschwindigkeit, bis sie erschöpft ist. Diese Art zu jagen war in erster Linie zu der Zeit beliebt, als es noch keine Schusswaffen gab. Einige große Rassen machen zu viel Lärm, wenn sie Beute finden und verscheuchen sie so, obwohl sie sehr schnell sind.

Spürhunde wie Basset Hounds und Elchhunde spüren Beute durch den Geruch auf, treiben sie dann in eine Ecke und geben den Jägern ein Zeichen. Kleine, freundliche Tiroler Bracken und Schweizer Laufhunde sind nicht so schnell, haben aber große Fähigkeiten, wenn es darum geht, die Beute in eine Ecke zu treiben. Beagles wissen instinktiv, dass ein Hase für gewöhnlich zu seinem Ausgangspunkt zurückläuft und jagen ihn so in die Arme des Jägers, der dort wartet. Dackel dagegen sehen lustig aus, sind aber entschlossene, kurzhaarige Jagdhunde, die Tiere aus ihren Höhlen jagen. Hunde in dieser Gruppe wurden dazu trainiert, ihren scharfen Geruchssinn zum Aufspüren von Bomben und Drogen zu verwenden.

Früher unterhielten einige Adelige Zwinger mit fünfzig bis hundert Hunden wie Foxhounds, sowie Dienerschaft, die sich darum kümmerte. Ein beliebter Zeitvertreib bei der Jagd war das „Rennen der Hunde", wo die ganze Hundemeute einem Fuchs oder Rotwild hinterher rannte, gefolgt von Adeligen zu Pferd. Etliche Rassen wurde auch für Wettrennen entwickelt.

▼ Otterhound

▼ Bluthund

▼ Beagle

▼ Dackel (langhaarig)

▼ Basset Hound

▲ Petit Basset Griffon Vendéen

▼ Dackel (glatthaarig)

▲ Dackel (Zwerg glatthaarig)

▼ Basset Fauve de Bretagne

▲ Drever

◀ Dackel (drahthaarig)

▲ Dackel (Zwerg drahthaarig)

◀ Dackel (Zwerg langhaarig)

▲ Afghanischer Windhund

▲ Barsoi

▼ Saluki

▶ Ungarischer Windhund

▲ Greyhound

◀ Whippet

▲ Windhund

▲ Ibizan Hound

▶ Ibizan Hound

◀ Cirneco dell' Etna

◀ Basenji

▲ Elchhund

▶ Pharaonenhund

▲ Deerhound

▲ Irischer Wolfshund

▲ Hamiltonstövare

▲ Foxhound

▲ Siebenbürger Bracke

▲ Rhodesian Ridgeback

▲ Black and Tan Coonhound

▲ Tiroler Bracke

▲ Berner Laufhund

▼ Sabueso Español

▲ Schweizer Laufhund

▲ Bayerischer Gebirgsschweißhund

Die Gruppe der Terrier

Im Allgemeinen werden Hunde, die große Tiere jagen, als Jagdhunde bezeichnet, diejenigen, die kleines Wild jagen, als Terrier. Einige Rassen sind in der Gruppe der Toy-Hunde oder der Gruppe der Nicht-Sporthunde enthalten, obwohl sie Terrier genannt werden.

Der einzigartige Charakter, die Intelligenz und das ordentliche Aussehen der Terrier haben ihnen eine weit reichende Popularität sowohl als Haustiere als auch als Schauhunde eingebracht. Die Kombination von starken Gliedmaßen, die eine straffe Muskulatur unterstützen, zusammen mit einem für gewöhnlich keilförmigen Kopf macht diese Gruppe stoppelhaariger Rassen besonders geeignet zum Graben nach Tieren, die sich in ihren Höhlen versteckt halten. Dazu kommt, dass die Haut auf dem Kopf sehr eng anliegt und dass das Maul von harten Haaren umgeben ist. All dies dient dazu, den grabenden Hund davor zu schützen, von dem kleinen Tier gebissen zu werden, das er verfolgt.

Diese Gruppe kann unterteilt werden in lang- und kurzbeinige Rassen: Aredaile, Irish, Bedlington und Lakeland Terrier in der ersten Kategorie und den Dandie Dinmont, Sealyham und die Scottish Terrier in der zweiten. Alternativ können sie auch als kurz-, lang- oder rauhaarige Terrier klassifiziert werden. Glatthaarige Fox- und Bullterrier passen in die erste Klasse, Skye Terrier in die zweite, und Cairn, Rauhaar-, Fox- und West Highland White Terrier in die letzte. Diese alle entstanden aus einer kleinen Zahl von Terrier-Rassen, die innerhalb dieser Gruppe gekreuzt wurden, oder die man zu örtlichen Nicht-Terrier-Rassen auskreuzte. Viele der Rassen stammen aus Großbritannien; andere beinhalten den Australian, den Russischen und den Deutschen Jagdterrier.

▲ Glatthaariger Foxterrier

▲ Drahthaariger Foxterrier

▼ Welsh Terrier

◀ Lakeland Terrier

▶ Soft - Coated Wheaten - Terrier

◀ Irish Terrier

▲ Airedale Terrier

▲ Kerry Blue Terrier

▶ Jack Russell Terrier (rau)

▶ Jack Russell Terrier (glatt)

▶ Jack Russell Terrier (broken)

▲ Parson Jack Russell Terrier

▶ Deutscher Jagdterrier

▼ West Highland White Terrier

▶ Norwich Terrier

▲ Cairn Terrier

▲ Scottish Terrier

◀ Norfolk Terrier

◀ Sealyham Terrier

▲ Australian Terrier

▶ Cesky Terrier

▲ Skye Terrier

▲ Border Terrier

▲ Dandie Dinmont Terrier

▲ Glen of Imaal Terrier

▶ Manchester Terrier

▲ Russischer Terrier

▼ Bedlington Terrier

▶ Bull Terrier

▲ American Staffordshire Terrier

▲ Staffordshire Bull Terrier

◀ Bull Terrier (klein)

Die Gruppe der Toy-Hunde

Mit dem Fortschreiten und der zunehmenden Stabilität der Zivilisation hatten die Menschen mehr Gelegenheit zu Freizeitaktivitäten, weil weniger Zeit für körperliche Arbeit erforderlich war. Hunde, die zur Gruppe der Jagdhunde, der Sporthunde und Terrier gehörten, wurden in ihrer Größe heruntergezüchtet, wodurch eine ganze Reihe von netten, reizenden, freundlichen Rassen produziert wurde, die sowohl durch ihre äußere Erscheinung als auch durch ihren Charakter einzigartig sind.

Diese demnach passend als Toy-Hunde bezeichneten Hunde wurden als Haus- oder Statustiere entwickelt.

Sie reichen von extrem kleinen, knuddeligen Hunden bis zu Schoßhunden und sie alle brauchen menschlichen Schutz und viel Pflege, auch die Kurzhaarigen unter ihnen. Wie auf diesen Seiten gezeigt wird, sind es extrem kleine Rassen wie Chihuahuas, ebenso wie solche mit langem eleganten Fell wie die Yorkshire Terrier, Malteser, Pekinesen, Australian Silky Terrier, Zwergspitze, Papillons und Cavalier King Charles Spaniel. Es gibt auch kurzhaarige Japanische und Toy Manchester Terrier und Miniaturpinscher, sowie auffällige haarlose Hunde wie den Chinesischen Schopfhund und den Mexikanischen Nackthund.

Mit einer Vielfalt an Fähigkeiten sind alle diese Wunderhunde aufmerksame Wachhunde, die ihrem Besitzer bis in den Tod treu bleiben.

◀ Yorkshire Terrier

▶ Australian Silky Terier

▶ Malteser

▲ Bichon Frisé

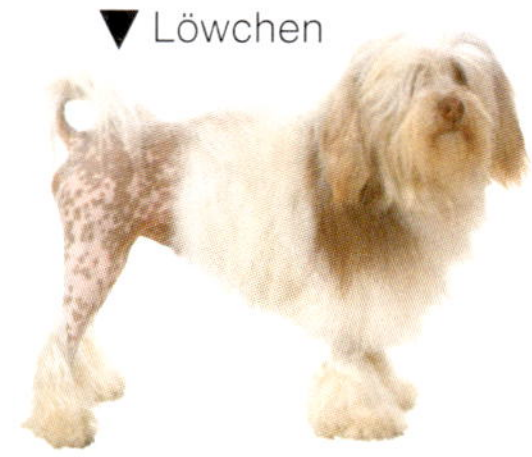

▼ Löwchen

▲ Chihuahua (glatt)

◀ Chihuahua (lang)

◀ Papillon

▼ Zwergspitz

▶ Shih Tzu

▲ Coton de Tulear

▼ Pekinese

▲ Papillon

▶ Mops

▼ King Charles Spaniel

◀ Japan Chin

◀ Brüsseler Griffon (glatt)

◀ Brüsseler Griffon (rau)

◀ Affenpinscher

▲ Zwergpinscher

◀ Toy Manchester Terrier

▲ Japanischer Terrier

▶ Italienisches Windspiel

▲ Cavalier King Charles Spaniel

▲ Chinesischer Schopfhund

▼ Chinesischer Schopfhund (powder puff)

▲ Mexikanischer Nackthund

▲ Mexikanischer Nackthund (Toy)

▼ Peruanischer Nackthund

Die Gruppe Nicht - Sporthunde

Die Rassen in dieser Gruppe sind wegen ihrer einzigartigen Erscheinung, ihrer historischen Wurzeln oder charakteristischen Eigenschaften nicht in den anderen Gruppen enthalten. Einige sind exzellente Artisten, andere bessere Rattenfänger als Terrier, oder sie haben Fähigkeiten beim Bewachen, die höher sind als die der Arbeitshunderassen.

Die auf der ganzen Welt beliebten Pudel haben ein wunderbares Fell, das einzigartig gestaltet werden kann und ein hohes Maß an reizvollen Eigenschaften, die genauso ausgeprägt sind wie bei den Toy-Rassen. Sie sind so intelligent und lernen so schnell, dass sie einen wertvollen Platz im Zirkus oder im Theater einnehmen. Schnauzer hat man in den Größen Riesen-, Mittel- und Zwergschnauzer gezüchtet, wobei der Zwergschnauzer ein sehr gut dressierter Jäger auf Nagetiere ist und der Riesenschnauzer ein immerzu aufmerksamer, hervorragender Wachhund (das Gleiche gilt für den kleineren Japanischen Spitz).Was die reizvollen Eigenschaften angeht, so stehen die französische Bulldogge, der Tibet Terrier, der Boston Terrier und der Lhasa Apso ganz oben auf der Liste. Dalmatiner sind international bekannt als hingebungsvo le Feuerwehrhunde und der nur sehr wenig bellende Chow Chow ist ein edler Wachhund, den nur wenige herausfordern könnten. Der kleine Schipperke ist ein ausgezeichneter Schäferhund, während der Kanaan ein Hund zur militärischen Verteidigung par excellence ist. Bulldoggen wurden ursprünglich zum Kampf gegen Bullen gezüchtet.

▲ Pudel

▶ Pudel (Zwerg)

◀ Pudel (Toy)

▶ Riesenschnauzer

▼ Schnauzer

▶ Schnauzer (Zwerg)

▲ Bulldogge

▶ French Bulldog

▲ Boston Terrier

▲ Shar Pei

◀ Dalmatiner

▶ Schipperke

▶ Kanaan Hund

▲ Chow Chow

◀ Kromfohrländer (drahthaarig kurz)

▶ Kromfohrländer (drahthaarig)

▲ Kromfohrländer (langhaarig)

▼ Eurasier

▲Wolfsspitz

▲ Finnischer Spitz

◀ Japanischer Spitz

▶ Deutscher Spitz

◀ Tibet Terrier

◀ Italienischer Spitz

▶ Tibet Spaniel

▶ Lhasa Apso

Der Körperbau

Die Fleischfresser traten im Tertiär, also vor 70 Millionen Jahren, mit anderen Säugetieren erstmals in Erscheinung . Sie können im Großen und Ganzen in zwei Gruppen eingeteilt werden, die Sohlengänger und die Zehengänger. Die erste Gruppe, wie z.B. die Waschbären, Bären und Wiesel, laufen auf ihren Fersen, während die andere Gruppe, wie Hunde, Katzen, und Hyänen auf ihren Zehen gehen. Im Vergleich sind die Zehengänger für gewöhnlich schneller und können längere Strecken laufen. Hunde haben an den vorderen Gliedmaßen fünf Zehen und vier an den hinteren Gliedmaßen, manchmal mit Afterkrallen, aber im Gegensatz zu den Katzen können sie ihre Krallen nicht einziehen.

Die besonderen Kennzeichen und Sinne des Hundes sind von seinen Vorfahren geerbt, bei denen die meisten Fähigkeiten zum Überleben notwendig waren. Die Nase mit ihren großen Nasenlöchern zum Beispiel hat eine komplexe, gekräuselte Auskleidung, die auf sehr kleinem Raum Platz für äußerst empfindlichen Geruchszellen bietet, die in den Wind gehalten werden können. Man sagt, dass der Hund von allen auf dem Land lebenden Tieren den schärfsten Geruchssinn hat, ca. 12 Millionen Mal schärfer als der des Menschen.

Hunde sind zudem mit einem guten Gehörsinn ausgestattet, der Geräusche auf einem niedrigeren Niveau und auch auf 40.000mal höherer Frequenz erkennt als der des Menschen. Auf diese Weise können sie andere Tiere nicht nur durch Sicht wahrnehmen, sondern auf recht große Entfernungen auch durch Geruch und Gehör. Sie sind jedoch relativ kurzsichtig und kompensieren dies wahrscheinlich dadurch, dass sie schnell auf bewegliche Dinge reagieren. Hunde verfolgen Beute ausdauernd und bringen sie zur Strecke. Sie haben die Geduld, die Beute bis zum letzten Moment des Angriffs in Schach zu halten, wobei sie sie mit ihrem extrem kräftigen Kiefer und ihren scharfen Zähne töten und auseinanderreißen.

Man kann Hunde nach Kriterien einteilen wie Größe, Länge des Fells und Körperbau. Die etwa 250 Rassen auf den folgenden Seiten sind sehr unterschiedlich, von winzig kleinen (mit weniger als zwei Pfund Gewicht) Chihuahuas bis hin zu Bernhardinern (die fast 220 Pfund wiegen können). Für Hundeliebhaber ist die Körperform einer Rasse ein kostbarer Schatz, der einst hingebungsvoll entwickelt wurde.

Die Körperteile Genau wie Katzen sind Hunde Zehengänger, die auf ihren Zehen gehen und lange Strecken laufen können. Sie haben eine hohes Durchhaltevermögen und ihr kräftiger Kiefer und ihre scharfen Zähne sind kraftvolle Waffen.

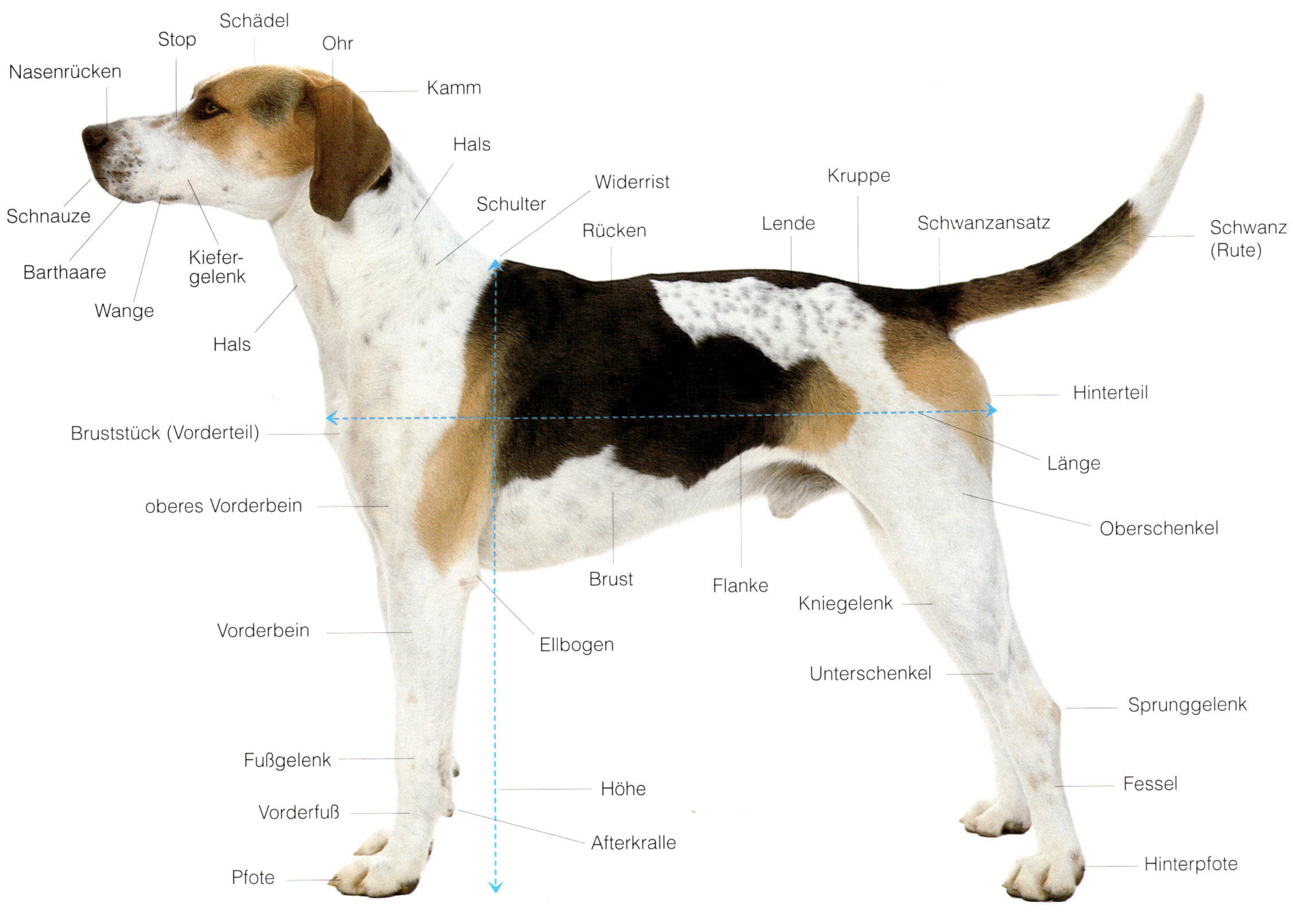

Kopf und Gesicht Der Körper des Hundes hat drei Teile, das Gesicht einige mehr, die vom Gleichgewicht von Nase, Maul, Augen, Lefzen und Wangen abhängen. Dabei sind die Größe und Form des Kopfes extrem variabel.

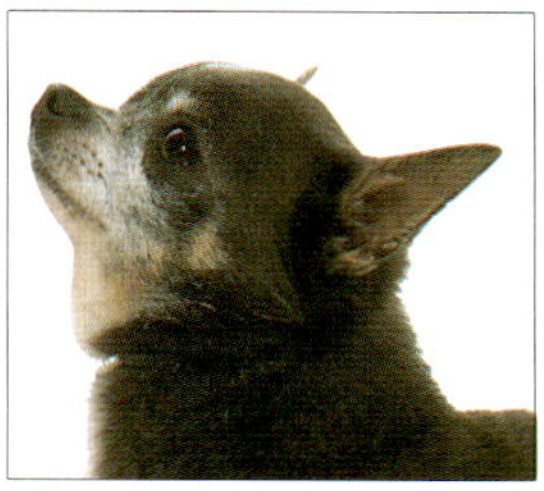
Runder Kopf

Gedrungener Kopf

Gewölbter Kopf

Gebrochenes Gesicht

Abfallendes Gesicht

Konkaves Gesicht

Spitzes Gesicht

Augen Wenn man Augen nach der Form der Augenhöhlen einteilt, sind sie für gewöhnlich oval. Es gibt sie aber auch in vielen anderen Formen, von denen man einige hier sieht.

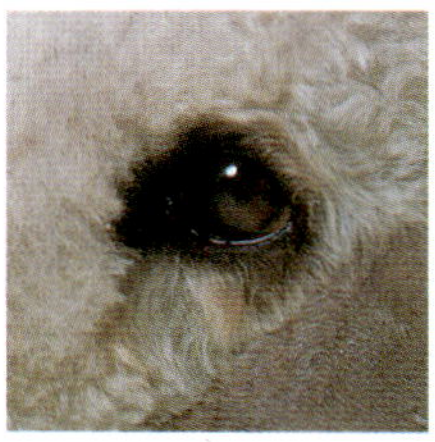
◀ Mandelauge

▶ Ovales Auge
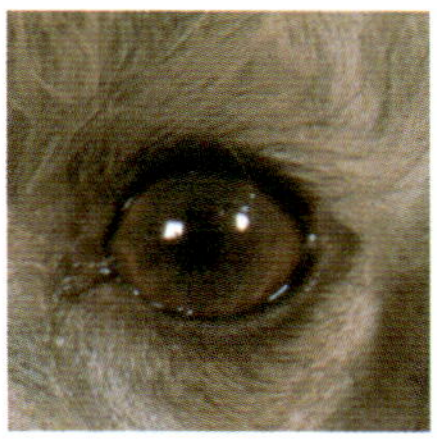

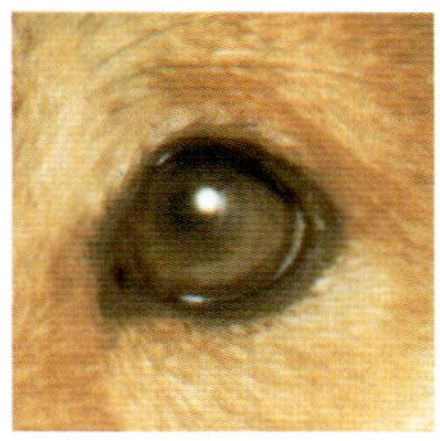
◀ Dreieckiges Auge

▶ Hervortretendes Auge
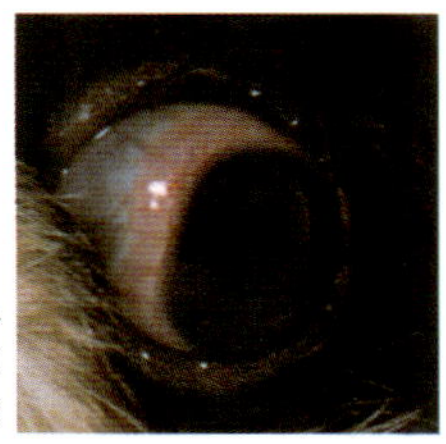

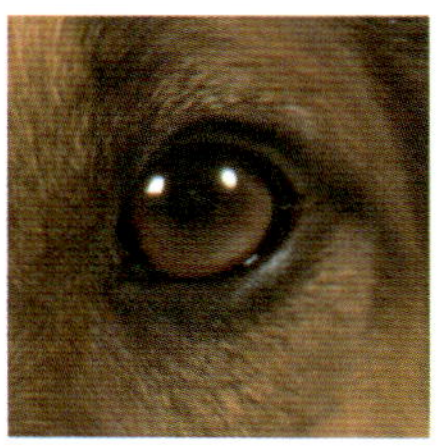
◀ Rundes Auge

▶ Porzellanauge
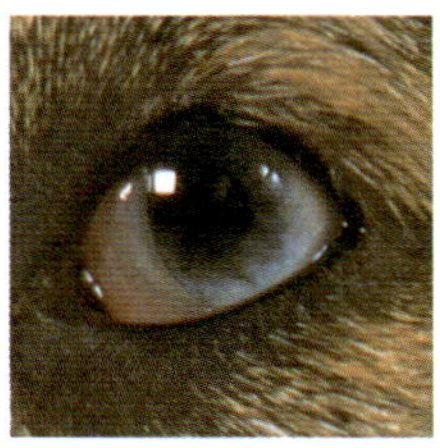

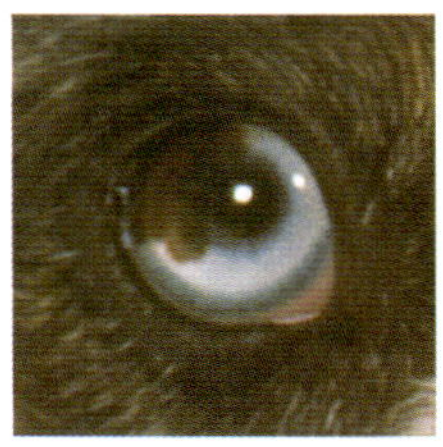
◀ Glasauge

▶ Auge mit drei Lidern
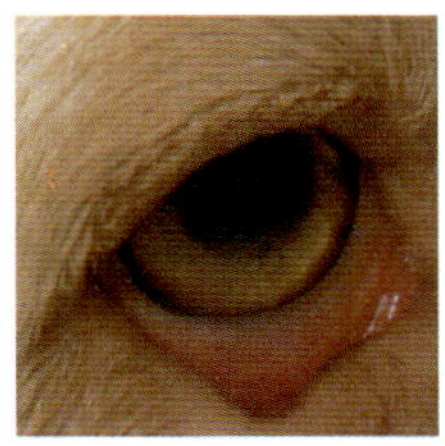

Ohren Andere Unterscheidungen als die drei Grundformen Steh-, Knick- und Schlappohren können Form, Größe, Dicke, Platzierung und Schnitt sein.

Stehohr

Stehohr

Halb stehendes Ohr

Tulpenohr

Flammenohr

Fledermausohr

Schmetterlingsohr

Knickohr

Schlappohr

Hängendes Ohr

Rosenohr

Bambusblattohr

Schwänze / Ruten Die Schwanzwirbel sind normalerweise entweder etwas höher angesetzt (auf gleicher Höhe mit dem Rücken), so wie beim Dobermann, oder etwas niedriger (aufliegend, zum Hintern hin abfallend), wie beim Cocker Spaniel.

Lustige Rute

Gekürzte Rute

Flaggenmastrute

Strenge Rute

Kurze Rute

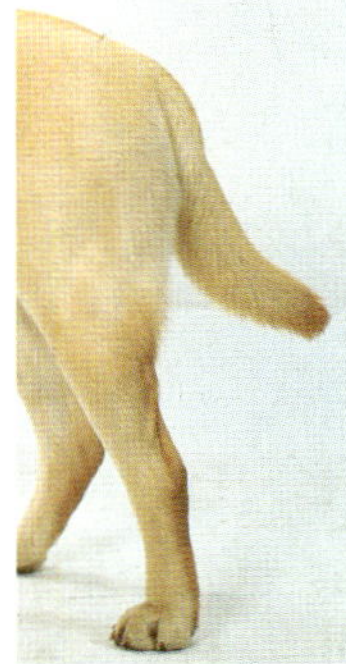
Otterrute

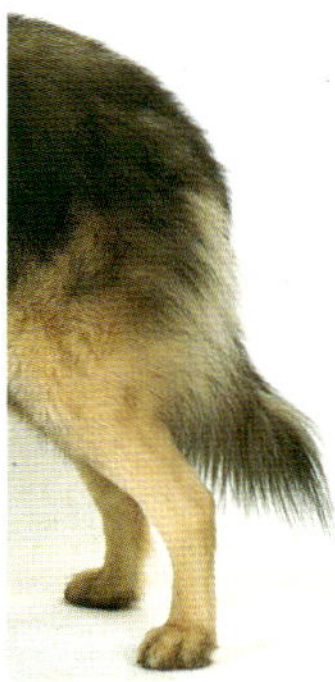
Säbelrute

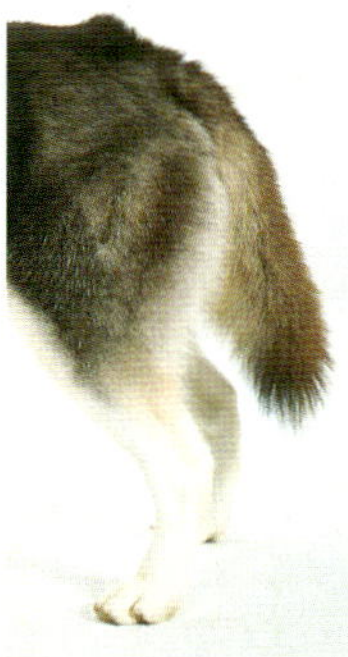
Bürstenrute

Rattenrute

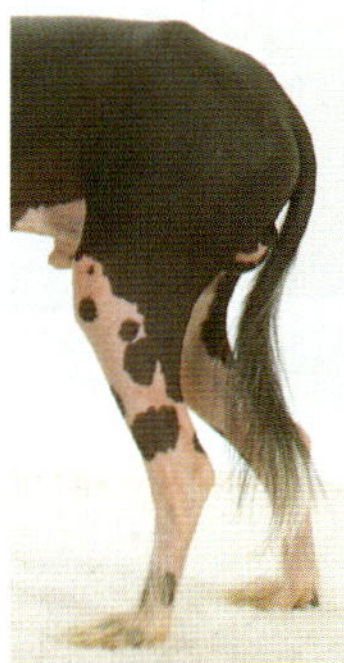
Federnrute

Hakenrute

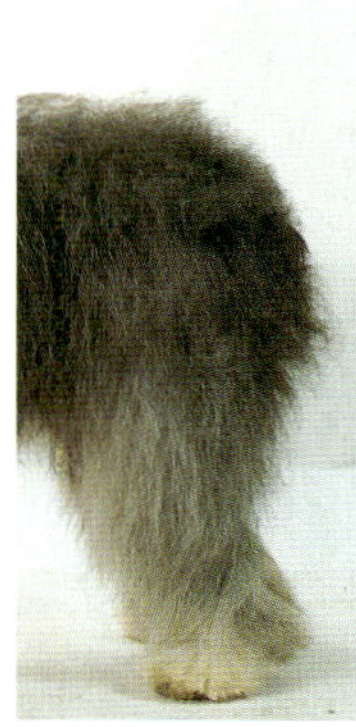
Quastenrute

Peitschenrute

Flaggenrute

Verschnörkelte Rute

Sichelförmige Rute

Sichelförmige Rute

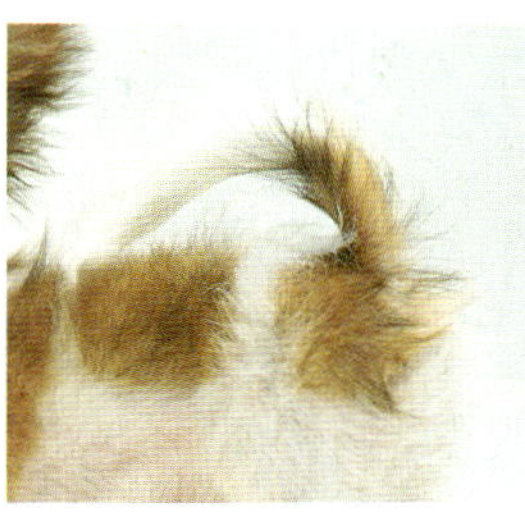
Eichhörnchenrute

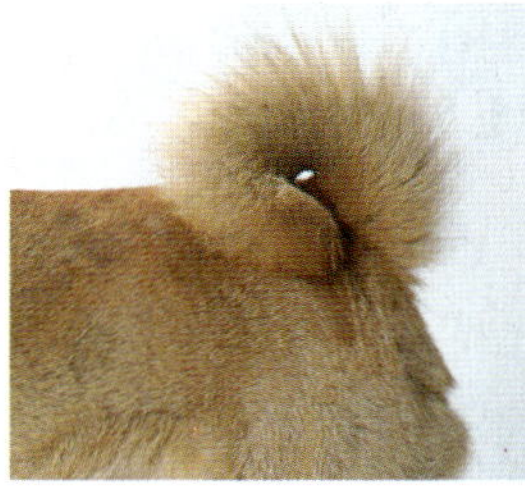
Geringelte Rute

Gewundene Rute

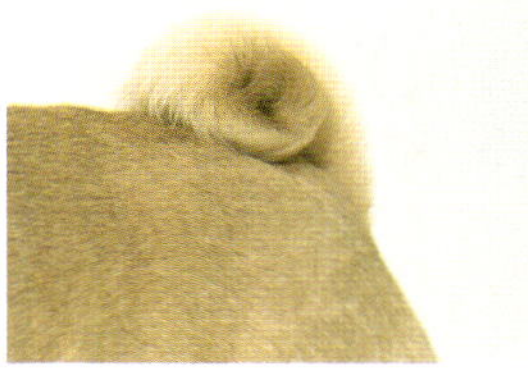
Doppelt gewundene Rute

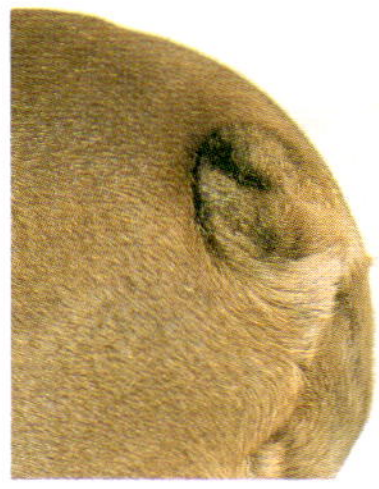
Korkenzieherrute

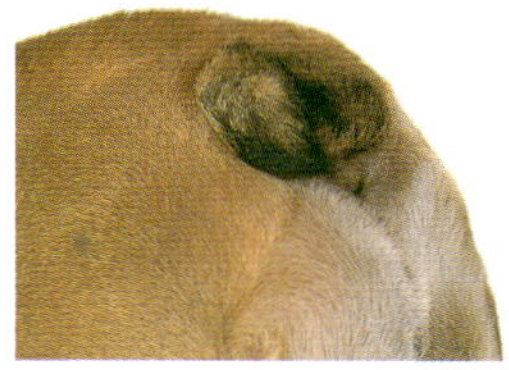
Kurbelrute

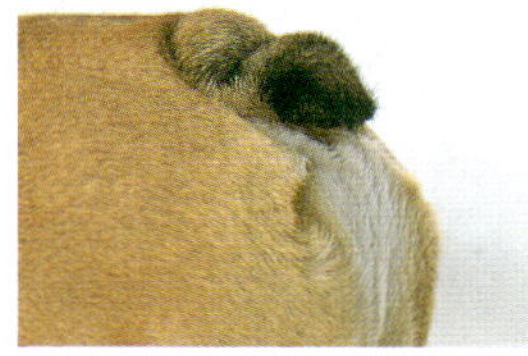
Schleifenrute

Farben und Muster Die Farben variieren von schneeweiß bis tiefschwarz, mit jeder erdenklichen Farbmischung dazwischen.

Schwarz

Tiefschwarz

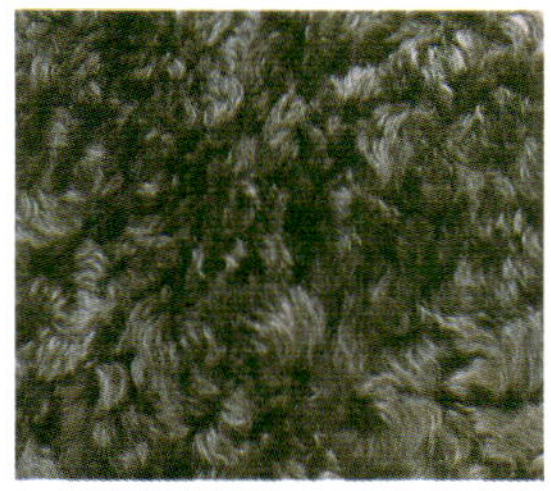
Blauschwarz

Stahlblau

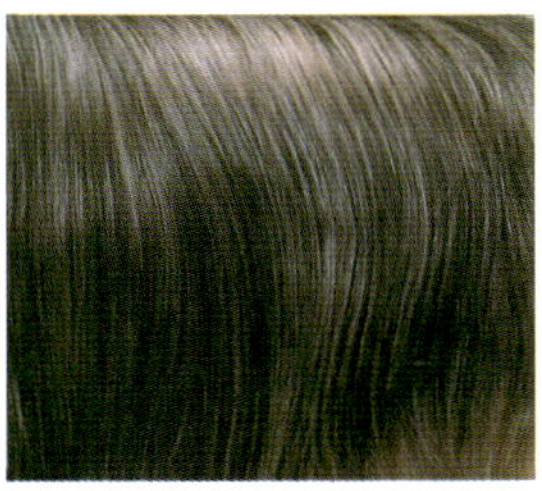
Schieferfarben

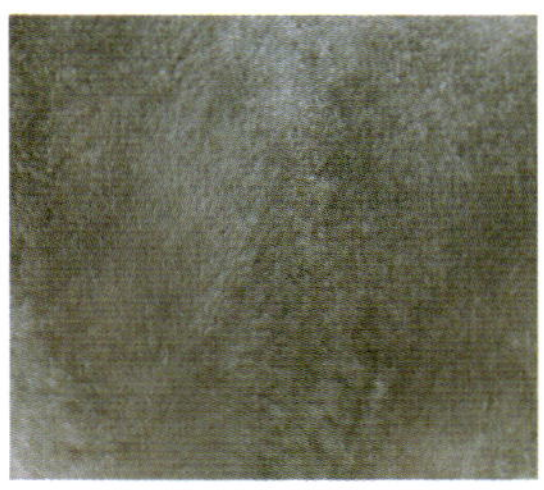
Blau

Grau

Leberfarben

Schokolade

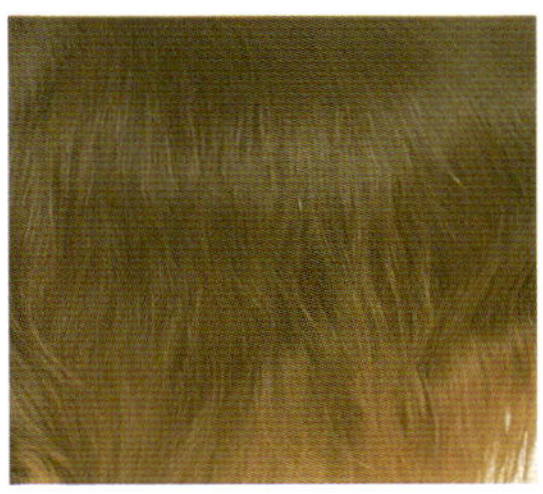
Kastanie

Mahagoni

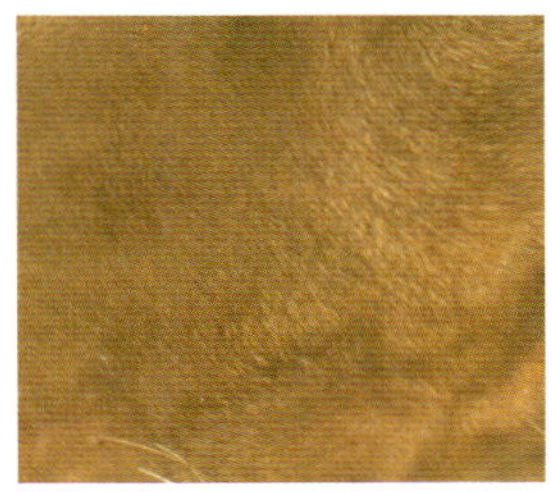
Dunkles Loh

Loh

Trockenes Gras

Rot

Orange

Apricot

Weizen

Weiß

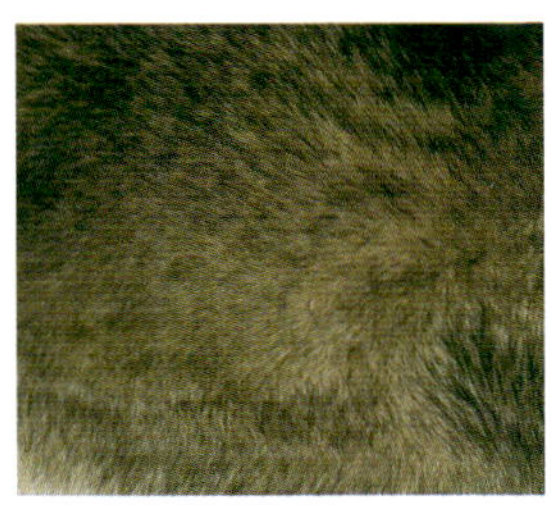
Wolfsgrau

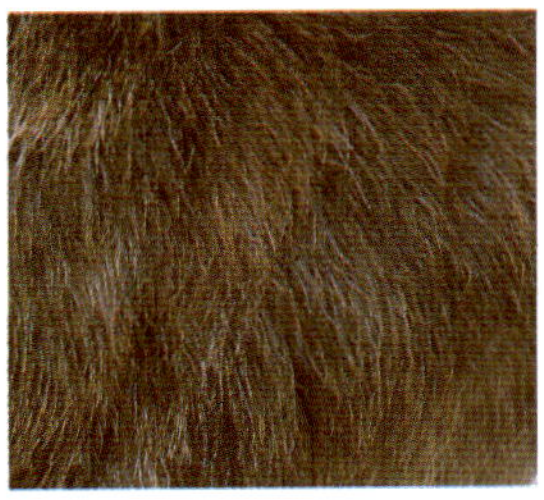
Sand

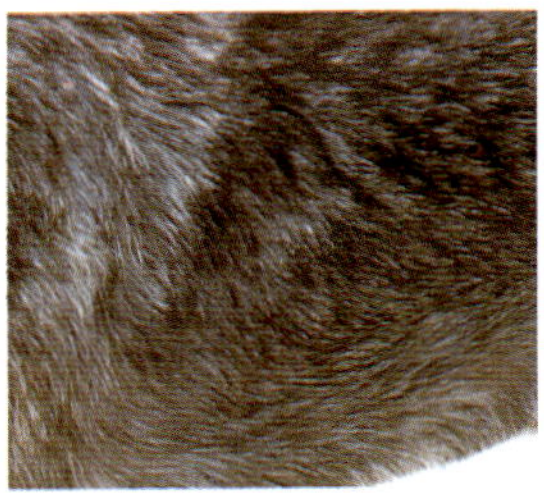
Pfeffer und Salz

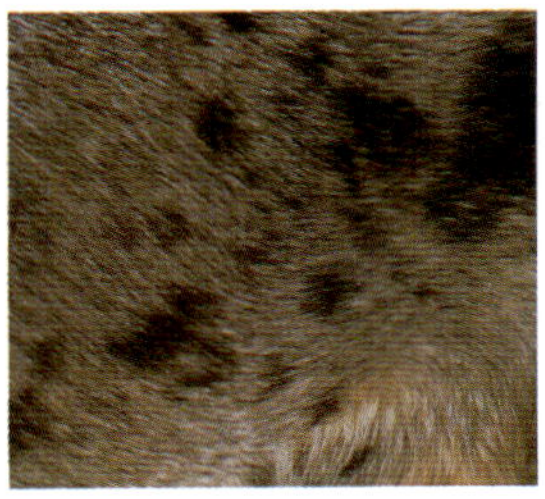
Blau gesprenkelt

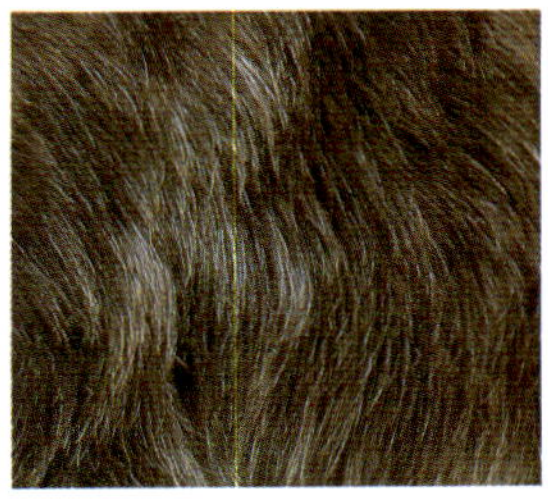
Meliert

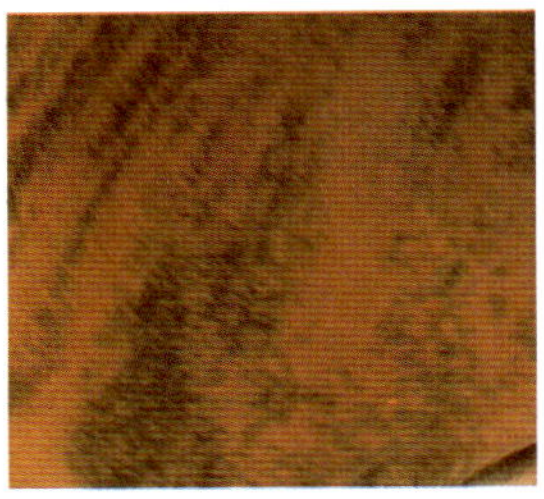
Getigert

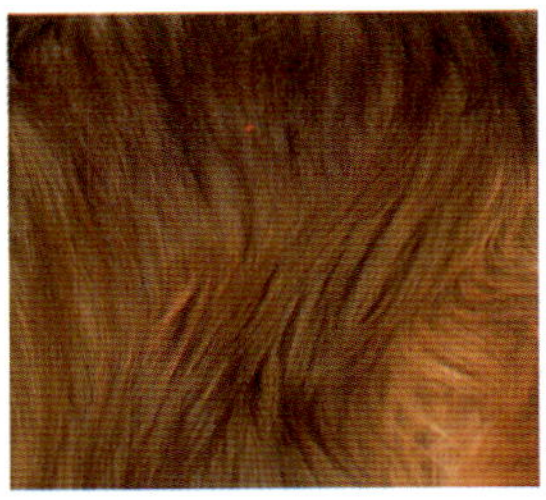
Zobel

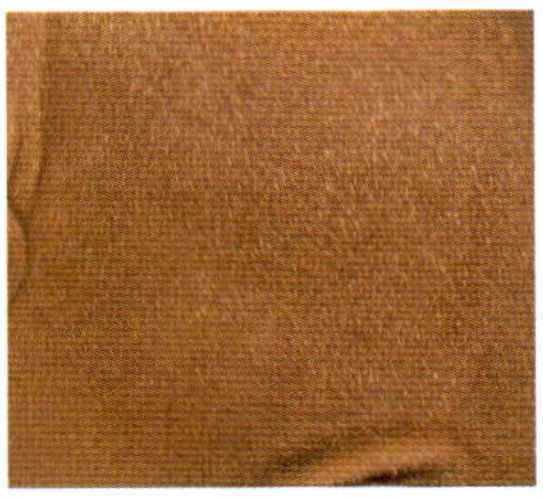
Bronze

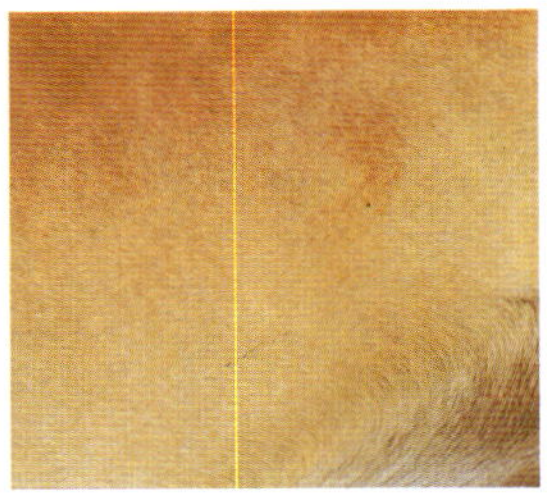
Rehbraun

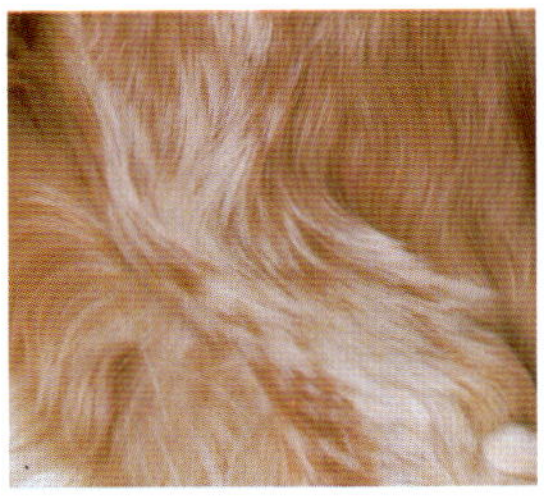
Mehrfarbig

Gefleckt

Belton

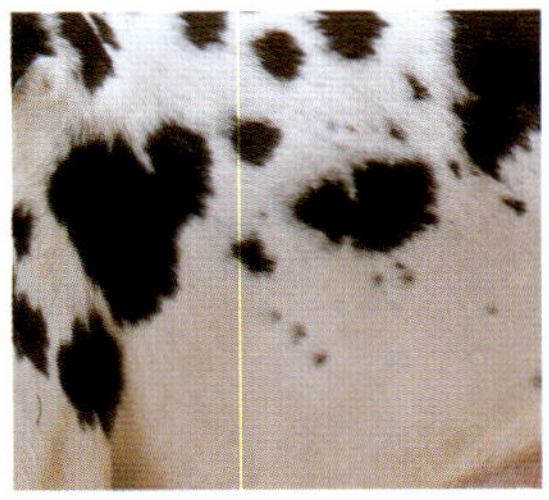
Harlekin

Trace

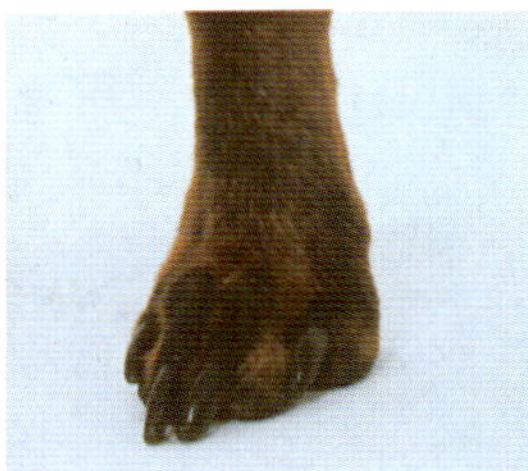
Bleistiftstriche

Blesse

Dachsfarben

Schwarze Maske

Boston

Zweifarbig

Tricolor

Jagdhundfarben

Schwarz und Loh

Australian Stumpy Tail Cattle Dog

Die Gruppe der Hütehunde

Anatolischer Hirtenhund 34
Australian Cattle Dog 36
Australian Kelpie 38
Bearded Collie 40
Belgischer Schäferhund 42
Bergamasker 44
Bouvier des Flandres 46
Briard 48
Border Collie 50
Katalonischer Schäferhund 51
Collie 52
Holländischer Schäferhund 54
Komondor 56
Kuvasz 57
Maremma-Abruzzenhund 58
Mudi 59
Bobtail 60
Polnischer Niederungshütehund 62
Puli 64
Pumi 65
Pyrenäenschäferhund 66
Saarloos Wolfhond 67
Sarplaninac 68
Schapendoes 69
Shetland Sheepdog (Sheltie) 70
Welsh Corgi Cardigan 72
Welsh Corgi Pembroke 74

Anmerkung:
Im folgenden Text steht 'M' für männlich und 'F' für Weiblich. Durchschnittliche Größe und Gewicht der jeweiligen Rasse wird in dem gelben Oval angegeben.

Anatolischer Hirtenhund

Anatolische Hirtenhunde leben seit Urzeiten in der Türkei und den angrenzenden Ländern mit den Menschen zusammen und dienen als Wachhunde. Heute findet man sie auf der ganzen Welt, die USA eingeschlossen, wo man sie als Jagd-, Militär- und Hütehunde verwendet.

M 2 Jahre

Hintergrundinformation

Die für ihren großen, kräftigen Rahmen und ihren Mut bekannten Hunde wurden einst zur Wolfsjagd verwendet. 1968 wurden sie in die USA exportiert, wo sie sehr beliebt wurden. Unermüdlich behaupten sie sich gut gegen schlechte Witterungsverhältnisse, was sie zu hervorragenden Wach- und Hütehunden macht.

Wichtige Merkmale

Obwohl der Anatolische Hirtenhund dem Pyrenäenschäferhund sehr ähnlich sieht - einem großen, kräftigen Hütehund, der vermutlich aus Frankreich stammt - hat diese Rasse strengere Linien und ist lebhafter. Das Fell ist kurz, glatt, fest und dick. Die Farbe ist entweder weiß oder gelblich-braun mit schwarzer Schnauze und Ohren.

M 2 Jahre

M 5 Jahre

Pflege und Bewegung

Es genügt, den Anatolischen Hirtenhund einmal in der Woche mit einer festen Bürste zu kämmen, aber man muss dieser Rasse jeden Tag ausreichend Bewegung bieten, entweder an der Leine oder frei bei einem ausgedehnten Lauf.

Welpen und Erziehung

Pro Wurf kommen fünf bis zehn Welpen zur Welt. Sie sind kräftig und leicht aufzuziehen, aber genau wie die erwachsenen Hunden sind sie Fremden gegenüber wachsam. Aus diesem Grund sollte man schon sehr früh mit der Erziehung beginnen.

M 3 Jahre

♂: 71-76 cm
45-68 kg

♀: 66-71 cm
41-59 kg

Australian Cattle Dog

M 5 Jahre

Da diese Rasse auch noch einem langen Arbeitstag draußen bei der Herde scheinbar nicht müde wurde, spielten die Hunde eine wichtige Rolle als Viehtreiber in der Geschichte Australiens. Auch heute noch umgibt sie ein Hauch von Wildnis.

Hintergrundinformationen

Diese Rasse geht zurück auf das Jahr 1840 und wurde 1979 vom amerikanischen Kennel Club anerkannt. Früher nannte man sie 'heeler' (australisches Wort für Hütehunde). Zusätzlich wurde noch der Ort der Züchtung angegeben, z.B. Queensland Heeler. Man brauchte diesen Hund zum Jagen, Hüten und er musste mutig genug sein um Vieh zu stellen. Er wusste instinktiv, dass er aus dem Weg gehen und sich hinlegen musste, wenn die Herde sich bewegte, damit er sie nicht erschreckte.

Wichtige Merkmale:

Der Hund ist mittelgroß, hat klare Körperlinien, ist muskulös und hat einen rechteckigen Körperbau. Sein Kopf ist breit mit einer langen, kräftigen Schnauze, seine Ohren sind weit auseinander gesetzt und stehen aufrecht, wenn der Hund aufmerksam ist; seine Augen sind

F 3 Jahre

♂: 46-51 cm
18-20 kg

♀: 43-48 cm
18-20 kg

mittelgroß und dunkel, außerdem hat er einen kräftigen Hals. Ein dicker, breiter Brustkorb wird von muskulösen Gliedmaßen getragen, die an den Schenkeln dicker werden. Die Rute hängt normalerweise herab, aber wenn der Hund arbeitet, steht sie aufrecht. Da er raues, glattes Deckhaar und ein recht dichtes Unterfell hat, ist die Farbe blau gefleckt mit schwarz-blau oder rot gesprenkelt mit dunkelroten Abzeichen am Kopf.

Dieser ausgezeichnete Wachhund, der andere Hunde genauso stellt wie Fremde, ist treu und gehorsam zu seinem Besitzer und dessen Familie; dennoch ist diese Rasse nicht für kleine Kinder geeignet, weil sie angreifen, wenn sie belästigt werden.

Pflege und Bewegung

Diese sehr aktive Rasse wurde für harte Arbeit gezüchtet und braucht mindestens zweimal am Tag ausgedehnten, schnellen Spaziergang. Es genügt, den Australian Cattle Dog einmal wöchentlich 15 Min. zu bürsten.

Welpen und Erziehung

Ein Wurf mit vier bis acht völlig weißen Welpen (durch das Dalmatinerblut in ihrem Stammbaum) ist normal, die Fellfarbe erscheint einige Wochen später. Eine frühe, intensive Erziehung ist bei den aggressiven Welpen nötig, damit sie an Menschen gewöhnt werden.

Stummelschwanz, F 1 Jahr

Australian Kelpie

Als einer der besten Arbeitshütehunde mittlerer Größe wurde der Australian Kelpie mit seiner ebenmäßigen Erscheinung und seinem wunderschönen, fuchsähnlichen Aussehen zu einem sehr beliebten Stadthund.

Hintergrundinformationen

Vermutlich hat der Australian Kelpie seine Ursprünge bei den Hütehunden schottischer Einwanderer und wurde dann mit Border Collies und wild lebenden Dingos gekreuzt. Als Rasse wurde er in den Siebzigerjahren des neunzehnten Jahrhunderts bekannt. Seine Fähigkeiten und seine gute Arbeit haben den Australian Kelpie, der oftmals für den besten Hütehund gehalten

M 9 Monate

♂: 46-51 cm
11-14 kg

♀: 43-48 cm
9-11 kg

wird, zu einem Favoriten der Schafbauern in der ganzen Welt gemacht. Das Wort „Kelpie" ist der Name für Wassernymphen in der schottischen Mythologie.

Wichtige Merkmale

Diese schöne, fuchsähnliche Rasse mit einem scherenartigen Fang, die sehr lebhaft und leichtfüßig ist und die Fähigkeit besitzt, wie ein Blitz davon zu schießen und dann wieder auf der Stelle stehen zu bleiben, hat ein unglaubliches Durchhaltevermögen und ist sehr schnell. Sie kann zudem einige Stunden ohne Wasser auskommen. Im Idealfall hat der Kelpie einen breiten, gewölbten Kopf mit einer hervortretenden Stirn und einem Maul, das zur Nase hin spitz zuläuft. Seine dunklen, mandelförmigen Augen die abhängig von der Fellfarbe auch heller sein können, haben einen durchdringenden Blick, von dem man sagt, er könne Schafe anziehen. Neben einem buschigen Schwanz besitzt diese Rasse eine Mischung aus einem kurzen, glatten Fell, rauen Deckhaar und einem kurzen, dichten Unterfell. Die Fellfarbe variiert zwischen schwarz, rot-schwarz, dunkel kastanienfarben, rötlich kastanienfarben und loh bis hin zu blaugrau. Dieser Hund führt die Schafe mit unübertroffenen Fähigkeiten, indem er mit einer unglaublichen Geschwindigkeit um die Herde herumläuft oder zwischen den Schafen hin und her springt, wobei er auch auf große Entfernungen schnell auf die Zeichen seines Herren reagiert.

F 6 Monate

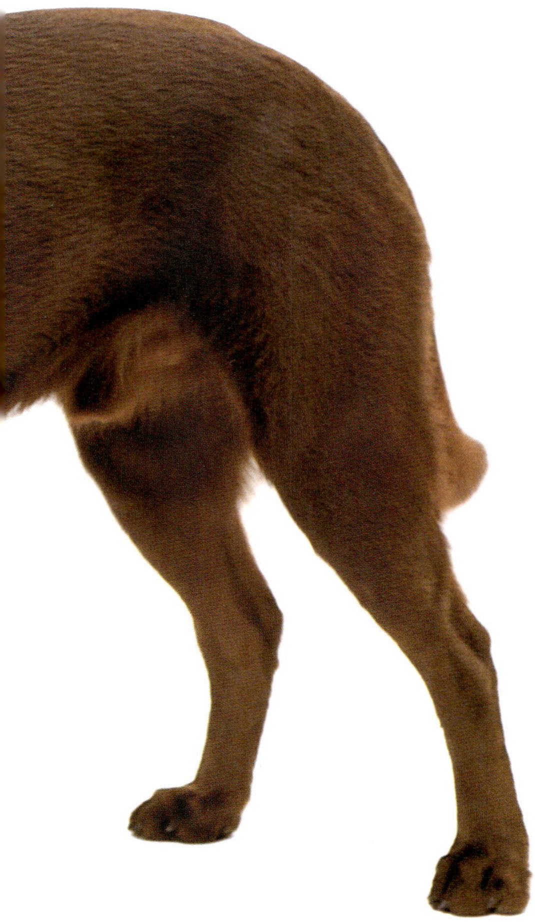

M 1 Jahr

Pflege und Bewegung

Diese sehr kräftige Rasse benötigt viel Auslauf und genießt es vor allem, wenn sie auf weiten Flächen frei laufen kann. Das Fell benötigt sehr wenig Pflege, lediglich gelegentliches Bürsten oder Rubbeln mit einem Handtuch sind notwendig.

Welpen und Erziehung

Für gewöhnlich kommt ein Wurf von vier bis sieben Welpen ohne Probleme zur Welt, wobei die Mutter sich gut um die Welpen kümmert und keine Hilfe dabei braucht. Die wundervoll intelligenten Welpen sind ruhig, gehorsam und gelehrig.

Bearded Collie

Geschwungene Augenbrauen und weit auseinanderstehende Augen verleihen dem Bearded Collie einen heiteren Ausdruck. Er ist ein idealer Begleiter, ein Familienhund oder ein im Haus gehaltener Wachhund, der gesellig und charmant ist und sich größte Mühe gibt, die Menschen in seiner Umgebung zu unterhalten. Er sehr aktiv und liebt es, ins Freie zu gehen.

♂: 51-56 cm
22 kg

♀: 51-53 cm
22 kg

M 2 Jahre

Hintergrundinformationen

Obwohl man nur wenig über seinen Stammbaum weiß, ist diese Rasse die ursprüngliche Form des Scottish Highland Sheepdog, und war dort im neunzehnten Jahrhundert schon als Wachhund für jede Witterung etabliert. 1976 wurde er vom amerikanischen Kennel Club anerkannt.

Wichtige Merkmale:

Der Bearded Collie ähnelt dem Altenglischen Schäferhund zwar sehr, ist aber kleiner und dünner und sein Körper ist eher länger als hoch. Der Rücken ist gerade und stark, während der breite, flache Kopf mittelgroße Schlappohren und eine große, eckige Nase hat. Die Nase ist schwarz, es sei denn, das Fell ist braun oder rehfarben. Seine Gliedmaßen sind dick und recht muskulös, der buschige Schwanz ist tief angesetzt und am Ende gedreht. Er hat ein doppeltes Fell, wobei das Deckhaar lang und rau und das Unterfell dicht und weich ist.

M 4 Jahre

M 2 Jahre

Welpen und Erziehung

Der durchschnittliche Wurf mit vier bis acht Welpen kommt mit schwarzem, braunen oder rehfarbenen Fell zur Welt und entwickelt nach und nach die Farbe des erwachsenen Hundes.

Pflege und Auslauf

Ausreichende, tägliche Bewegung ist notwendig, zudem liebt dieser Hund endlose Spiele im Haus wie zum Beispiel das Fangen und Apportieren eines Balls. Das dichte Fell muss zweimal pro Woche mindestens eine halbe Stunde lang gebürstet werden, damit die Haare nicht verfilzen und schmutzig werden. Professionelles Trimmen ist nicht nötig, weil das natürliche Aussehen an sich schon ideal ist.

M 4 Jahre

Belgischer Schäferhund

Die Belgischen Schäferhunde, die in ihrer Heimat auf Grund ihrer Fellfarbe, dessen Beschaffenheit und ihrer Größe in vier weitere Rassen untergliedert werden (Groenendael, Laekenois, Malinois, Tervuren), haben jahrhundertelang als Hütehunde für Schafe und Kühe gearbeitet. Sie lieben kleine Kinder und sind wie Geschwister, wenn sie mit ihnen aufwachsen.

Groenendaele, F 4 Jahre

Tervuren, M 5 Jahre

Malinois, F 4 Jahre

♂: 61-66 cm
31-36 kg

♀: 56-61 cm
31-36 kg

Pflege und Bewegung

Außer dem kurzhaarigen Malinois, der nur 15 Minuten lang gebürstet werden muss, sollten alle diese Züchtungen einmal wöchentlich eine halbe Stunde lang gebürstet werden. Während des Fellwechsels im Frühling und im Herbst muss das Bürsten sehr sorgfältig erfolgen. Sie alle benötigen täglich viel Bewegung an der Leine und zusätzlich Freilauf auf einem großen, eingezäunten Gelände.

Welpen und Ausbildung

Die Würfe bestehen für gewöhnlich aus sechs bis zehn Welpen. Diese Welpen, die ihrer Familie gegenüber sehr freundlich, Fremden gegenüber aber wachsam sind, entwickeln später ein ausgeprägtes Temperament, sodass frühes Training ein Muss ist.

Laekenois, M 2 Jahre

Hintergrundinformationen:

Da sie ursprünglich Schafe und Kühe hüteten, waren Belgische Schäferhunde wegen ihrer Stärke und ihres Fleißes eine beliebte Zucht. Erst später, im 20. Jahrhundert, wählte man auch nach Fellarten aus. Während der amerikanische Kennel Club alle vier Züchtungen als unterschiedliche Rassen anerkennt, sehen die europäischen Länder und der japanische Club sie als Variationen der Belgischen Schäferhunde an.

Wichtige Merkmale

Alle vier Züchtungen haben einen eleganten, rechteckigen, muskulösen Körper mit einer tiefen Brust und einem langen, pelzigen Schwanz. Der große, flache, v-förmige Kopf hat einen langen Kiefer, eine mäßig spitze Nase und aufrechte Ohren.

Diese ernste, hart arbeitende und mit einem ausgeprägten Einfühlungsvermögen ausgestattete Hund (insbesondere beim Bewachen der Familie), kommt großartig mit Kindern aus, ist Fremden gegenüber allerdings wachsam; greift sie jedoch nicht grundlos an.

Ein Groenendael sollte braune oder schwarze Augen haben und ein vergleichsweise langes, leicht raues, völlig schwarzes Fell, obwohl etwas weiß erlaubt ist. Der Tervuren hat ein langes, recht raues Deckhaar, das dunkel rehbraun oder rötlich mahagoni ist und über die ganze Körperlänge eng anliegt. Das Unterfell ist dicht. Er sollte außerdem eine schwarze Maske und dunkelbraune Augen haben. Das kurze, glatte Fell des Malinois, das am Kopf, an den Ohren und an den unteren Gliedmaßen sehr kurz ist, variiert in der Farbe von dunklem rehbraun bis zu mahagoni mit schwarzen Spitzen. Außerdem sollte er eine schwarze Maske, schwarze Ohren und braune Augen haben. Die seltenste dieser Züchtungen, der rehfarbene Laekenois, hat dicke, raue, drahtige Haare, die am ganzen Körper etwa die gleiche Länge haben, obwohl sie um die Maske und um die Augen herum recht lang, aber nie buschig sind.

Bergamasker

Diese sehr intelligente Rasse, die ein gutes Gedächtnis hat und nach ihrem Herkunftsort in Bergamo, Italien, benannt ist, wird als einer des besten Schäferhunde angesehen und ist auch gut dazu geeignet, große, weitläufige Flächen zu bewachen.

M 5 Jahre

Hintergrundinformationen

Vor mehr als 2.000 Jahren brachten phönizische Kaufleute einige langhaarige Schäferhunde nach Europa, wo sie in der Toskana nach bestimmten Kriterien gezüchtet wurden, um den Maremma-Abruzzenhund zu entwickeln. Einige von diesen wurden nach Norditalien gebracht und dort zum Grundstock des Bergamasker, der später nach Frankreich und Spanien gebracht wurde, wo man ihn zur Zucht anderer Schäferhunde verwendet. Über Jahrhunderte arbeitete diese Rasse mit Farmern und Schäfern zusammen und übertraf dabei andere Rassen beim Zusammentreiben und Hüten von Vieh, sowie beim erstaunlich mutigen Bekämpfen von Eindringlingen.

Wichtige Merkmale

Diese Rasse hat einen großen Kopf, der etwa zwei Fünftel der Hundegröße ausmacht und eine lange Schnauze, die fast genauso lang ist wie der Kopf, große, schwarze Nasenlöcher, kräftige Kiefer und Zähne mit Scherenbiss, sowie dreieckige Schlappohren. Die Gliedmaßen sind gut ausgebildet, die Pfoten sind oval und kräftig. Die Rute ist lang und dick, verengt sich zum Ende hin, ist tief angesetzt und hängt herab. Ein zweischichtiges Fell, das aus schweren, harten, rauen und leicht gewellten Deckhaaren und aus einem dicken, von Natur aus fettigen Unterfell besteht, widersteht jedem Wetter und schützt den Hund vor Feinden. Das Haar im Gesicht bedeckt fast die Augen. Die Fellfarbe, von der die Augenfarbe (für gewöhnlich kastanienbraun) abhängt, ist grau, grau mit orangen Abzeichen oder schwarz. Der Bergamasker ist ein ausgezeichneter Wachhund

M 5 Jahre

M 5 Jahre

♂: 58 cm
31-38 kg

♀: 56-58 cm
30 kg

für das Haus oder sogar für große Fabriken. Er arbeitet hart, ist wachsam und mutig. Da er seinem Herren und dessen Familie große Liebe entgegenbringt, ist er mit seinem freundlichen Charakter ein beliebter Haushund.

Pflege und Auslauf

Das mopp-ähnliche Fell, das viel Pflege braucht, muss von Hand in Strähnen von ungefähr gleicher Dicke geteilt werden, die weder zu dick noch zu dünn sein dürfen. Das Fell im Gesicht dagegen muss gekämmt werden. Da der Bergamasker sehr kräftig und unermüdlich ist, braucht er viel Auslauf.

Welpen und Erziehung

Die vier bis acht Welpen pro Wurf sind kräftig und leicht aufzuziehen. Sie benötigen früh Gehorsamsübungen.

F 3 Jahre

Bouvier des Flandres

Dieser Hund arbeitete über Jahrhunderte hinweg als Viehhirte in Flandern, der Grenzregion zwischen Frankreich und Belgien. Er bleibt in erster Linie ein Arbeitshund, der hervorragend als Blindenhund, beim Militär und bei der Polizei dient.

Hintergrundinformationen

Der Bouvier des Flandres geht auf das sechzehnte Jahrhundert zurück und er stammt vermutlich von Hunden ab, die von spanischen Eroberern von Nordfrankreich nach Flandern gebracht wurden. Zuerst wurden hüteten diese Hunde Vieh, später zogen sie Milchwagen. Bouvier bedeutet im Französischen Kuhhalter oder Kuhjäger. Das Buch 'Ein Hund aus Flandern' der britischen Autorin Ouida (Marie Louise de la Ramée) basierte auf dem Bouvier und half, diese Rasse populär zu machen. Bedingt durch die Verwüstungen im Ersten Weltkrieg wurde sie fast ausgelöscht, dennoch gelang es belgischen Tierärzten, einige der übrig gebliebenen Bouviers zu retten und sie zu weiterzuzüchten. Erst im Jahr 1930 kam die Rasse in die USA, wahrscheinlich durch einen Filmproduzenten.

M 4 Jahre

M 4 Jahre

♂: 61-69 cm
34-43 kg

♀: 58-69 cm
34-43 kg

F 4 Jahre

Wichtige Merkmale

Der raue Bouvier ist kompakt, rechteckig gebaut, recht muskulös und mit kräftigen Gliedmaßen ausgestattet, aber auch kurz und breit. Er hat einen großen Kopf mit einem flachen Schädel, eine große Nase mit geweiteten Nasenlöchern, hoch angesetzten Ohren, sowie dunkelbraune Augen mit langen Augenbrauen, die dem Hund ein melancholisches Aussehen verleihen. Sein derbes, trockenes, mittellanges Deckhaar und sein weiches, dickes, feines Unterfell zusammen mit den hervorstehenden Barthaaren und den längeren Haaren zwischen den Zehen lassen den Bouvier sehr schlechte Witterungsverhältnisse ertragen. Das Fell variiert für gewöhnlich von rehbraun zu schwarz, inklusive grau, Pfeffer und Salz und gescheckt. Kleine weiße Sprenkel auf der Brust sind jedoch erlaubt. Hunde, die weiß, schokoladenfarben oder schwarzweiß sind, werden bei Hundeschauen jedoch streng gerichtet. Der Bouvier des Flandres erscheint vollkommen ruhig und gefasst, er schenkt seiner Familie und Kindern große Beachtung und ist sehr freundlich im Umgang mit ihnen.

Pflege und Bewegung

Es genügt, wenn er täglich eine halbe Stunde lang gründlich gebürstet wird, aber diese Rasse braucht zweimal am Tag einen längere Spaziergang. Wegen seiner Größe und seiner Energie ist es am besten, wenn er frei auf einem großen, abgeschlossenen Gelände laufen kann.

Welpen und Erziehung

Für gewöhnlich gibt es fünf bis zehn Welpen in einem Wurf, die erst mit 2 1/2 Jahren ausgewachsen sind. Die Welpen sind dank ihres ausgezeichneten Gedächtnisses leicht zu erziehen.

Briard

Für eine lange Zeit war der Briard in ganz Europa unter der Bezeichnung 'Hund der Grasebenen' bekannt. Er hat einen bezaubernden Charakter und ist hoch intelligent. Sein langes, raues, zottiges Fell ließ ihn zu einem der beliebtesten Haustiere werden.

F 2 Jahre

Hintergrundinformationen

Wenn man die Rasse heute auch als Schäferhunde und Hütehunde kennt, so wachte er ursprünglich gegen Wölfe und Wilderer und diente als Lastenhund beim Militär. Aber wie viele kurzhaarigen Rassen hatte er für eine lange Zeit keinen bekannten oder offiziellen Namen. Der Name 'Briard' wurde erstmals 1989 gebraucht, als Leute ihn 'chien berger de Brie' zu nennen, also Schäferhund aus Brie.

Wichtige Merkmale

Der Briard ist ein großer Hund mit einem kräftigen, gut gebauten Rahmen, dehnbaren Muskeln, einem langen Kopf mit Barthaaren und einem Bart. Außerdem hat er hoch angesetzte Ohren, eine eckige Nase mit einem geraden Rücken und große, weit auseinanderstehende schwarze oder braune Augen. Gelbe oder gesprenkelte Augen werden disqualifiziert. Ein leicht gewelltes, raues, doppeltes Fell, das etwa 15 cm lang ist, kann jede Unifarbe haben.

♂: 59-68 cm
34-40 kg

♀: 56-63 cm
34-40 kg

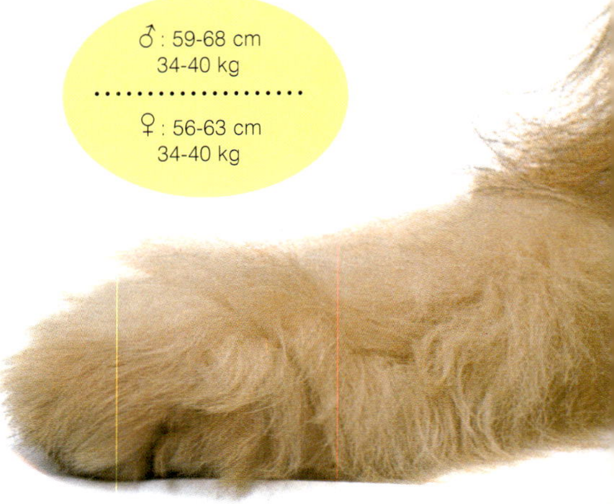

Schattierungen in schwarz, braun oder loh eingeschlossen, aber kein weiß, obwohl weiß auf der Brust oder weiße Zeichen mit weniger als etwa 2,5 cm Durchmesser erlaubt sind. Obwohl er schnell lernt, ist dieser Hund sehr abhängig und wachsam gegenüber Fremden und anderen Hunden.

F 10 Monate

Pflege und Bewegung

Da das Fell schnell verschmutzt, muss diese Rasse mindestens zweimal pro Woche zwei Stunden lang gebürstet werden. Im Gegensatz zu anderen Hüterassen braucht der Briard nicht viel Auslauf, dennoch sollte er einen Spaziergang täglich zum Austoben erhalten. Ein großes Haus mit Garten ist die ideale Umgebung für diesen Hund.

Welpen und Aufzucht

Die acht bis zehn Welpen pro Wurf haben oft andere Farben als die Eltern. Mit der Erziehung sollte man möglichst früh beginnen, damit sie sich an Menschen gewöhnen.

Border Collie

Diese Rasse ist alt und obwohl er nicht so anmutig ist wie ein rauhaariger Collie, ist er dennoch ein hoch intelligenter, beliebter, hart arbeitender Hund, der schnell und eifrig auf Übungen eingeht und ein vertrauensvoller Begleithund ist.

Hintergrundinformationen

Diese Hunde hüteten Rentiere und wurden von den Wikingern von der letzten Hälfte des achten Jahrhunderts bis zum elften Jahrhundert nach Schottland gebracht und mit dort vorkommenden Schäferhunden gekreuzt. Deshalb sind sie vermutlich die Vorfahren der heutigen Border Collies. Diese Rasse wurde 1987 von der FCI erstmals anerkannt, was relativ lange dauerte, da ihr Äußeres nicht so elegant wie das der rauhaarigen Collies ist, die eng mit ihnen verwandt sind. Der Name schließt auf die Grenzregion zwischen England und Schottland.

Wichtige Merkmale

Die sehr lebendige Rasse hat einen ausgeglichenen Körperbau: einen mäßig breiten Schädel mit einer festen Stirn und ein Maul, das zur Nase hin spitz zuläuft und einen stumpfen Winkel bildet. Sie hat außerdem hoch angesetzte, aufgerichtete oder teilweise aufgerichtete Ohren, sowie weit auseinanderstehende, ovale Augen.

Es gibt zwei Arten von Fell, nämlich glatt, hart, dick und mäßig lang (7 cm) oder glatt und kurz (2,5 cm). Das Fell kommt in den Farben schwarz, grau, blau mit weiß; oder schwarz, weiß und loh. Einige Leute sagen, dass der Border Collie als Schäferhund durch seine Geduld, seine Lebhaftigkeit und seine Ausdauer unübertroffen sei. Er eignet sich auch gut als Haustier.

Pflege und Auslauf

Um Hautkrankheiten zu verhindern, ist es unbedingt erforderlich, den Hund jeden Tag zu bürsten, um abgestorbenen Haare zu entfernen, insbesondere dann, wenn der Hund sein Fell wechselt. Intensive und schnelle Bewegung ist vorzuziehen. Man kann den Hund beispielsweise an der Leine auf dem Fahrrad mitnehmen.

Welpen und Erziehung

Ein Wurf von 6 bis 8 Welpen kommt leicht zur Welt. Die Welpen sind freundlich, intelligent und lernen schnell.

♂: 51-53 cm
18-23 kg

♀: 48-51 cm
16-20 kg

M 3 Jahre

M 4 Jahre

M 2 Jahre

Katalonischer Schäferhund

Diese Rasse hat ihren Ursprung vermutlich bei den Pyrenäenschäferhunden, die von Kuhbauern nach Europa gebracht wurden und dann so gezüchtet wurden, dass sie auch mit schlechtem Wetter in Bergen und Mooren fertigwerden konnten. Sie besitzen eine ausgezeichnete Lernfähigkeit. Dies machte sie nicht nur zu Hütehunden, sondern auch zu Polizei- und Wachhunden.

Hintergrundinformationen

Durch seine selektive Zucht abgehärtet, wurde der Katalonische Schäferhund dazu erzogen, der Gefährte eines Farmers zu sein, Rinder, Schafe und Pferde zu hüten und Fremde von der Farm fernzuhalten.

Wichtige Merkmale

Dieser mittelgroße, muskulöse Hund hat eine verkürzte, konisch geformte Schnauze, eine dunkle Nase, hoch angesetzte, spitze Ohren, ausdrucksvolle, ebenholzfarbene Augen, sehr starke Zähne und einen langen, dicken Schwanz. Das lange, harte, wellige Fell ist normalerweise grau oder schwarz und hellt sich zu den Spitzen cremefarben auf.

M 3 Jahre

♂: 46-51 cm
18 kg

♀: 43-48 cm
16 kg

Da er geduldig, aber aktiv ist, hütet der Katalonische Schäferhund enthusiastisch und unermüdlich Viehbestände. Er ist für Kinder ein wunderbarer Spielkamerad, hat ein freundliches Wesen, ist intelligent und gehorsam und im Umgang mit Menschen immer freundlich, was ihn zu einem beliebten Haushund werden ließ.

Pflege und Bewegung

Da der Katalonische Schäferhund gezüchtet wurde, um draußen zu leben, braucht sein Fell auch nur minimale Pflege. Er muss etwa alle zehn Tage gekämmt und dann mit einer festen Bürste gebürstet werden. Dennoch braucht er ein großes Maß an täglichem Auslauf, um seine ruhige Stimmung zu bewahren.

Welpen und Erziehung

Die Erziehung der Welpen, von denen pro Wurf vier bis acht Stück zur Welt kommen, sollte früh beginnen, um sie an Menschen zu gewöhnen.

M 3 Jahre (links), F 3 Jahre (rechts)

Collie

Unter den populärsten Hunderassen ist der großartige Collie besonders beliebt für seine edle Erscheinung, seine hohe Intelligenz und seine Freundlichkeit.

rauhaarig, M 2 Jahre

rauhaarig, F 4 Jahre

Hintergrundinformationen

Dieser Hund hieß ursprünglich Schottischer Collie, was vermutlich daher rührt, dass er in Schottland über Jahrhunderte hinweg Schafe hütete und dann von den ersten Siedlern, den Pilgervätern, in die neue Welt gebracht wurde. Der heute gängige, amerikanische Typ kann jedoch auf Importe aus England im späten neunzehnten Jahrhundert zurückgeführt werden. 1886 wurde er vom amerikanischen Kennel Club (AKC) als Collie anerkannt, 1920 dagegen erkannte ihn der Vereinigte Kennel Club (UKC) als Schottischer Collie an. Lassie, der rauhaarige Collie, der aus Film und Fernsehen bekannt ist, machte die Rasse auf der ganzen Welt beliebt.

Wichtige Merkmale

Wegen seiner eleganten Erscheinung, die sich durch eine besonders lange, spitz zulaufende Nase auszeichnet, wird der Collie als eine der schönsten Rassen angesehen. Der Collie hat einen festen, muskulösen Körper, mit einer tief gelagerten Brust und einen langen, glatten, wohl geformten Schwanz. Der schmale, flache Kopf hat Ohren, die sich an der Spitze von Natur aus beugen, dunkle, mandelförmige Augen und eine hervorstechende schwarze Nase. Das Deckhaar des rauen Collies ist lang und derb, das Unterfell dicht und weich. Der glatte Collie hat kurzes, glattes Fell. Der Hals ist mit schönem, federähnlichen Fell besetzt, was dem Collie ein stolzes Aussehen verleiht. Anerkannte Farben sind sand und weiß, dreifarbig, gescheckt und weiß.

rauhaarig, F 7 Monate

glatthaarig, M 1 Jahr

Dieser Hund, der zwar stolz, aber oft schüchtern und etwas nervös ist, ist lebhaft, hoch intelligent und sehr freundlich, weshalb er auch mit Fremden schnell vertraut wird. Da er auch weitläufigen Verwandten gegenüber gehorsam ist, ist er ein wunderbarer Freund für Kinder. Es gibt Leute, die behaupten, dass dieser Hund telepathische Fähigkeiten besitze. Ein Collie sollte nicht als Wachhund dienen, da er eher dazu neigt, sich mit Fremden anzufreunden, als sie anzugreifen.

Pflege und Auslauf

Häufiger Fellwechsel, insbesondere im Frühling und im Herbst, erfordert regelmäßiges Bürsten. Dies sollte bei einem rauhaarigen Collie zweimal die Woche etwa eine halbe Stunde lang geschehen, bei einem glatthaarigen Collie einmal in der Woche fünfzehn Minuten lang. Regelmäßige Spaziergänge an der langen Leine oder Freilauf in einem großen Hof sind notwendig, damit diese Rasse gesund und zufrieden bleibt.

Welpen und Erziehung

Würfe enthalten durchschnittlich sechs bis zehn Welpen, deren Fellfarbe heller und wieder dunkler wird, wenn sie älter werden. Obwohl sie bestens dafür geeignet sind, auf einem großen Gelände zu leben, können sie auch leicht zu einem Leben im Haus erzogen werden. Einige Hunde neigen dazu, zu heulen, aber sie können leicht davon abgebracht werden.

♂: 58-66 cm
27-34 kg

♀: 54-61 cm
23-30 kg

glatthaarig, F 3 Jahre

Holländischer Schäferhund

Diese treue, hart arbeitende Rasse, die außerhalb der Niederlande kaum bekannt ist, ist zu einem unentbehrlichen Hirten geworden, insbesondere in den niederländischen Molkereien und Schaffarmen. Sie sehen den Belgischen Schäferhunden ähnlich, auf deren Grundlage sie vermutlich gezüchtet wurden.

Hintergrundinformationen

Weil er nicht so perfekt war wie der Deutsche oder der Belgische Schäferhund mit deren schönen Fell, blieb dieser Hund im restlichen Europa und in Amerika fast vollkommen unbekannt.

Wichtige Merkmale

Als eine vergleichsweise große Rasse hat dieser Hund einen muskulösen und ausgeglichenen Körper. Seine schwarzen Augen sind leicht geneigt, die Ohren stehen aufrecht und die lange Schnauze hat kräftige Zähne mit einem Scherenbiss. Der Schwanz ringelt sich leicht und hängt herab. Am häufigsten sieht man die kurz- und glatthaarige Variante. Am zweitbeliebtesten ist der Typ mit hartem, rauen Fell. Der Typ mit langem Fell steht kurz vor dem Aussterben. Die Farbe des Fells variiert von einer gelblich roten Mischung bis hin zu braun mit goldener Färbung oder silbrig gescheckt.

Der Holländische Schäferhund hat neben seiner physischen Stärke und

glatthaarig, M 8 Jahre

♂: 58-63 cm
30 kg

♀: 53-56 cm
30 kg

rauhaarig, M 5 Jahre

seiner Fähigkeit, bei jeder schlechten Witterung zu arbeiten, ein großes Verantwortungsbewusstsein und bewacht stets sein Territorium.

Er ist ein hart arbeitender Vorsteher für Schafe, Kühe und Pferde und dient als kenntnisreicher, vertrauenswürdiger Helfer. Er ist ebenso ein hervorragender Wächter sowie ein idealer Hirtenhund, er ist seinem Besitzer gegenüber sehr gehorsam und reagiert schnell auf Befehle. Bei angemessenem Training hat diese Rasse schon ihre Eignung zu Polizei- und Blindenhunden gezeigt.

Pflege und Auslauf

Die einzig notwendige Pflege ist einmal wöchentliches oder zweiwöchentliches Bürsten. Täglicher Auslauf begleitet von gelegentlichem Freilauf ist ebenso notwendig.

Welpen und Erziehung

Ein Wurf von fünf bis zehn Welpen ist normal. Da diese Rasse wachsam ist, müssen die Welpen intensiv erzogen werden, damit sie sich an Menschen gewöhnen.

rauhaarig, M 5 Jahre (links), F 3 Jahre (rechts)

Komondor

Als großer Schäferhund mit sehr ungewöhnlichem und kennzeichnenden, langen, weiß gesträhnten Fell diente diese Rasse mehr als tausend Jahre lang als Wachhund in den Bergen Ungarns.

M 4,5 Jahre

Hintergrundinformationen

Vermutlich wurde der Komondor von den Magyaren vor mehr als 1 Mio. Jahren aus dem Aftscharka, einem langbeinigen Hund aus den südrussischen Steppen und dem Tibetanischen Mastiff gezüchtet. Er hat sich als verlässlicher Beschützer von Viehherden vor Beutejägern wie Wölfen, Füchsen und sogar Bären erwiesen. Wegen seines dicken Fells macht ihm kaltes Klima nichts aus.

Wichtige Merkmale

Er ist extrem groß, stark und hat einen großen Körperbau mit gut ausgebildeten Muskeln. Außerdem sollte die Rasse Schlappohren, dunkle, mandelförmige Augen und eine schwarze Nase haben. Er hat ein doppeltes Fell, das Deckhaar ist lang und kraus, das Unterfell weicher mit filzigen Strähnen, die oft bis auf den Boden herabhängen. Nur weißes Fell wird akzeptiert. Der intelligente, kraftvolle, hart arbeitende, mutige, treue und bei Familienmitgliedern gehorsame Hund ist zu Fremden misstrauisch. Da er ein verlässlicher Wachhund ist, sollte er am besten nicht in der Stadt gehalten werden.

Pflege und Auslauf

Da das Fell nie gebürstet oder gekämmt werden sollte, benötigt es besondere Pflege, am besten durch einen professionellen Hundefriseur. Intensive Bewegung ist erforderlich.

M 4,5 Jahre

Welpen und Erziehung

Die 3 bis 10 Welpen pro Wurf sind flauschig. Das strähnige Fell entwickelt sich in den ersten 3 bis 4 Monaten. Die Welpen sollten schon früh und auch oft angefasst und erzogen werden.

M 4,5 Jahre

♂: 66-79 cm
50-59 kg

♀: 53-69 cm
36-59 kg

Kuvasz

Da es sich hierbei um einen starken, verlässlichen Wachhund handelt, spielte diese Rasse eine besondere Rolle in der Geschichte, und zwar als Begleiter vieler Könige im Europa des Mittelalters.

♂: 71-76 cm
50-59 kg

♀: 66-71 cm
38-50 kg

Hintergrundinformationen

Der alte Stamm des Kuvasz (im Plural Kuvaszok) kam anscheinend vor vielen Jahrhunderten aus Tibet nach Ungarn. Er wurde gezüchtet, um im Mittelalter als königlicher Wachhund und Jäger zu dienen. König Matthias I, der von 1458-1490 regierte, schützte und entwickelte die Rasse, deren Besitz in Ungarn auf den Adel beschränkt war. Später entdeckten Hirten, dass er ein hervorragender Hütehund für Schafe und Rinder ist.

M 3 Jahre

Wichtige Merkmale

Dieser Hund ist recht groß, stämmig, sehr gut gebaut und muskulös. Er hat Hinterbeine, die besonders dick und kräftig sind, sowie einen langen Schwanz. Er hat einen recht langen Kopf mit dunklen, mandelförmigen Augen und v-förmigen Ohren, die sich leicht nach vorne neigen. Das kurze, leicht wellige, doppelte Fell sollte weiß ohne Zeichen sein.

Er ist ein sehr treuer und gehorsamer Hund, der nur auf eine einzige Familie bezogen ist. Er ist außerdem aktiv und stark, aber er sehr wachsam gegenüber Fremden.

M 3 Jahre

Pflege und Auslauf

Diese große, aktive Rasse erfordert gründliche, tägliche Fellpflege und einen ziemlich weitläufigen, eingezäun ten Hof, wo er sich austoben aber nicht davonlaufen kann. Bestimmte Erziehung, insbesondere an der Leine ist notwendig, um ihn in Schach zu halten.

Welpen und Erziehung

Jeder Wurf hat im Durchschnitt acht Welpen. Um einen freundlichen Charakter und den Willen, mit Menschen zu spielen zu fördern, sollte man viel mit den Welpen umgehen und sie in jungem Alter gut erziehen.

Abruzzenhund

Der Maremma-Abruzzenhund ist nicht nur einer der ältesten Schäferhunde, sondern auch gehorsam, treu und ein ausgezeichneter Wachhund mit einem dichten, schönen Fell, das viel Aufmerksamkeit erregt.

M 9 Monate

M 1 Jahr

Hintergrundinformationen

Diese Rasse wird als eine Ursprungsrasse der Schäferhunde angesehen. Sie hat jahrhundertelang Herden bewacht, insbesondere in Italien und den angrenzenden europäischen Ländern.

Wichtige Merkmale

Der große und kräftige Maremma-Abruzzenhund hat einen bärenartigen Kopf mit kräftigen Kiefern und Zähnen, einen Scherenbiss, im Vergleich zur Größe des Gesichtes relativ kleine Augen, einen geraden Nasenrücken, große, dunkle Nasenflügel und kleine, dreieckige Schlappohren. Das mittellange Fell ist dicht und sehr weiß.

Dieser Hund ist ein furchtloser und mutiger Wächter und hat sich als freundlicher Begleiter für seine Familienmitglieder erwiesen.

F 10 Monate

♂: 63-74 cm
35-45 kg

♀: 36-71 cm
30-40 kg

Pflege und Auslauf

Das Fell muss recht kräftig gebürstet werden und die ausgefallenen, langen Haare müssen mit einem Kamm entfernt werden. Da dieser Hund kräftig und oft auch unabhängig ist, muss man bei Spaziergängen sorgfältig und bestimmt mit ihm umgehen.

Welpen und Erziehung

Der Wurf mit fünf bis zehn Welpen muss sorgfältig beobachtet werden, da die schwere Mutter dazu neigt, die unter sie kriechenden Jungen, unbeabsichtigt zu zerquetschen. Da sie als junge Hunde sehr zurückhaltend sind, müssen die Welpen schon sehr früh an Menschen gewöhnt werden.

Mudi

Außerhalb seiner Heimat Ungarn, wo er hoch geschätzt wird, ist dieser mittelgroße Schäferhund noch nicht sehr bekannt und anerkannt. Er ist sehr mutig und verteidigt Viehherden aggressiv selbst gegen größere Feinde und über große, weite Flächen hinweg.

F 3 Jahre

Hintergrundinformationen

Der Mudi stammt aus Ungarn und existiert seit der Jahrhundertwende. Er hat sich sowohl als ein sehr vielseitiger Wächter und Hüter von Schafen und Rindern als auch als Fänger von Wildmäusen und anderen kleinen Tieren wie Wieseln erwiesen. Er kann mit der gleichen Leichtigkeit ein großes Feld, einen Bauernhof oder einen Hinterhof bewachen.

Wichtige Merkmale

Diese mittelgroße Rasse mit einer tief gelagerten Brust hat einen kurzen, geraden Rücken, einen etwas engen, langen Kopf mit einem hervortretenden Stirnansatz, v-förmige, aufrechte Ohren, dunkelbraune, ovale Augen und einen kräftigen, muskulösen Kiefer mit Scherenbiss. Der Schwanz hängt entweder herunter oder ist gekürzt. An der Lende ist das Fell, das entweder völlige schwarz oder Salz- und Pfefferfarben sein kann, etwa fünf cm lang. An der Schnauze ist es kürzer und dichter. Der Mudi ist freundlich und ein guter Mitbewohner im Haus, aber er reagiert sofort auf eine Bedrohung, egal wie gewalttätig der Feind auch sein mag.

Pflege und Auslauf

Ein Mudi muss einmal wöchentlich gründlich gebürstet werden, wobei man besonders auf die Stellen achten muss, an denen das Fell lang ist, wie Ohren und Schwanz. Das angemessene tägliche Bewegungspensum sollte aus Zugspielen, Freilauf in einer weitläufigen Umgebung oder dem Apportieren eines Balls bestehen.

Welpen und Erziehung

Die vier bis acht Welpen pro Wurf entwickeln sich gut und gewöhnen sich schnell an Menschen. Da sie sehr intelligent sind, sind sie schnell lernende und gehorsame Schüler.

F 3 Jahre

♂ : 35-46 cm
8-13 kg

♀ : 35-46 cm
8-13 kg

Bobtail

Diese Rasse gehört zu den ältesten Schäferhunden aus England. Bobtails werden auf der ganzen Welt als Begleiter geliebt, insbesondere von Kindern, die sein weiches, knuddeliges Aussehen anzieht.

Hintergrundinformationen

Diese Rasse wurde ursprünglich in Westengland zum Treiben von Viehherden, zum Aufjagen und Apportieren von Wild und zum Zurückbringen verloren gegangener Schafe entwickelt. Zu dieser Zeit mussten die Besitzer von Hütehunden Steuern zahlen und der Schwanz der Hunde wurde als Zahlungsbeleg abgeschnitten, woher der Name des Hundes kommt. Seit etwa 150 Jahren gibt es die Rasse in ihrer heutigen Form. Ihr Fell wurde eine Zeit lang in England zur Stoffherstellung verwendet, aber das wurde schnell wieder aufgegeben. Obwohl dieser Hund wie ein knuddeliges, ausgestopftes Plüschtier wirkt, ist er ein harter Arbeiter.

Wichtige Merkmale

Der Hund hat einen stämmigen, straffen Körper mit einem extrem kurzen Rücken. Das lockere Fell lässt ihn dicker aussehen als er ist. Die Lende sitzt höher als die Schultern, die Glieder sind kurz und dick und der Brustkorb ist schwer und breit. Sein großer und leicht eckiger Kopf hat mittelgroße Schlappohren, eine große, schwarze Nase und normalerweise dunkle Augen, deren Farbe von der des Fells abhängt. Ein langes, üppiges Fell, insbesondere am Kopf und um die Nase herum, bedeckt auch oft die Augen. Die Farbe des Fells variiert von Schattierungen in grau bis hin zu bläulich, entweder mit oder ohne Abzeichen.

F 6 Monate

♂: 58-61 cm
29-41kg

♀: 53-58 cm
29-41 kg

M 6 Monate (links), F 6 Monate (rechts)

Pflege und Auslauf

Bei Schauhunden zieht man ein langes Fell vor, aber bei Haushunden vereinfacht das Trimmen des Fells die Pflege. Da das weiche Unterfell Staub sammelt, muß man es einmal pro Woche kämmen und schamponieren, wenn es schmutzig wird, um den Hund sauber zu halten. Es sollte dabei vom Schwanz zum Kopf hin gebürstet werden. Weiter Auslauf, mindestens zweimal pro Tag ist ebenso erforderlich.

Welpen und Erziehung

Pro Wurf gibt es fünf bis acht Welpen. Obwohl diese Rasse zwei Jahre braucht, bis sie ausgewachsen ist, sollte die Erziehung zum Gehorsam sehr früh beginnen.

F 3 Jahre

Polnischer Niederungshütehund

Dieser Schäferhund ist heute in ganz Europa als idealer Familien- und Wachhund zu finden. Seine Vorfahren wurden von den Phöniziern nach Polen gebracht. Das üppige Haar, das von seiner Stirn herabhängt, verleiht ihm ein recht vergnügtes Aussehen.

Hintergrundinformationen

Diese Rasse gehört zur Gruppe der Bergamasker, die ein gemeinsames frühes Erbe haben. Der Polnischer Niederungshütehund ist ein sehr guter Hütehund und sein freundliches Wesen macht ihn zu einem beliebten Begleithund.

Wichtige Merkmale

Der Kopf ist relativ breit und leicht gewölbt, die Nase ist groß und schwarz, die großen, fallenden Ohren sind herzförmig und die Schnauze ist kräftig. Der Hund sollte ein dickes, leicht gewelltes Fell haben (lockiges Fell wird nicht erlaubt), das seinen Körper ganz bedeckt, insbesondere um die Stirn, die Wangen und die Kiefer. Jede Farbe wird akzeptiert.

Dieser Hund ist intelligent, hat ein gutes Gedächtnis und ist lebhaft und eifrig. Er liebt es, mit Kindern zu spielen. Da sein guter Ruf sich ausbreitet, nimmt die Zahl der Polnischen Niederungshütehunde zu.

Pflege und Auslauf

Um ein Verfilzen des Fells zu verhindern, sollte das Fell mindestens alle zwei bis drei Tage gebürstet werden. Da er recht selbstbeherrscht ist, passt er sich schnell an die Übungsroutine an. Ein Mangel an Beschäftigung könnte Fettleibigkeit hervorrufen.

M 3 Jahre

♂: 43-53 cm
30 kg

♀: 41-46 cm
25 kg

Welpen und Erziehung

Pro Wurf gibt es vier bis acht Welpen. Eine ausreichend nahrhafte Diät fördert das Wachstum der Welpen, sobald sie anfangen, feste Nahrung zu sich zu nehmen. Man sollte schon früh damit anfangen, die Welpen zu kämmen, damit sie sich an Bürsten und Kämmen gewöhnen. Das ausgezeichnete Gedächtnis des Hundes erleichtert die Erziehung.

M 3 Jahre

F 3,5 Jahre

Puli

Sein Name bedeutet 'Anführer' auf Ungarisch. Der Puli ist mit seinem markanten, strähnigen Fell ein sehr mutiger Schäferhund.

M 9 Jahre

Hintergrundinformationen

Die Ursprünge des Puli können bis zu den Schäferhunden zurückverfolgt werden, die die Magyaren bei der Eroberung Ungarns vor mehr als tausend Jahren mitbrachten.

Wichtige Merkmale

Der mittelgroße Puli hat einen gewölbten Kopf, v-förmige Schlappohren, eine Nase mit einem geraden Rücken und große, dunkelbraune Augen. Der Schwanz ringelt sich am Ende nach oben. Das lange, strähnige Fell, das gegen alle Witterungen resistent ist und nur bei dieser Rasse vorkommt, berührt fast den Boden. Es hat meist eine rostschwarze Farbe. Trotz seiner kurzen Beine ist der Puli schnell, lebhaft und hat eine endlose Ausdauer. Er hat ein gutes Urteilsvermögen und ist verspielt.

Pflege und Auslauf

Das lange Fell muss jede Woche etwa 45 Minuten lang gebürstet werden, damit es nicht verfilzt. Dies sollte am besten ein Fachmann machen. Diese energiegeladene Rasse braucht täglich viel schnellen Auslauf.

Welpen und Erziehung

Die Puli-Welpen, von denen pro Wurf vier bis sieben zur Welt kommen, haben bei ihrer Geburt weiches Fell. Wenn dies wächst, verfilzt es mit dem Deckhaar wie bei den ausgewachsenen Hunden. Die Hunde sind mit 15 - 18 Monaten erwachsen. Da sie hoch intelligent sind, lernen sie schnell.

♂: 43 cm
13-15 kg

♀: 40 cm
12-14 kg

M 6 Jahre

M 9 Jahre

Pumi

Diese Rasse ist außerhalb ihrer Heimat Ungarn, wo sie als Viehhüter dienen, immer noch relativ unbekannt. Sie haben lockiges Fell und Knickohren, die ihnen ein täuschend liebreizendes Aussehen verleihen, da sie gegenüber Fremden recht aggressiv und wachsam sind.

Hintergrundinformationen

Vermutlich entstammt der Pumi einer Kreuzung zwischen einem Puli und einem deutschen Schäferhund aus dem 17. Jahrhundert. Die Pumis arbeiteten als Viehhüter für ungarische Milchbauern. Manche Leute sagen, dass sie Terrierblut haben, da sie ausgezeichnete Jäger sind, die Füchse sehr gut ausmachen und aufscheuchen können und Kaninchen aus ihren Bauten treiben.

M 5 Jahre

♂: 33 cm
8-13 kg

♀: 33 cm
8-13 kg

M 5 Jahre

Wichtige Merkmale

Der Pumi ist eine mittelgroße Rasse mit einem rechteckigen Brustkorb und rechteckigen Lenden, hat einen gleichmäßigen Kopf mit einer hoch angesetzten Schnauze, halb aufgerichteten Ohren, die an der Spitze abknicken, kaffeefarbene Augen und eine schwarze, spitze Nase. Sein dickes, robustes, mittellanges Fell kann schieferfarben, silbern, dunkelgrau, weiß oder rotbraun sein. Außerdem sollte es lockig sein, ohne zum Verfilzen zu tendieren. Diese Rasse ist immer wachsam, kräftig und lebhaft und schwänzelt gerne bei seinem Herren und seiner Familie, was ihn zu einem guten Familienhund und Kameraden macht. Beim Bellen ist er zurückhaltend und anpassungsfähig, aber nicht sehr freundlich zu Fremden. Mit seinem guten Gehör ist er ein idealer Wachhund für den Bauernhof, ein Haus oder eine Fabrik.

Pflege und Auslauf

Das dichte Unterfell des Pumi muss regelmäßig und kräftig durchgekämmt werden. Dieser sehr aktive Hund liebt viele spannende Übungen.

Welpen und Erziehung

Etwa drei bis sechs Welpen kommen pro Wurf zur Welt. Die liebevolle Mutter kümmert sich wunderbar um die Welpen. Da diese Hunde Eigenschaften des Puli geerbt haben, können sie sehr leicht erzogen werden.

Pyrenäenschäferhund

Obwohl er weniger bekannt ist als die Pyrenäen an sich, ist dieser Schäferhund ein fester Bestandteil auf den dortigen Bauernhöfen. Trotz seines fröhlichen Charakters und bezaubernden Aussehens ist er sehr robust und arbeitet hart.

Hintergrundinformationen

Der Pyrenäenschäferhund ist eine der zwei Schäferhundrassen aus den Pyrenäen und dient eher als Hüter denn als Wächter über die Herde. Vermutlich stammt er von französischen Schäferhunden ab und spielte eine große Rolle beim Aufspüren verletzter Soldaten in den europäischen Kriegen.

Wichtige Merkmale

Er ist mittelgroß, hat stämmige Gliedmaßen und gut ausgebildete Oberschenkelmuskeln, eine schwarze Nase und kastanienbraune Augen, die von schwarzen Rändern umgeben sind. Das lange, schwere, rau-wollige Fell ist auf dem Rücken leicht gewellt. Seine Farbe ist im Grunde grau, oft mit gräulichen, silbernen, weißen oder gelben Spitzen. Der vollkommen furchtlose und gesunde Schäferhund kann auch mit schlechtesten Witterungsbedingungen und Schwierigkeiten fertigwerden.

Pflege und Auslauf

Der Pyrenäenschäferhund muss alle zwei bis drei Tage gebürstet werden. Ebenso ist täglicher Auslauf notwendig.

Welpen und Erziehung

Die drei bis sechs Welpen pro Wurf werden leicht geboren und sind sehr kräftig. Da sie hoch intelligent sind, lassen sie sich leicht erziehen.

F 4 Jahre

♂: 40-56 cm
20 kg

♀: 40-56 cm
20 kg

F 4 Jahre (links), F 1 Jahr (rechts)

Saarloos Wolfhond

Der Saarloos Wolfhond ist eine erst kürzlich entwickelte Rasse. Er ist nicht für Menschen geeignet, die keine Erfahrung mit Hunden haben. Er ist nach seinem Erfinder und seinem Stammbaum benannt. Wenn er gut erzogen wird, ist er ein ausgezeichneter Wachhund. Obwohl er seinen Besitzer liebt, ist er gegenüber fremden Menschen und Hunden misstrauisch.

♂: 71-74 cm
36-41 kg

♀: 68-74 cm
36-41 kg

M 9 Jahre

F 5 Jahre

F 5 Jahre

Hintergrundinformationen

Der Genetiker Leendert Saarloos züchtete diesen Hund durch eine Rückkreuzung des deutschen Schäferhunds mit dem Wolf.

Wichtige Merkmale

Der Rücken dieser Rasse ist gerade, die Brust tief gelagert und gut ausgebildet. Der mittelgroße Kopf mit einer sich zur Nase hin verengenden Schnauze und einem hervorstehenden Stirnansatz hat mandelförmige Augen und dreieckige Ohren, die hoch angesetzt und aufgerichtet sind. Das kurze, dichte Fell am Schwanz, an der Brust und am unteren Bauch ist etwas länger als am restlichen Körper und ist wolfsähnlich, braun, gräulich, cremefarben oder weiß. Dieser Hund ist besonders wachsam und aggressiv gegenüber anderen Hunden und Tieren und hat stark ausgeprägte Rudelinstinkte. Wegen seines ausgeprägten Willens benötigt er eine starke Hand.

Pflege und Auslauf

Das Fell muss nur einmal wöchentlich gekämmt werden. Diese Rasse braucht viel Auslauf, nicht in der Nähe von anderen Menschen oder Hunden.

Welpen und Erziehung

Ein Wurf besteht normalerweise aus vier bis acht Welpen, die schon früh intensiv erzogen werden müssen, damit sie sich an Menschen gewöhnen.

Sarplaninac

Obwohl er Fremden gegenüber misstrauisch und zurückhaltend ist, bringt dieser Schafshüter seiner Familie viel Liebe entgegen und hört aufs Wort.

M 2 Jahre

Hintergrundinformationen

Trotzdem ihre Herkunft unbekannt ist, ist diese Rasse in Sar Planina zuhause, also dem Adria-Gebiet von Ex-Jugoslawien und Albanien. Zum ersten Mal wurde der Sarplaninac 1975 in die Vereinigten Staaten exportiert.

F 1 Jahr

♂: 69 cm
55 kg

♀: 69 cm
55 kg

Bis 1970 war es in Jugoslawien illegal, diese Rasse außer Landes zu bringen.

Wichtige Merkmale

Durch ihren schweren Körperbau und ihr dichtes Fell erscheint diese Rasse stämmiger, als sie eigentlich ist. Sie hat v-förmige Ohren, kräftige Zähne mit einem Scherenbiss und einen mäßig langen, hoch angesetzten Schwanz, der normalerweise herabhängt und bei Bewegung des Hundes auf Rückenhöhe gehalten wird. Die Augen und die Nase sollten dunkel sein; helle Augen werden bei Schauen als Fehler angesehen. Sowohl das Deckhaar als auch das Unterfell sind dicht, wobei ersteres länger als 10 cm ist. Im Idealfall sollte das Fell eine einzige Grauschattierung haben. Ein weißes, hellgelbes oder braunes Fell sowie weiße Markierungen auf der Brust und den Pfoten disqualifizieren den Hund bei Schauen.

Pflege und Erziehung

Dieses Fell erfordert häufiges Kämmen und Bürsten, insbesondere während des Fellwechsels. Der Sarplaninac muss täglich von jemanden ausgeführt werden, der kräftig genug ist, da er zum starken Ziehen an der Leine neigt.

Welpen und Erziehung

Die vier bis sechs Welpen pro Wurf sollten schon sehr früh erzogen werden.

M 2 Jahre

Schapendoes

Diese Hunde kennt man auch als Holländische Hütehunde. Sie sind Wachhunde und Schafshüter und erst in letzter Zeit in geringer Stückzahl als Haushunde aufgetaucht.

M 4 Jahre

Hintergrundinformationen

Diese Rasse ist kürzlich in den weniger dicht besiedelten Gegenden der Niederlande entdeckt worden, ihr Ursprung ist jedoch unbekannt. Ihr Entdecker war ein Hundefachmann, der ein Buch über die dort beheimateten Hunderassen schreiben wollte. Repräsentative Schapendoes aus dem ganzen Land wurden dann selektiv gezüchtet, um einen Hund mit Stammbaum zu schaffen, der registriert werden konnte. Die Rasse wurde letztendlich 1968 vom holländischen Kennel Club anerkannt.

Wichtige Merkmale

Vom Aussehen her ähnelt diese Rasse dem Bearded Collie, dem Briard und dem Bergamasker. Sie hat vom Kopf an lange Haare, welche die Augen bedecken und eine lange, schmale Schnauze mit einem starken Scherengebiss. Sein dichtes, langes, leicht gewelltes Fell kann jede Farbe haben, obwohl blaugrau und schwarz am beliebtesten sind.

Der sehr wachsame, hart arbeitende Hund trotzt auch schlechter Witterung. Er ist ständig in Bewegung, um sein Territorium zu bewachen, und ist seinem Besitzer gegenüber besonders treu.

Pflege und Auslauf

Das weiche Fell neigt zum Verfilzen und muss deshalb regelmäßig gekämmt werden. Da dieser Hund ein echter Athlet ist und große Ausdauer hat, braucht er viel Auslauf.

Welpen und Erziehung

Die vier bis acht Welpen pro Wurf sind kräftig und passen sich ihrer Umgebung an, aber sie brauchen eine gründliche Erziehung, um Gehorsam gegenüber Menschen zu lernen.

♂: 43-51 cm
14 kg

♀: 43-51 cm
14 kg

M 4 Jahre

M 4 Jahre

Shetland Sheepdog (Sheltie)

Die liebevoll als „Sheltie" bezeichnete kleinere Version des Collie ist überall beliebt und genießt in der ganzen Welt große Popularität.

Hintergrundinformationen

Diese Rasse stammt von den Shetland Inseln, wo Nahrungsmangel kleine Tiere begünstigt. Sie ist auf der ganzen Welt beliebt. In England wurde der Sheltie gegen Ende des neunzehnten Jahrhunderts bekannt.

Wichtige Merkmale

Der Körper des Shetland Sheepdog ähnelt dem des rauhaarigen Collie. Der Rahmen ist fest gebaut und mit harten Haaren bedeckt; der Rücken ist kurz und gerade. Der Kopf ist v-förmig und die mittelgroßen, mandelförmigen Augen sind dunkel, aber es sind auch blaue oder silberne Augen erlaubt, wenn das Fell gescheckt ist. Der Nasenrücken ist lang und gerade, die Nase ist schwarz. Die hoch angesetzten Knickohren sind nach vorne geneigt und der Schwanz ist lang. Ein Shetland Sheepdog hat ein doppeltes Fell, das aus einem glatten, rauen Deckhaar und einem dichten Unterfell besteht. Die Farben sind schwarz, blau, gescheckt, dreifarbig oder rötlich mit Abzeichen in weiß und/oder loh.

F 10 Monate

Obwohl er so klein ist, ist der Sheltie ein wundervoller Schäferhund; er arbeitet immer eifrig und mit Begeisterung. Er beißt den Schafen in die Fersen und kann die Herde lange treiben. Ein Shetland Sheepdog ist lebhaft und freundlich. Obwohl er Fremden gegenüber nicht sehr aufgeschlossen ist, mag er andere Hunde. Da er aktiv und gegenüber seinem Besitzer freundlich ist, ist er ein guter Spielkamerad für Kinder.

Pflege und Auslauf

Es ist notwendig, den Sheltie zweimal wöchentlich für etwa fünfzehn Minuten zu bürsten, insbesondere während des Fellwechsels. Spaziergänge und Spiele in weitläufigem Gelände sind ebenso wichtig.

F 2 Jahre (links)
F 1 Jahr (rechts)

Welpen und Erziehung

Die Welpen, die in Würfen von vier bis sechs zur Welt kommen, sind leicht aufzuziehen. Es dauert etwa fünfzehn bis achtzehn Monate, bis sie erwachsen sind. Einige sind extrem scheu und sollten dann von klein auf oft mit nach draußen genommen werden, damit sie gesellig werden und sich an Menschen und Lärm gewöhnen. Eine gründliche Erziehung ist notwendig, um unnötiges Heulen zu unterbinden.

♂: 33-41 cm
9 kg

♀: 25-27 cm
30-40 kg

M 3 Jahre

Welsh Corgi Cardigan

Auf Walisisch heißt „corgi" kleiner Hund. Er kam mit den Kelten aus Mitteleuropa, als diese etwa 1200 v. Chr. nach Wales einwanderten.

♂: 25-30 cm
13-18 kg

♀: 25-30 cm
11-15 kg

M 2 Jahre

M 2 Jahre

Hintergrundinformationen

Vermutlich hat der der Corgi teilweise die gleichen Vorfahren wie der Dackel, denn beide haben einen lang gezogenen Körper, kurze Beine und einen buschigen Schwanz. Die Spuren des Welsh Corgi Cardigan können mehr als dreitausend Jahre zurückverfolgt werden. Damals wurde der Grundstock für diese Rasse ins walisische Hochland gebracht, das damals Cardiganshire hieß. Der Corgi war bei den Kelten als Kinderhüter ungeeignet. Er scheuchte lieber Wild und kleine Tiere wie Wiesel, Füchse und Mäuse auf und jagte und trieb das Vieh auseinander. Da er in erster Linie ein Viehtreiber war, blieb er außerhalb von Wales recht unbekannt. Dort aber wurde er wegen seiner Lebhaftigkeit und seines Mutes schon fast zur Legende. Allgemein bekannt wurden die Corgis 1933, als der Herzog von York, der spätere König George VI, sie in seinem Palast hielt, was ihre Popularität im Vereinigten Königreich förderte.

Wichtige Merkmale

Er unterscheidet sich vom Welsh Corgi Pembroke dadurch, dass er kleiner ist, etwas größere, aufgestellte Ohren, rundere Pfoten und einen buschigen Schwanz hat. Er hat dunkle Augen und ein mittellanges, dichtes Fell, das sich rau anfühlt.

M 2 Jahre

Die Farbe kann meliert, blau gescheckt, schwarz und loh, rötlich oder schwarz mit oder ohne blaue Flecken sein. Normalerweise ist ein Cardigan am Hals, auf der Brust, an den Beinen, im Gesicht, am Bauch und an der Schwanzspitze weiß.

Er ist als Wachhund gut geeignet, weil er aktiv, lebhaft und furchtlos ist, zudem verhält er sich gegenüber Fremden, als wäre er sehr viel größer. Auf der anderen Seite spielt er sehr gerne, ist gern albern und schenkt seiner Familie viel Liebe. Wenn man einen Rüden und eine Hündin zusammen hält, kommen sie gut miteinander aus und spielen miteinander.

Pflege und Auslauf

Es reicht aus, wenn man ihn zweimal pro Woche fünf bis zehn Minuten lang bürstet, aber viel Auslauf mindestens zweimal am Tag ist notwendig. Dieser Hund benimmt sich am besten, wenn er viel Freilauf hat, aber er passt sich leicht an jede Umgebung an.

Welpen und Erziehung

Die Würfe mit fünf bis sieben Welpen sind in zwölf bis fünfzehn Monaten ausgewachsen. Man sollte schon sehr früh anfangen, mit ihnen zu spielen. Diese Welpen hören sehr gut zu und sind sehr anhänglich, was ihre Erziehung und ihre Aufzucht sehr leicht macht.

M 2 Jahre

Welsh Corgi Pembroke

Dieser Haushund war ursprünglich ein Viehtreiber und ist heute als der Lieblingshund von Königin Elisabeth II. weltbekannt.

M 3 Jahre

Hintergrundinformationen

Der Stammbaum dieser Corgirasse lässt sich bis ins zwölfte Jahrhundert zurückverfolgen. Die Weiterentwicklung der Rasse geschah in Pembrokeshire in Wales, woher sie ihren Namen hat. Obwohl sie von unterschiedlichen Stammbäumen abstammen, waren beide Rassen über Generationen hinweg bei der englischen Königsfamilie beliebt. Der Corgi Pembroke aber hielt seinen Einzug im Palast, als König Georg VI. seiner Tochter Elisabeth einen Pembroke schenkte.

Wichtige Merkmale

Der kleine, kurzbeinige Welsh Corgi Pembroke hat ein fuchsähnliches, ovales Gesicht, einen geraden Nasenrücken, mittelgroße, aufgerichtete Ohren, dunkle Augen und einen sehr kurzen Schwanz. Sein mittellanges, glattes, festes, raues Fell variiert farblich von rehbraun, loh, rot, und rötlichbraun bis hin zu schwarz. Einige weiße Abzeichen sind erlaubt, aber ein hauptsächlich weißer Hund wird bei Schauen disqualifiziert.

Diese sehr aktive Rasse hat einen sehr guten Charakter und ist freundlich. Idealerweise sollte man ein Paar, Rüde und Hündin, zusammen halten.

Pflege und Auslauf

Das Fell muss nur einmal pro Woche 10 Min. gebürstet werden. Zweimal am Tag sollte der Hund Auslauf haben.

Welpen und Erziehung

Pro Wurf kommen normalerweise fünf bis acht Welpen zur Welt, die zwölf bis fünfzehn Monate brauchen, bis sie ausgewachsen sind. Es ist wichtig sie sehr früh an Menschen zu gewöhnen.

F 7 Monate

♂: 25-30 cm
11-14 kg

♀: 25-30 cm
10-13 kg

Alaskan Malamute

Die Gruppe der Arbeitshunde

Akita Inu .76
Alaskan Malamute .78
Appenzeller Sennenhund .80
Österreichischer Kurzhaarpinscher .81
Berner Sennenhund .82
Boxer .84
Bullmastiff .86
Bordeaux Dogge .88
Dogo Argentino .89
Dobermann .90
Deutscher Schäferhund .92
Deutsche Dogge .94
Pyrenäenberghund .96
Hokkaido .98
Hovawart .99
Island Hund .100
Jämthund .101
Kai .102
Karelischer Bärenhund .103
Kishu .104
Laika .105
Landseer .106
Leonberger .107
Mastiff .108
Mastino Napoletano .109
Neufundländer .110
Pinscher .112
Podengo Portugues .113
Rottweiler .114
Russischer Hütehund .116
Bernhardiner .118
Samoyede .120
Shiba Inu .122
Siberian Husky .124
Shikoku .126
Spanischer Mastiff .127
Westgotenspitz .128
Tibet - Dogge .129
Tosa Inu .130

Akita Inu

Dieser große Hund, der ursprünglich in Nordostjapan für die Bärenjagd des Adels entwickelt wurde, ist bekannt für die glühende Liebe, Treue und den Gehorsam gegenüber seinem Besitzer.

M 6 Monate

Hintergrundinformationen

1630 befahl ein Feudalherr in Akita seinem Samurai, eine größere Variante der in dieser Gegend heimischen Jagdhunde zu entwickeln. Der daraufhin gezüchtete Hund war ein ausgezeichneter Kämpfer und Wächter und wurde in der Taisho-Ära (1912 - 26) dafür auch geehrt. 1931 ernannte der Bildungsminister den Akita zum nationalen Denkmal und er wurde die erste per Gesetz geschützte Rasse. Der berühmteste Hund dieser Rasse ist Hashiko, dessen Geschichte mit einer Statue und einem Relief in der Nähe des Shibuya Bahnhofs in Tokyo gedacht wird. Hashiko holte ihren Herren, Professor Eisaburo Ueno, täglich am späten Nachmittag vom Bahnhof ab. Aber eines Tages, im Mai 1925 starb der Professor bei der Arbeit an der Universität von Tokyo. Hashiko, die dies nicht wusste, kam weiterhin jeden Nachmittag zu dem Bahnhof, um auf ihn zu warten.

Wichtige Merkmale

Graziöse Bewegungen, Kraft, ein kräftiger Rahmen und ein treuer Gesichtsausdruck wirken zusammen, um aus der größten der japanischen Rassen die Schönste zu machen. Das Verhältnis der Körpergröße zur Länge ist 10:11; der Rücken ist gerade, der Schwanz hoch angesetzt und rollt sich fest über dem Rücken zusammen. Die Vorderbeine sind gerade und haben starke Knochen und feste Ellbogen. Die Hinterbeine sind gut ausgebildet und bilden einen stumpfen Winkel. Der Kopf hat einen hervortretenden Stirnansatz, mäßig entwickelte Wangen und eine lange Nase mit einem geraden Rücken. Außerdem hat er kräftige Kiefer mit Scherenbiss und dunkle Augen, die vergleichsweise klein und dreieckig sind. Die Augenwinkel zeigen nach oben, typisch für japanische Rassen. Das doppelte Fell besteht aus einem weichen, dichten Unterfell und einem rauen, glatten Deckhaar, wobei das Fell am Bauch etwas länger ist als am restlichen Körper. Am längsten ist es am Schwanz. Die Farbe variiert zwischen rot, getigert und weiß. Auch wo das Fell nicht weiß ist, sollte die Haut weiß sein,

M 6 Monate

insbesondere am Bauch und unter dem Kiefer. Diese Rasse ist nicht nur ein ausgezeichneter Wachhund, sondern auch ein sehr guter Kamerad.

Pflege und Auslauf

Der Akita muss täglich gebürstet werden. Er braucht eine Stunde Auslauf und man sollte darauf achten, dass er nicht übergewichtig wird.

Welpen und Erziehung

Eventuell muss man die Würfe mit 5-7 Welpen mit der Flasche aufziehen. Achten Sie darauf, dass die Mutter die Welpen nicht zerquetscht. Der Akita lässt sich leicht erziehen.

M 6 Monate

Alaskan Malamute

Diese Rasse kommt aus Alaska und gehört zu den ältesten Hunden der Arktis. Sie haben dem Menschen als guter Kamerad über Tausende von Jahren hinweg gedient, indem sie Schlitten und Wagen mit Gütern und Menschen beladen auch bei schlechtem Wetter gezogen haben.

Hintergrundinformationen

Man vermutet die Heimat des Alaskan Malmute in Nordostalaska, die wahre Herkunft kennt man allerdings nicht. Frühe russische Forscher haben berichtet, dass diese Hunde von den Mahlemuten, dem eingeborenen Inuitstamm, nach dem sie benannt sind, benutzt wurden, um Schlitten durch Schnee und Eis zu ziehen. 1935 wurde die Rasse offiziell vom amerikanischen Kennel Club anerkannt.

Wichtige Merkmale

Dieser Hund, der wegen seiner Stärke und seines Durchhaltevermögens gezüchtet wurde, hat kurze Lenden, einen muskulösen Rücken und eine ebensolche Brust, sowie einen dicken, geringelten Schwanz. Der breite, spitze Kopf mit den aufgestellten V-Ohren und der langen, vorstehenden Schnauze verleiht dem Malamut ein bezeichnendes, wolfähnliches Aussehen. Sein wetterfestes, doppeltes Fell besteht aus einem relativ kurzen, dichten Deckhaar und einem weichen, wolligen, fettigen, 3 - 5 cm langem Unterfell. Die Fellfarbe variiert zwischen wolfsgrau, schwarz mit weißen Abzeichen (an Brust, Maske, Pfoten und so weiter) und in manchen Fällen auch schneeweiß, das die einzige akzeptierte Unifarbe ist. Treu und freundlich wie sie ist, gibt diese Rasse einen guten Kameraden ab.

Pflege und Auslauf

Um das Fell des Alaskan Malamute in bester Form und frei von Parasiten zu halten, muss es täglich gut gebürstet werden, insbesondere während des Fellwechsels vom Frühling bis zum Sommer. Da es sich hier um eine sehr schwere Rasse handelt, sollten die

M 2 Jahre

♂: 63 cm
39 kg

♀: 58 cm
34 kg

M 4 Monate

M 2 Jahre

M 3 Jahre

Krallen dieses Hundes schon von früher Jugend an geschnitten werden, damit sie nicht geschädigt werden. Diese Rasse braucht viel schnellen Auslauf und viel Beachtung, am besten in einem großen Hof, wo der Hund laufen kann. Er sollte nicht in feuchtwarmer Umgebung gehalten werden. Auch sollte man strikte Diät halten. Ein Hund, der nicht genügend Auslauf hat, wird übergewichtig.

Welpen und Erziehung

Die Würfe mit vier bis zehn Welpen sollten in einer sehr sauberen Umgebung zur Welt kommen. Darauf sollte man auch nach der Geburt achten. Zudem sollen die Welpen vor allem nicht von vielen Menschen angefasst werden. Eine gründliche Erziehung sollte schon früh beginnen, insbesondere dann, wenn man mit dem Hund Schlitten oder Wagen ziehen möchte und auch um den Hund davon abzuhalten, unnötig zu bellen oder in Schwierigkeiten mit anderen Hunden zu geraten.

Appenzeller Sennenhund

Diese kompakte, spritzige Rasse ist sehr vielseitig und hat viel Ausdauer, da sie Schafe schnell treibt und hütet oder Wagen mit Lasten zieht.

M 3 Jahre

Hintergrundinformationen

Einige Leute sagen, dass dieser Schweizer Schäferhund auch dort beheimatet ist und auf die Bronzezeit zurückgeht. Andere dagegen glauben, dass der Grundstock für diese Rassen von den römischen Legionen stammt, als diese in der Schweiz einfielen.

Wichtige Kennzeichen

Der Appenzeller Sennenhund hat einen muskulösen Körper mit starken, geraden Gliedmaßen, einen breiten, flachen Schädel und eine schmale Schnauze, sowie v-förmige Ohren und kleine, schwarze Augen. Sein Fell ist kurz, dick, dicht und hat drei Farben. Diese Muster in schwarz, gelb oder loh und weiß sollten symmetrisch sein und eine dünne weiße Blesse und einen kleinen lohfarbenen Fleck über jedem Auge haben. Im Gegensatz zu anderen Schweizer Schäferhunden hat diese Rasse einen Schwanz, der sich über dem Rücken nach oben ringelt.

Der gesellige, aktive, gut gelaunte, bezaubernde, liebenswerte Appenzeller Sennenhund ist sehr anpassungsfähig und somit ein ausgezeichneter Schäferhund, ein fleißiger und treuer Wachhund und er zieht Wagen, ohne zu murren. Dieser immer wachsame Hund passt auf das Haus oder den Bauernhof auf und verfügt außerdem über eine erstaunliche Ausdauer. Er scheint sich nie auszuruhen, selbst dann nicht, wenn er eigentlich nichts zu tun hat.

Pflege und Erziehung

Das pflegeleichte Fell dieser Rasse muss nur einmal alle zwei Wochen gebürstet werden, ausreichender täglicher Auslauf ist notwendig. Im Idealfall sollte dieser Hund die Möglichkeit haben, in einem großen Hof frei zu laufen.

Welpen und Erziehung

Die Würfe mit vier bis acht Welpen sind leicht aufzuziehen, aber man sollte sie nicht zu großer Kälte aussetzen.

M 3 Jahre

♂: 48-58 cm
22-25 kg

♀: 58-58 cm
22-25 kg

M 3 Jahre

Österreichischer Kurzhaarpinscher

Diese ständig wachsame, mutige und stämmige Rasse hat einen Charakter wie ein Terrier und ist trotz ihrer geringen Größe ein ausgezeichneter Wachhund und Jäger.

Hintergrundinformationen

Obwohl diese Rasse Terrierblut in den Adern hat, unterscheidet sie sich sehr vom deutschen Jagdpinscher und dem Zwergpinscher.

♂: 35-51 cm
12-18 kg

♀: 35-51 cm
12-18 kg

F 3 Jahre

F 3 Jahre

Wichtige Kennzeichen

Der mittelgroße Österreichische Kurzhaarpinscher hat gut ausgebildete Muskeln, kräftige Gliedmaßen, einen birnenförmigen Kopf mit einem breiten Schädel und eine große, dunkle Nase. Die Ohren variieren in ihrer Form zwischen Fledermausohren und Schlappohren, Knickohren oder fallenden Ohren. Der Schwanz ringelt sich nach oben. Das Fell ist kurz und glatt, wobei die Farbe zwischen hellgelb und rehbraun oder rot getigert mit weißen Abzeichen variiert. Der Österreichische Kurzhaarpinscher, der für seine Größe sehr stark ist, wird sein Territorium mutig verteidigen und seinem Besitzer sehr treu sein.

F 3 Jahre

Pflege und Auslauf

Das Fell braucht fast überhaupt keine Pflege und muss nur gelegentlich mit einem Handtuch abgerieben werden. Diese Rasse liebt jedoch lange Spaziergänge und ein weites Gelände zum Laufen.

Welpen und Erziehung

Die vier bis sieben Welpen pro Wurf kommen normalerweise ohne Komplikationen zur Welt und man muss sich nur wenig um den Wurf kümmern.

Berner Sennenhund

Der Berner Sennenhund ist der beliebteste der vier Schweizer Berghunderassen. Er ist der Einzige mit langem Fell und hat nun als Haushund eine feste Anhängerschaft.

M 2 Jahre

Hintergrundinformationen

Dieser Schäferhund verdankt seinen Namen dem Kanton Bern in der Zentralschweiz, wo er über zweitausend Jahre lang als Viehtreiber und Wachhund diente.

Wichtige Merkmale

Der Berner Sennenhund hat einen kräftigen Körper, der etwas länger als hoch ist und eine tief gelagerte Brust. Die Lende ist recht kurz; er ist stämmig, hat gerade Beine mit relativ kurzen Fesseln. Der Kopf ist flach, hat leichte Furchen, eine kräftige, recht lange Schnauze mit Scherenbiss, v-förmige Schlappohren,

M 3 Jahre

M 2 Jahre

M 2 Monate

die etwas nach vorne gestellt sind und haselnussbraune oder braune, mandelförmige Augen. Der lange, dicke Schwanz hängt herab und passt zu dem leicht gewellten, mäßig langen, dreifarbigen Fell. Die Farbe ist im Grunde schwarz mit entweder dunkel lohfarbenen oder lohfarbenen Rändern an den Beinen und am Maul. Über den Augen sind kleine Punkte, die Pfoten sollten weiß sein und es sollte eine auffällige weiße Blesse vorhanden sein. Das Abzeichen auf der Brust sollte die Form eines umgedrehten Kreuzes haben.

Der ursprüngliche Arbeitshund hat sich auch als gut gelaunter, intelligenter Familienhund erwiesen und ist ein guter Begleithund.

Pflege und Auslauf

Tägliches Bürsten und gelegentliches Baden, sowie das Reinigen der Ohren mit Babyöl ist notwendig. Außerdem sollten die Krallen kurz gehalten und die Zähne gebürstet werden, um die Bildung von Zahnstein zu verhindern. Wenn der Berner Sennenhund im Haus gehalten wird, braucht er täglich viel Auslauf.

Welpen und Erziehung

Die Mutter hat gute Mutterinstinkte und kümmert sich mehr als nötig um die vier bis zehn Welpen pro Wurf. Es ist allerdings empfehlenswert, die Welpen früh an Menschen zu gewöhnen.

Boxer

Dieser ursprüngliche Jagdhund sieht elegant aus und ist lebhaft und intelligent, weshalb er innerhalb kurzer Zeit zu einem geschätzten und beliebten Kameraden geworden ist. Er ist nicht nur ein Begleiter und ein Schauhund, sondern auch ein Polizei- und Militärhund.

Hintergrundinformationen

Der Boxer ist das direkte Ergebnis einer Kreuzung zwischen dem Bullenbeißer (Mastiff) und der Bulldogge in der Mitte des 19. Jhdts. Sein schöner, gleichmäßiger Körperbau und sein Mut haben ihn schnell zu einer der beliebtesten Rassen der Welt gemacht. Wurde er früher zur Jagd verwendet, wurde er später ein viel gelobter Wach-, Polizei-, Militär-, und Begleithund. Er nahm erstmals 1850 an einer Schau teil.

Wichtige Kennzeichen

Diese rechteckig gebaute, mittelgroße Rasse hat einen kurzen, geraden, muskulösen Rücken, eine tiefe, kräftige, gut ausgebildete Brust, Falten auf der Stirn und auffallende Lefzen, aber keine Wammen am Hinterkopf. Außerdem hat er dunkelbraune Augen und einen unregelmäßigen Biss, bei dem der untere Kiefer hervortritt und sich leicht über den Oberkiefer wölbt. Der Schwanz wird aufrecht getragen und die Hinterbeine sind recht kurz und bilden einen Winkel. Sein Gang ist hüpfend, aber kraftvoll. Das rehbraune oder leicht getigerte, mahagonifarbene Fell ist kurz und glänzend und liegt glatt am Körper an. Er hat normalerweise weiße Markierungen auf dem Kopf, an der Schnauze, am Hals, am Brustkorb und an den unteren Gliedmaßen und dazu eine schwarze Maske. Trotz seines recht kämpferischen Aussehens ist er freundlich und ist ein guter Spielkamerad für Kinder.

M 1,5 Jahre

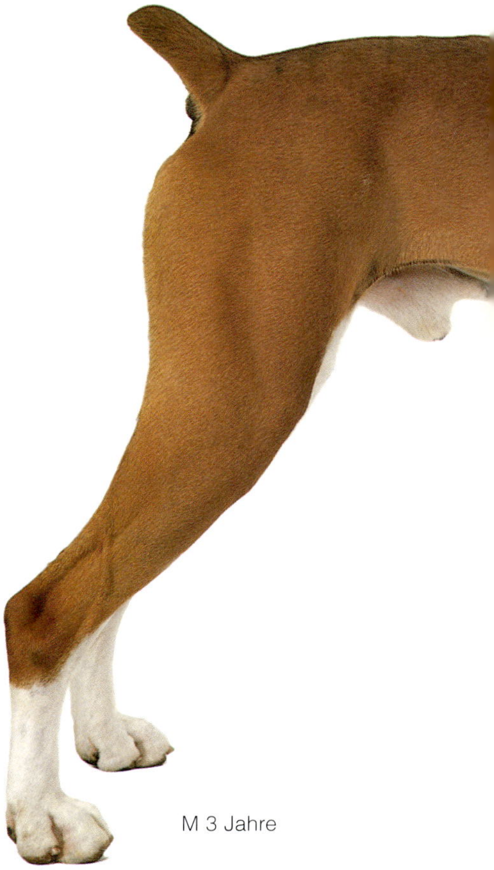

M 3 Jahre

M 3 Jahre

Pflege und Auslauf

Die Fellpflege ist einfach, es muss nur etwas gebürstet werden, aber die Krallen müssen immer kurz gehalten werden. Das Futter sollte ausgewogen sein, um Übergewicht zu vermeiden, denn diese Rasse neigt dazu. Der Boxer ist sehr lebhaft und braucht viel Auslauf. Für Spaziergänge sollte er an die Leine genommen werden, aber er fühlt sich am wohlsten, wenn er auf einem großen, eingezäunten Gelände frei laufen kann. Der Boxer passt sich jeder Umgebung an, egal ob in der Stadt oder auf dem Land, so lange man auf Temperatursprünge achtet. Gehorsam erfordert allerdings eine gründliche Erziehung.

♂: 56-64 cm
32 kg

♀: 53-58 cm
27 kg

F 3 Jahre

Welpen und Erziehung

Die Mutter kümmert sich gut um ihre Würfe von fünf bis zehn Welpen und gibt auf sie Acht. Welpen, die vollkommen weiß oder weiß gescheckt sind, sind von den Zuchtverbänden nicht gerne gesehen und werden nie an Schauen teilnehmen können.

F 3 Jahre

Bullmastiff

Dieser große und energiegeladene Hund wurde aus einer Kreuzung zwischen Bulldogge und Mastiff gezüchtet. Ursprünglich wurde dazu verwendet, Jagdgebiete vor Wilderern zu schützen.

Hintergrundinformation

Im England des 19. Jahrhunderts war das Wildern in weiten Jagdgebieten ein großes Problem und über Eindringlinge wurden schwere Strafen verhängt. Aus diesem Grund wurden die Besitzer von Wild häufig angegriffen oder erschossen, wenn ihnen Wilderer in die Quere kamen, insbesondere in der Dunkelheit. Diese Rasse wurde geschaffen, um die Kraft, die Schnelligkeit und den guten Geruchssinn des Mastiffs mit dem Mut und der aggressiven Natur des Bulldogge zu kombinieren. Die Bullmastiffs unternahmen Wachgänge mit den Wildhütern. Sie wurden darauf trainiert, anzugreifen und, wenn man ihnen befahl den Wilderer zu stellen ohne ihn zu verletzen. Diese große, recht energiegeladene Rasse erwies sich als perfekter Wachhund und wird seither auch bei der Polizei oder beim Militär eingesetzt.

F 5 Jahre

M 2 Jahre

♂: 63-69 cm
50-60 kg

♀: 61-66 cm
45-54 kg

Wichtige Kennzeichen

Gezüchtet wegen ihrer Größe, ihrer großen Stärke und ihrer Ausdauer, aber nicht wegen ihres Aussehens, hat diese Rasse einen kurzen, geraden Rücken, eine breite, tief gelagerte Brust, muskulöse Lenden, dicke, gerade Vorderbeine und gut gebaute, muskulöse Hinterbeine. Die Zehen sind groß, aber straff gewölbt und rund, fast wie bei Katzen. Der große Kopf hat eine kurze Schnauze, einen überstehenden Kiefer, große Lefzen und eine gerunzelte Stirn. Die dunkelbraunen, mittelgroßen Augen stehen weit auseinander, die Nase ist kurz und die Schlappohren sind v-förmig, haben schwarze Spitzen und sind relativ klein. Der Schwanz ist hoch angesetzt und hängt herab. Das doppelte Fell besteht aus einem dichten, kurzen Unterfell und einem leicht rauen Deckhaar. Die Farbe des Fells variiert von rot gescheckt bis hin zu rehbraun, mit einem kleinen Fleck auf der Brust und einer schwarzen Maske. Ein idealer Bullmastiff hat eine tiefschwarze Nase, Schnauze und Ohren, sowie schwarze Markierungen um die Augen.

Obwohl er bei Fremden sehr zurückhaltend und bei Feinden furchtlos ist, ist er zu seinem Besitzer liebevoll und normalerweise freundlich, gut gelaunt und ruhig. Er ist ein guter Haushund.

M 2 Jahre

F 5 Jahre

Pflege und Auslauf

Das kurze Fell benötigt nur einfache Pflege: der Körper sollte täglich etwa zehn Minuten lang mit einer weichen Bürste oder einem Tuch massiert werden. Die Krallen sollten bei dieser Rasse immer kurz gehalten werden. Futter und der tägliche Auslauf sollten sorgfältig aufeinander abgestimmt werden, damit sichergestellt ist, dass dieser große Hund nicht übergewichtig wird. Für mit Hunden unerfahrene Menschen stellt dies oft eine schwierige Aufgabe dar und sollte vor der Anschaffung eines solchen Hundes beachtet werden. Gehorsamsübungen sollte so früh wie möglich begonnen werden.

Welpen und Erziehung

Ein durchschnittlicher Wurf besteht aus 5-8 Welpen, die sich schon sehr früh an Menschen und andere Tiere gewöhnen sollten.

Bordeaux Dogge

Diese in ihrer Heimat Frankreich sehr seltene Rasse, wurde ursprünglich gezüchtet, um große Tiere wie Wildschweine und Bären zu jagen oder um im Zirkus gegen Bullen zu kämpfen.

M 5 Jahre

Hintergrundinformationen

Man behauptet, diese Rasse hätte ihren Ursprung bei den griechischen Mastiffs, die von den Römern in Kriegen und in der Arena eingesetzt wurden. Andere glauben, dass sie von den Mastiffs der Kelten abstammen, die für die Jagd auf große Tiere verwendet wurden. Heute ist dieser Hund vor allem Polizei- oder Wachhund.

Wichtige Merkmale

Die Bordeaux Dogge ist ein äußerst großer Wachhund und hat eine tief liegende, gut ausgebildete Brust, einen faltigen Kopf mit einer rechteckigen Schnauze, eiförmige Augen, die weit auseinander stehen und abgerundete Schlappohren. Das Fell, das dünn, kurz und weich ist, kann farblich zwischen mahagoni und rehfarben mit gold variieren. Eine sorgfältige Zucht hat den ursprünglich aggressiven Charakter dieses Hundes verändert, sodass er heute als ruhig, großzügig, liebevoll, gehorsam und treu gilt.

Pflege und Auslauf

Während für den Großteil des Körpers eine mäßig harte Bürste verwendet werden sollte, sollte das Fell am Schwanz und an den Beinen gekämmt werden. Der tägliche Auslauf sollte aus einem mindestens halbstündigen Spaziergang bestehen. Ideal wäre es, wenn der Hund in einem großen Hof frei laufen könnte.

Welpen und Erziehung

Pro Wurf kommen 5-9 Welpen zur Welt und man muss darauf achten, dass die Mutter sie nicht unbeabsichtigt zerquetscht. Es ist ratsam, schon früh mit Gehorsamsübungen zu beginnen.

M 5 Jahre

♂: 61-69 cm
50 kg

♀: 53-61 cm
45 kg

M 5 Jahre

Dogo Argentino

Der Dogo Argentino - heute ein beliebter Spielkamerad von Kindern - ist zu Beginn des 20. Jahrhunderts ursprünglich als Kampfhund entwickelt worden, indem man mehrere Jagdhundrassen kreuzte.

F 7 Jahre

F 7 Jahre

♂: 61-69 cm
36-45 kg

♀: 61-69 cm
36-45 kg

Hintergrundinformationen

Vorfahren dieser Rasse wurden von Spaniern im frühen 19. Jahrhundert von Europa nach Südamerika gebracht. Sie galten als schnelle, aggressive Kämpfer und konnten Wildkatzen und Wildschweine in zerklüfteten Gebirgen jagen. Später haben Kreuzungen unter anderem mit Dänischen Doggen, Bullterriern und Pointern den aggressiven Charakter dieser Rasse gezügelt.

Wichtige Kennzeichen

Der Dogo Argentino ist ein ausgezeichneter Läufer und hat einen kraftvollen, gut gebauten und muskulösen Körper: Der Kopf ist groß und hat einen eckigen Schädel, aufrechte Ohren, eine tiefschwarze Nase und einen Schwanz, der parallel zur Wirbelsäule verläuft oder leicht nach oben zeigt. Sein festes, weißes Fell (dunkle Abzeichen auf dem Kopf sind erlaubt), ist kurz, dick und glatt. Der Dogo ist ein treuer, mutiger und unerschrockener Begleithund, der Kinder wirklich liebt und einen ausgezeichneten Haushund abgibt.

Pflege und Auslauf

Diese Rasse muss alle zwei bis drei Tage kräftig durchgebürstet werden. Er braucht viel Auslauf, wobei einige Apportierübungen enthalten sein sollten.

Welpen und Erziehung

Die Würfe mit sechs bis zwölf Welpen sind relativ kräftig, leicht aufzuziehen und wachsen schnell. Wenn bei großen Würfen die Zitzen der Mutter nicht ausreichen, muss man darauf achten, dass alle Welpen genug zum Essen bekommen. Außerdem sollte man für nahrhaftes, kalziumreiches Zusatzfutter sorgen. Intensive Gehorsamsübungen sind empfehlenswert, um den Hund an seinen Besitzer zu binden.

Dobermann

Diese Rasse mit dem starken, stromlinienförmigen Körper, die insbesondere als Polizeihund und für ihre Pflichterfüllung im ersten Weltkrieg bekannt ist, ist seit Jahren eine der Lieblingsrassen bei Hundeliebhabern auf der ganzen Welt.

Hintergrundinformationen

Diese Rasse wurde aus einer Kreuzung zwischen einer alten deutschen Rasse, dem Rottweiler, dem deutschen Pinscher und dem English Black and Tan Terrier gezüchtet. Seinen Namen hat der Hund mit dem aristokratischen Auftreten von Louis Dobermann von Apolda in Thüringen, der an der Entwicklung der Rasse mitgewirkt hat.

Wichtige Merkmale

Der Dobermann ist mittelgroß, aber sehr kraftvoll, muskulös und gut gebaut. Er hat einen rechteckigen Körper, einen kurzen, fast horizontalen Rücken, eine Brust mit gut entwickelten Rippen und einen v-förmigen Kopf. Er hat außerdem

M 2 Jahre

M 2,5 Jahre

♂: 66-71 cm
32-34 kg

♀: 61-66 cm
27-29 kg

M 3 Jahre

Schlappohren, die sich von Natur aus nach vorne neigen.

Die Augen sind mandelförmig und der Schwanz ist kurz. Das Fell ist kurz, glänzend und widerstandsfähig und liegt flach am Körper an. Seine Farbe besteht normalerweise aus blau mit dunkelroten, rehbraunen, oder rost mit lohfarbenen Abzeichen über den Augen, am der Schnauze, am Hals, am oberen Brustkorb, an den Beinen, an den Füßen und unter dem Schwanz.

Der lebhafte, energiegeladene, und immerzu aufmerksame Dobermann ist ein treuer, furchtloser Wachhund.

Pflege und Auslauf

Die Fellpflege ist einfach, weil man es nur mit einer weichen Bürste oder einem Tuch abreiben muss. Wenn der Hund ausgestellt wird, sollten die Barthaare entfernt werden.

Man sollte mäßig hartes Trockenfutter füttern, um Zahnstein zu verhindern. Diese aktive Rasse braucht täglich ausgiebigen Auslauf, Rennen eingeschlossen. Man kann den Hund beispielsweise neben dem Fahrrad herlaufen lassen oder mit ihm joggen. Außerdem kann man auf einem eingezäunten Gelände Apportierspiele mit einem Ball machen.

Welpen und Erziehung

Pro Wurf gibt es 3-8 Welpen. Da diese Rasse sehr aggressiv sein kann, ist ein gründliches Gehorsamstraining schon früh notwendig. Außerdem sollten die Welpen mit möglichst vielen Menschen Kontakt haben.

Deutscher Schäferhund

Diese auf der ganzen Welt beliebte Rasse erhält höchste Auszeichnungen als Polizei-, Wach-, Spür-, Rettungs-, Blinden- und Begleithund.

Hintergrundinformationen

Der ursprüngliche Stamm dieser Rasse geht einige tausend Jahre weit zurück auf den Bergschäferhund in Deutschland. Etwa 1880 veränderte die deutsche Armee diese Rasse für die Arbeit als Militärhund, der Medizin und Munition tragen sollte. Ein deutscher Zuchtverein für die Rasse wurde 1899 gegründet. Später veränderte das Militär die Rasse weiter zu Wachhunden für Kriegsgefangene in den beiden Weltkriegen.

♂: 61-66 cm
30-41 kg

♀: 56-61 cm
26-35 kg

F 2 Jahre

Da diese Hunde sehr gerne mit Menschen zusammenarbeiten, brachten viele US-Soldaten sie nach dem Ersten Weltkrieg mit nach Hause, was ihre Anzahl stark erhöhte. Heute ist diese Rasse eine der beliebtesten Schäferhundrassen, die beim amerikanischen Kennel Club registriert ist.

Wichtige Merkmale

Der deutsche Schäferhund ist sowohl stark als auch lebhaft. Er hat einen stämmigen, muskulösen Körper, der etwas länger als hoch ist. Sein Rücken ist gerade, die Brust tief und der Kopf spitz und recht schlank mit einem muskulösen Hals. Die Schnauze ist kräftig, lang, hat eine V-Form; die Ohren sind hoch angesetzt und stehen aufrecht, der Schwanz ist leicht gebogen und buschig. Sein Deckhaar ist kurz, glatt und rau und liegt flach am Körper an. Es kann fast alle Farben haben - schwarz, loh, grau, einen schwarzen Sattel auf dem loh - ein weißer Schäferhund wird jedoch disqualifiziert.

Diese äußerst intelligente Rasse kann darauf trainiert werden, fast jede Verantwortung zu übernehmen. Obwohl er Fremden gegenüber etwas wachsam sind und sich in der Gesellschaft anderer Hunde (vor allem kleiner Hunde) nicht sehr wohl fühlt, vertraut dieser Schäferhund seinem Herren und dessen Familie, inklusive der Kinder, vollkommen und ist ihnen treu ergeben. Man muss jedoch Acht geben, kein aggressives Verhalten hervorzurufen oder sein Revierverhalten zu stören.

Pflege und Auslauf

Da diese Rasse zum ständigen Haaren neigt, muss sie dreimal wöchentlich für zehn Minuten gebürstet werden. Lange, tägliche Spaziergänge an der Leine

F 5 Jahre

sind unerlässlich. Der Hund sollte in einem eingezäunten Hof laufen können, aber nie an einem engen Ort.

Wenn diese Rasse nicht auf Trab gehalten wird oder wenn man sich nicht richtig um sie kümmert, neigen sie zu nervösem, feigen und lauten Verhalten. Sie sind dann normalerweise nicht mehr zu kontrollieren und der Umgang mit ihnen kann gefährlich sein.

Welpen und Erziehung

Ein Wurf zählt 5-10 Welpen. Man sollte sich früh mit ihnen beschäftigen und sie gründlich erziehen. Sie sind jedoch erst mit 1 ½ - 2 Jahren ausgewachsen.

M 5 Jahre

Deutsche Dogge

Dieser riesengroße, wunderbare Begleiter und Wachhund wird allgemein mit Deutschland in Verbindung gebracht. Früher war er jedoch in ganz Europa für seine Tapferkeit als Wildschweinjäger bekannt.

Hintergrundinformationen

Diese Rasse kann man über 400 Jahre zurückverfolgen. Sie ist wahrscheinlich eine Mischung aus verschiedenen alten Rassen. Der vermutete Stammbaum schließt die Tibetanische Dogge, die Altenglische Dogge und den Greyhound ein.

Obwohl dieser Hund früher ein wilder Wildschweinjäger war, ist er heute ein liebenswerter Riese.

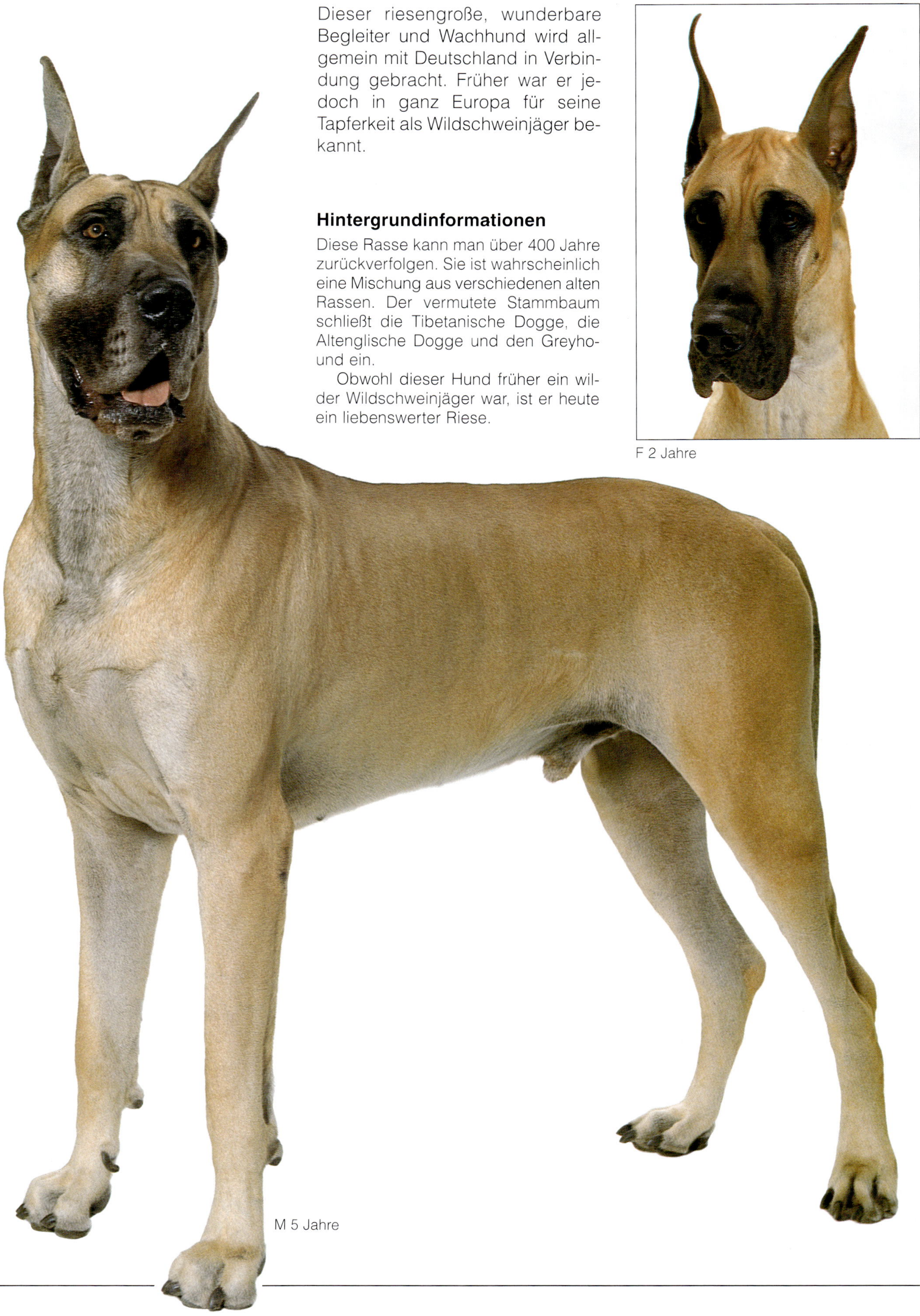

F 2 Jahre

M 5 Jahre

M 2 Jahre

Er ist auf der ganzen Welt sehr beliebt wegen seiner Größe und des starken Aussehens, der edlen, gütigen Erscheinung und seines Rufs als anhänglicher Begleiter und treuer Wachhund.

Wichtige Merkmale

Die gut gebaute und muskulöse Deutsche Dogge gehört zu den größten Hunderassen. Sie hat einen relativ rechteckigen Körperbau, wenn man sie von der Seite betrachtet, eine tief sitzende Brust, einen großen, langen Kopf mit einem klar erkennbaren Stirnansatz. Die runden, schwarzen Augen sind stechend wie die eines Adlers. Die Schlappohren neigen sich aus nach vorne. Der sehr lange, einheitliche Schwanz hängt herab. Das Fell ist kurz, glatt und glänzend, seine Farben variieren zwischen rehbraun, gelbgold, in beiden Fällen mit einer schwarzen Maske bis hin zu tiefem Stahlblau, völlig schwarz oder sogar Harlekin.

Dies ist ganz bestimmt kein Hund für die Stadt, sondern für das Land. Außerdem braucht er den Umgang mit Leuten, die gut mit Hunden umgehen können. Obwohl diese Rasse einen schweren Körperbau hat, liebt sie Kinder und erweist sich als guter Spielkamerad und Aufpasser. Andererseits neigt sie dazu, anderen Hunden gegenüber misstrauisch zu sein. Wenn sie gut erzogen ist, ist sie ein besserer Begleiter und Wachhund als die meisten anderen.

Pflege und Auslauf

Nur kurzes tägliches Bürsten ist notwendig, um das glänzende, kurze Fell zu pflegen. Wenn die Krallen sich durch den täglichen Auslauf natürlich abnutzen, brauchen sie auch nicht geschnitten zu werden. Erwachsene Hunde brauchen recht schnellen, anstrengenden, täglichen Auslauf, wie beispielsweise das Laufen neben dem Fahrrad. Welpen, die weniger als zehn Monate alt sind, sollte nie längere Zeit unter Anstrengungen ausgeführt werden, da ihre Knochen noch im Wachsen sind und Überanstrengung Missbildungen hervorrufen könnte. Man sollte einem Welpen eher viel Platz gewähren, wo er sich austoben kann. Da dieser Hund ziemlich gefräßig ist, müssen Futter und Auslauf in einem ausgewogenen Verhältnis zueinander stehen.

Welpen und Erziehung

In einem Wurf sind normalerweise fünf bis zwölf Welpen. Sehr frühes Gehorsamstraining ist ein Muss, obwohl dieser Hund instinktiv ein großes Verantwortungsbewusstsein besitzt.

♂: 76-79 cm
54-65kg

♀: 71-76cm
45-55kg

M 2 Jahre

Pyrenäenberghund

M 2 Jahre

Diese in fast ganz Europa vorkommende Rasse ist sehr freundlich und enorm groß. Sie diente mehr als 3000 Jahre lang als braver Hütehund in den Bergen zwischen Frankreich und Spanien.

Hintergrundinformationen

Diese Rasse, deren Fossilienreste aus der Bronzezeit (1800-1000 v. Chr.) stammen, und die schon in babylonischen Malereien beschrieben wurde, ist wirklich sehr alt. Da dieser Hund bedingt durch sein dickes, langes Fell auch schlechten Witterungsverhältnissen trotzt, kann man ihn auch heute noch überall in Europa als Schäferhund bewundern. In den Vereinigten Staaten ist er in erster Linie als Haus- und Begleithund beliebt.

Wichtige Merkmale

Der große, stämmige Pyrenäenberghund ist normalerweise etwas länger als hoch. Er hat einen großen, v-förmigen Kopf mit relativ kleinen Schlappohren und mandelförmigen Augen. Große und für ihn bezeichnende doppelte Tauklauen an den Hinterbeinen müssen entfernt werden. Außerdem hat er einen langen, hängenden Schwanz. Das dicke, doppelte Fell dieser Rasse, das eng am Körper anliegt, muss vollkommen weiß sein, wenn man zu Hundeschauen gehen will. Hellgraue und lohfarbene Abzeichen am Kopf (eine ganze Maske), an den Ohren und am Schwanzansatz sind erlaubt.

Der extrem intelligente, freundliche und gegenüber seiner Familie liebevolle Hund, der ein guter Spielkamerad ist, gibt ebenfalls einen guten Wachhund ab und ist Fremden gegenüber wachsam.

Pflege und Auslauf

Das doppelte Fell erfordert gründliches, tägliches Kämmen und Bürsten, insbesondere während des Fellwechsels

♂: 69-81cm
50-60 kg

♀: 63-74 cm
45-55 kg

M 2 Jahre

vom Frühling bis zum Sommer. Wenn er in einem großen, weitläufige Hof laufen kann, wird er sich gründlich austoben, besonders wenn man ihm beibringt, gelegentlich einen kleinen Wagen zu ziehen.

Ebenso muss die Futtermenge überwacht werden.

Welpen und Erziehung

Bei der Geburt der sechs bis zehn Welpen pro Wurf und der anschließenden Pflege durch die Mutter muss nur wenig geholfen werden. Mit den Welpen, die erst nach einigen Jahren ausgewachsen sind, sollte man schon früh umgehen, damit sie in der Gegenwart von Menschen nicht übermäßig scheu oder nervös reagieren.

M 2 Jahre

Hokkaido

Der Hokkaido, der auch als Ainu bekannt ist, gehört zu den ältesten japanischen Rassen. In seiner Heimat bekämpft er Braunbären mutig und trotzt den strengen Wintern in der Gegend von Hokkaido.

M 5 Jahre

♂: 48-51 cm
20 kg

♀: 46-48cm
15 kg

M 5 Jahre

Hintergrundinformationen

Es wird behauptet, dass diese Rasse von dem alten Jagdhund (Matagi Inu) abstammt, der den Stamm der Yamato begleitete, als dieser in Japan einwanderte und sich dort (die nördliche Hauptinsel Hokkaido eingeschlossen) niederließ.

Wichtige Merkmale

Diese mittelgroße japanische Rasse, die einem Fuchs sehr ähnlich sieht, wird als die wildeste Rasse in dieser Gruppe angesehen. Der Hund hat ein dichtes Knochengerüst, gut ausgebildete Muskeln, kräftige Lenden, einen hohen Widerrist, einen geraden Rücken und eine tief liegende Brust. Der Bauch ist fest, der Hals kräftig und der Schädel gut ausgebildet und flach, hat aber einen klar erkennbaren Stirnansatz. Er hat kleine, dreieckige Augen, deren Winkel nach oben zeigen; die Ohren sind klein, dreieckig, aufgerichtet und neigen sich leicht nach vorne. Außerdem hat er feste Lefzen und einen Scherenbiss. Er hat ein doppeltes Fell. Das Deckhaar ist hart und glatt, das Unterfell ist weich und locker, wodurch dieser Hund auch schlechten Witterungsverhältnissen trotzen kann. Die Fellfarbe kann rot, weiß, schwarz, Sesam, getigert oder rehbraun sein.

Der Hokkaido ist ein furchtloser Jäger und seinem Herrn gegenüber besonders treu ergeben.

Pflege und Auslauf

Tägliches Bürsten und Spaziergänge von 40 Minuten sind notwendig.

Welpen und Erziehung

Die drei bis sieben Welpen pro Wurf sind kälteempfindlich und man muss sich viel um sie kümmern, wenn sie im Winter geboren werden.

Hovawart

Heute ist der Hovawart vor allem in Deutschland als besonders guter Wachhund angesehen. Im Mittelalter und der Renaissance war er in ganz Europa bekannt, geriet dann aber in Vergessenheit, bis man ihn vor etwa sechzig Jahren wiederentdeckte.

M 9 Monate

Hintergrundinformationen

Dieser Hund, der im mittelalterlichen Deutschland als Wachhund für große Anwesen diente (woher auch sein Name stammt), war zu Anfang dieses Jahrhunderts fast ausgestorben. Schließlich bewahrte eine Gruppe von Züchtern aus dem Harz diese Rasse.

Wichtige Merkmale

Der stämmige, ausgeglichene, große Hovawart hat einen großen, kräftigen Kopf mit einer konvex geformten Stirn, dreieckige Schlappohren, einen Scherenbiss und einen langen, buschigen Schwanz, der bis unterhalb des Sprunggelenks reicht. Sein langes, dickes, gewelltes Fell ist schwarz, dunkelblond oder schwarz mit Abzeichen in hellem loh. Erwünscht sind zudem dunkle Augen, eine dunkle Nase und dunkle Krallen. Dieser intelligente, liebevolle, brave Hund gibt einen gehorsamen Wachhund ab, der besonders für große, offene Flächen geeignet ist.

Pflege und Auslauf

Gründliches Bürsten am ganzen Körper ist notwendig. Außerdem sollte diese Rasse reichlich Auslauf haben.

Welpen und Erziehung

Die Geburt der vier bis zehn kräftigen Welpen pro Wurf verläuft normalerweise ohne Schwierigkeiten. Mit der Fellpflege sollte man zeitig beginnen, um sie gleich daran zu gewöhnen.

♂: 33-41 cm
11-14 kg

♀: 30-38
9-11 kg

M 1 Jahr

M 8 Jahre

Islandhund

Diese mit dem Spitz verwandte Rasse war einst vom Aussterben bedroht, wurde dann aber von enthusiastischen Züchtern bewahrt und ist nun als Schäferhund und Haushund beliebt.

M 1 Jahr

Hintergrundinformationen

Vermutlich wurde diese Rasse von Siedlern nach Island gebracht. Einst rottete die Staupe einen Großteil der Rasse aus, aber sie wurde von hingebungsvollen Züchtern in Island und in Großbritannien bewahrt. Heute werden diese Hunde als Schäferhunde, Wachhunde und als Begleiter verwendet.

Wichtige Merkmale

Der Islandhund hat muskulöse Beine und eine lange, spitz zulaufende Schnauze, eine schwarze Nase und einen Schwanz, der sich über seinem Rücken zusammenrollt. Sein mittellanges Deckhaar und sein üppiges Unterfell liegen eng am Körper an. Beide sind entweder kastanienbraun, rehbraun, grau, schwarz mit etwas weiß gemischt oder ganz weiß. Der intelligente, liebevolle und aktive Hund frisst sehr gern und bevorzugt dabei Fisch. Er ist ein ausgezeichneter Schäferhund, Wachhund und Begleiter.

M 1 Jahr

Pflege und Auslauf

Während das dichte Unterfell kräftig gebürstet werden muss, sollte das Deckhaar gekämmt werden. Kurze, tägliche Spaziergänge sind ausreichend.

Welpen und Erziehung

Die Geburt der 3-6 Welpen pro Wurf verläuft einfach. Die Welpen sind kräftig, ruhig und problemlos aufzuziehen. Ihre Ohren richten sich nach sechs bis acht Wochen auf. Man sagt jedoch, dass der Charakter etwa 1 1/2 Jahre braucht, um sich voll zu entwickeln. Dies sollte man bedenken, damit man nicht einen nervösen, erwachsenen Hund heranzieht.

♂: 33-41 cm
11-14 kg

♀: 30-38 cm
9-11kg

Jämthund

Diese alte Rasse ist auch unter dem Namen 'Schwedischer Elchhund' bekannt. Die Hunde gelten in ganz Skandinavien als ausgezeichnete Schlitten-Jagdhunde, dennoch ist er ein freundlicher und energiegeladener Wachhund für das Haus.

F 2 Jahre

♂: 58-64cm
30 kg

♀: 58-64 cm
30kg

Hintergrundinformationen

Dieser Hund, dessen Rasse vermutlich bis in die Steinzeit zurückreicht, wurde ursprünglich zur Elch- und Bärenjagd verwendet. Später jagte er Marder und Schneehühner. Der mutige Militärhund passt sich besonders gut in kaltem Schneewetter an.

Wichtige Merkmale

Der große, dem Fuchs ähnelnde Jagdhund hat gerade, lebhafte Beine, einen länglichen, schmalen Kopf mit einer geraden Schnauze. Die Nase ist groß und breit, die Augen sind klein und dunkel. Die Ohren sind groß, spitz und haben aufgerichtete Spitzen, die auf das kleinste Geräusch reagieren, sowie einen Schwanz, der sich über dem Rücken etwas ringelt. Sein üppiges, dichtes und wolliges Unterfell ist bedeckt mit langem, rauen Deckhaar, das hell- oder dunkelgrau ist. Diese Rasse ist freundlich und treu gegenüber ihrem Besitzer und da dieser Hund zudem ein fleißiger Arbeiter und ein wachsamer, mutiger Verteidiger gegen Feinde und andere Tiere ist, gibt er einen ausgezeichneten Wachhund ab.

Pflege und Auslauf

Kräftiges, gründliches Bürsten ist einmal pro Woche notwendig, besonders um ausgefallene Haare zu entfernen. Der Hund liebt zudem Spaziergänge.

Welpen und Erziehung

Die vier bis acht Welpen pro Wurf sollten schon früh mit Gehorsamsübungen anfangen.

F 2 Jahre

Kai

Der Kai, oder auch 'Kai-Tora', wie er manchmal auch wegen seines gescheckten Fells genannt wird, stammt aus den südjapanischen Alpen, wo er als Allwetter-Jagdhundrasse diente.

M 2,5 Jahre

Hintergrundinformationen

Der Kai trägt den alten Namen der japanischen Region, aus der er stammt.

Wichtige Merkmale

Der Kai hat einen gleichmäßigen Körper mit festen Muskeln ohne überschüssiges Fett und einen kurzen, geraden Rücken, gut ausgebildete Lenden, eine breite Stirn mit flachen Furchen, einen deutlichen Stirnansatz und gut ausgebildete Backen. Er hat dünne Lefzen, einen Scherenbiss, aufgerichtete, dreieckige Ohren, die etwas größer sind als die anderer japanischer Rassen und sich leicht nach vorne neigen. Außerdem hat er entweder einen ganz geringelten oder sichelförmigen Schwanz, der weit oben am Rücken angesetzt ist. Sein doppeltes Fell, das aus einem eng anliegenden Unterfell und festem, glatten Deckhaar besteht, kann entweder schwarz oder rot getigert sein, wobei ein begrenztes Maß an Weiß auf der Brust und dem unteren Teil der Gliedmaßen erlaubt ist.

Obwohl sie etwas Wildes an sich hat, ist diese Gebirgsrasse gehorsam gegenüber ihrem Herrn.

♂: 51-56 cm
11-23 kg

♀: 46-51 cm
11-23 kg

M 4 Jahre

Pflege und Auslauf

Die tägliche Pflege erfordert nur etwas Bürsten und Spaziergänge an der Leine von etwa dreißig bis vierzig Minuten.

Welpen und Erziehung

Da die drei bis sieben Welpen pro Wurf anfällig gegen Kälte sind, muss man ihnen und der Mutter einen warmen, abgeschlossenen Ort zur Verfügung stellen, wenn die Geburt im Winter stattfindet, und einen gut durchlüfteten Ort, wenn die Welpen im Sommer zur Welt kommen. Die Welpen kommen einfarbig zur Welt, das Tigermuster kommt erst zum Vorschein, wenn sie heranwachsen.

Karelischer Bärenhund

Diese Rasse ist nach einer finnischen Provinz benannt. Die Hunde sind mutige Jäger und haben eine kennzeichnende Färbung. Sie sind gut an die verschneiten Gebirge und kargen Gebiete in Skandinavien angepasst.

♂: 53-58 cm
20-22 kg

♀: 53-58 cm
20-22 kg

F 4 Jahre

F 4 Jahre

Hintergrundinformationen

Man glaubt, dass diese Rasse von Jagdhunden abstammt, die von Russen vor einigen Jahrhunderten nach Finnland gebracht wurden. Es wird immer noch daran gearbeitet, diese Rasse so zu züchten, dass sie für die Bärenjagd besser geeignet ist. Der Hund nimmt den Geruch auf, verfolgt den Bären und attackiert ihn dann.

Wichtige Merkmale

Der Karelische Bärenhund ist eine mittelgroße Rasse, die insbesondere an den Schultern gut ausgebildete Knochen und Muskeln hat. Außerdem hat er eine tief liegende, breite Brust, einen keilförmigen Kopf mit einer mäßig großen, schwarzen Nase und kleinen, recht bezaubernden Augen. Er hat mittelgroße, aufgerichtete Ohren, die etwas nach außen gedreht sind, sowie einen geringelten Schwanz mit einer weißen Spitze, der sich unterhalb der Rückenlinie kringelt. Während das Unterfell weich und dicht ist, ist das Deckhaar glatt und fest. Weiße Abzeichen wie z.B. eine lange, schmale Blesse, die sich von der Stirn bis zur Nase erstreckt, ein weißes Band um den Hals herum, sowie ein weißer Hals, eine weiße Brust und weiße Pfoten setzen die einfarbig schwarzen Bereiche des Fells deutlich ab. Obwohl er ein furchtloser, allzeit bereiter Kämpfer ist, gehorcht er seinem Herren immer.

Pflege und Erziehung

Diese Rasse benötigt nur gelegentliches Bürsten mit einer festen Bürste. Da es sich hier um einen sehr starken Hund handelt, sollte man bei den ausgedehnten täglichen Spaziergängen andere Hunde und Tiere meiden, weil Karelischen Bärenhunde gerne raufen.

Welpen und Erziehung

Zeitige Gehorsamsübungen sind bei den 4-8 Welpen pro Wurf unbedingt notwendig.

F 4 Jahre

Kishu

Diese alte, sehr intelligente und mittelgroße Rasse war ursprünglich ein Wild- und Wildschweinjäger. In Japan ist sie als Haushund beliebt.

Hintergrundinformationen

Diese Rasse stammt aus den japanischen Bergen aus den Gegenden Wakayama und Mie. Es gab sie schon vor unserer Zeitrechnung. Obwohl diese Hunde ursprünglich Bärenjäger waren, dienen sie heute hauptsächlich als Haushunde.

Wichtige Merkmale

Der Kishu hat einen ausgeglichenen Körperbau mit gleichmäßig verteilten Muskeln. Er hat eine beachtliche Ausdauer und einen rhythmischen Gang, sowie ein recht einfaches, aber edles Aussehen und einen geraden Rücken, breite, kräftige Lenden, eine breite Stirn in Verbindung mit einer leicht dicken, keilförmigen Schnauze, die durch einen deutlichen Stirnansatz voneinander getrennt sind. Seine Backen sind recht gut ausgebildet, er hat einen Scherenbiss, kleine, dreieckige, dunkle rehbraune Augen mit nach oben zeigenden Augenwinkeln. Zudem hat er aufrechte, dreieckige Ohren und einen gewundenen Schwanz, der entweder über dem Rücken zusammengerollt oder aufrecht getragen wird. Sein Unterfell ist weich und dicht, während das Deckhaar fest und glatt und normalerweise vollkommen weiß ist, obwohl auch andere Farben, beispielsweise rötliches Sesam akzeptabel sind.

M 6 Jahre

F 2 Monate

M 3 Jahre

♂: 51-56 cm
11-23 kg

♀: 45-51 cm
11-23 kg

Pflege und Auslauf

Normalerweise reicht etwas Bürsten täglich aus, aber während des Fellwechsels ist es notwendig, das Fell vorsichtig durchzukämmen, um abgestorbene Haare zu entfernen. Täglicher Auslauf von 30 - 40 Minuten an der Leine ist notwendig.

Welpen und Erziehung

Die 3-7 Welpen pro Wurf sind anfällig für Kälte und da die Mutter gegen Fremde aggressiv wird, sollte man ihr im Winter einen warmen, abgeschlossenen Raum zum Werfen geben.

Laika

Dieser lebhafte, energiegeladene und aggressive Jagdhund stammt aus Russland. Es gibt drei verschiedene Arten, die alle drei in den verschiedensten Umgebungen arbeiten können.

Pflege und Auslauf

Diese Rasse muss nur einmal im Monat mit einer harten Bürste gebürstet werden. Ausgiebige tägliche Bewegung ist notwendig.

Welpen und Erziehung

Wie bei vielen anderen Jagdhunderassen sind die drei bis sechs Welpen pro Wurf kräftig, aber anfällig gegen Kälte. Um absoluten Gehorsam zu erreichen, sollte die Erziehung früh beginnen.

M 4 Jahre

M 4 Jahre

Hintergrundinformationen

Diese aus Russland stammende Rasse jagte sowohl im verschneiten Ural als auch in Wäldern und Sümpfen. Alle drei Varianten, der Europäische und der West- und Ostsibirische Laika sind ähnlich, aber der Westsibirische Laika gilt als der beste Jäger.

Wichtige Merkmale

Alle drei Varianten des Laika sind mittelgroß und stämmig. Sie haben einen breiten, gut ausgebildeten Schädel und tief liegende, mandelförmige Augen, dreieckige, spitze Ohren und einen Schwanz, der sich über dem Rücken ringelt. Das doppelte Fell besteht aus einem weichen, dichten und dicken Unterfell und hartem, glatten Deckhaar, das unter anderem weiß mit schwarzen oder roten Markierungen, schwarz oder grau sein kann.

Diese sehr aufmerksame und treue Rasse ist ein sehr guter Jagdbegleiter.

♂: 53-64 cm
18-23 kg

♀: 53-64 cm
18-23 kg

Landseer

Dieser Rettungshund ist sehr groß, nett und freundlich. Er ist ein guter Kamerad für Kinder und liebt Wasser.

Hintergrundinformationen

Diese Rasse, von der man annimmt, dass sie lediglich eine farbliche Variante des Neufundländers (s. S. 110) sei, ist nach Sir Edwin Landseer (1802 - 73) benannt, der sie in vielen seiner berühmten Tiergemälde darstellte. 1920 waren die Hunde fast ausgestorben, aber deutsche Züchter schufen sie wieder neu, indem sie den Bernhardiner mit dem Pyrenäenschäferhund kreuzten.

Welpen und Erziehung

Wenn die Welpen, von denen normalerweise vier bis zehn pro Wurf zur Welt kommen, zahlreicher sind als die Zitzen der Mutter, muss man Zusatzfutter verabreichen. Da sie mit einer instinktiven Liebe zum Wasser geboren werden, entwickeln sich die Welpen zu guten Schwimmern.

M 5 Jahre

M 5 Jahre

♂: 76-79 cm
60-70 kg

♀: 69-71 cm
54-62 kg

Wichtige Merkmale

Dieser große, schwere, starke Hund mit einem schweren Körperbau hat etwas längere Beine und einen längeren Kopf als der Neufundländer. Er hat einen recht schweren Kopf, große, runde Schlappohren und einen langen, buschigen, herabhängenden Schwanz. Er hat ein weiches, eng anliegendes Unterfell und langes, dickes, leicht gelocktes Deckhaar. Das Fell ist weiß mit einem vollkommen schwarzen Kopf und Abzeichen auf der Brust und dem Rücken.

Dieser instinktiv mutige, intelligente und sanftmütige Hund ist ein großartiger Gefährte, insbesondere für Kinder.

Pflege und Auslauf

Dieser Hund muss häufig gebürstet werden, insbesondere während des Fellwechsels, abgestorbene Haare sollten vorsichtig entfernt werden. Viel Auslauf mit Zugspielen ist notwendig.

M 5 Jahre

Leonberger

Dieser große, deutsche Wasserhund - ein geborener Schwimmer - ist in ganz Europa als ausgezeichneter Rettungshund bekannt. Ebenso ist er ein guter Kamerad für Kinder.

Hintergrundinformationen

Der Leonberger wurde 1846 von Heinrich von Leonberg aus einer Kreuzung zwischen Neufundländer und Bernhardiner gezüchtet. Der Hund entsprach dem des Leonberger Stadtwappens und bekam so seinen Namen.

Wichtige Merkmale

Der starke und recht schwere Hund mit den gut ausgebildeten Muskeln hat einen breiten, mittelgroßen Kopf mit mittelgroßen, dunkelhaselnussbraunen Augen, eine große, schwarze Nase, ein kleines Maul und weit auseinander stehende, abgerundete Ohren, sowie einen recht buschigen und leicht geringelten Schwanz. Sein wetterfestes Fell ist lang und bildet am Hals und an den Pfoten eine Mähne. Eine schwarze Maske und ein schwarzes Maul sollten vorhanden sein, aber die Farbe des Körpers variiert beträchtlich von hell oder goldgelb bis hin zu rötlich braun, sandfarben oder silbergrau.

Diese Rasse ist ein wunderbarer Lebensretter mit einer instinktiven Liebe zum Wasser. Deshalb hat sie runde, eng verwachsene Pfoten und ein wasserdichtes Fell, damit sie besser schwimmen kann. Der Leonberger bewegt sich mit großer Lebhaftigkeit, aber er ist nie gehetzt und hat einen freundlichen, liebevollen Charakter.

Pflege und Auslauf

Diese Rasse muss jeden Tag gründlich gebürstet werden, insbesondere während des Fellwechsels. Bei Spaziergängen sollte man auch Zugübungen mit einbeziehen.

M 2 Jahre

Welpen und Erziehung

In jedem Wurf sind 5-10 Welpen und da die Mutter schwer ist, muss man darauf achten, dass sie die Welpen nicht unbeabsichtigt zerquetscht.

M 2 Jahre

♂: 76-79 cm
40 kg

♀: 76-79 cm
40 kg

Mastiff

Diese wirklich sehr alte Rasse wurde schon vor über 5000 Jahren in Zeichnungen dargestellt. Sie diente auf Höfen und auf dem Schlachtfeld als treuer Wachhund. Im neunzehnten Jahrhundert war der Mastiff ein beliebter englischer Kampfhund.

Hintergrundinformtionen

Vermutlich liegen die Ursprünge des Mastiff in Asien. Die frühesten vorhandenen Zeichnungen dieser Rasse wurden in einer ägyptischen Grabstätte von etwa 3000 v. Chr. gefunden. Außerdem wurde sie in einem chinesischen Dokument von 1121 v. Chr. erwähnt. Im frühen 19. Jahrhundert wurde er als Kampfhund bekannt. Nachdem Hundekämpfe in England verboten wurden, stieg seine Beliebtheit als treu arbeitender Wachhund.

Wichtige Merkmale

Der Hund ist ein schwerer, kraftvoller, symmetrisch gebauter und muskulöser Riese. Er hat einen tiefen Brustkorb, einen breiten, eckigen Kopf und idealerweise einen Scherenbiss. Er hat dunkelbraune Augen, Schlappohren und einen mäßig hoch angesetzten, nach oben gebogenen und spitz zulaufenden Schwanz, der bis zu den Sprunggelenken reicht. Sein kurzes, dickes, flaches Unterfell und sein kurzes, hartes Deckhaar können rehbraun, apricot oder getigert sein, aber er muss eine dunkle oder schwarze Maske, Schnauze und Ohren haben. Der intelligente, aber weder reizbare noch besonders lebhafte Hund ist ein verlässlicher Wachhund und hat seinen alten Kampfgeist gegen andere Hunden bewahrt.

M 2 Jahre

M 4 Jahre

♂: 74 cm
82 kg

♀: 67 cm
77 kg

Pflege und Erziehung

Tägliches Bürsten und ausgewogenes Futter sind unerlässlich. Gehorsamsübungen müssen schon früh beginnen. Sobald die Gliedmaßen voll ausgebildet sind, ist regelmäßige Bewegung ein Muss.

Welpen und Erziehung

Da diese Rasse sich nach Zuwendung und Lob sehnt, brauchen die Welpen (zwei bis fünf pro Wurf) schon von Anfang an menschlichen Kontakt.

Mastino Napoletano

Diese Rasse ist eine der ältesten der Welt und ein beliebter Wachhund. Der intelligente und freundliche Charakter dieses schweren Hundes straft seinen Ruf als aggressiver Kampfhund Lügen.

Hintergrundinformationen

Die Geschichte dieser Rasse lässt sich zurückverfolgen bis zum Römischen Molosser (Canis molossus), den Alexander der Große etwa 300 v. Chr. nach Rom brachte. Alle in Europa existierenden Mastiffs sind regelrechte Fossilien, deren Abstammung wahrscheinlich auf den Tibetanischen Mastiff zurückgeht.

M 3 Jahre

♂: 63-74 cm
70 kg

♀: 58-67 cm
70 kg

M 3 Jahre

Wichtige Merkmale

Der kraftvolle, extrem große Mastiff hat einen großen, braunen Kopf und eine sehr weite Haut, die zahllose Falten schlägt. Seine Lefzen sind dick, hängen herab und seine runden Augen sitzen tief, während die Ohren aufrecht stehen. Sein kurzes, dickes, glänzendes Fell kann schwarz, anthrazit, grau, getigert oder rehbraun sein, wobei weiße Abzeichen nur als kleiner Stern auf der Brust oder als Flecken auf den Zehen erlaubt sind.

Der verlässliche und liebevolle Hund greift nur auf Befehl an.

Pflege und Auslauf

Die einfache Pflege besteht darin, dass man den Hund gelegentlich am ganzen Körper mit einem Handtuch abreibt und ihn alle paar Tage kämmt. Das Maul sollte von Zeit zu Zeit mit einem Handtuch gesäubert werden. Der schnelle tägliche Auslauf sollte auch Zugübungen beinhalten.

Welpen und Erziehung

Obwohl die Mutter sich gut um ihre fünf bis acht Welpen pro Wurf kümmert, muss noch Spezialfutter zugefüttert werden, falls sie nicht genug Milch hat. Außerdem muss man darauf achten, dass die Mutter die Kleinen nicht unbeabsichtigt zerquetscht. Zeitiger Umgang sowie konsequentes Gehorsamstraining trägt dazu bei, dass man einen besseren Wachhund und Begleiter erhält.

Neufundländer

Dieser mit einem dicken, fettigen Fell ausgestattete freundliche Riese ist perfekt dazu geeignet, die eiskalten Gewässer seiner Heimat in Südostkanada zu durchschwimmen.

M 4 Jahre

Hintergrundinformationen

Seine Vorfahren stammten aus Neufundland, woher die Rasse auch ihren Namen hat und kamen mit britischen und französischen Fischern an den Nordatlantik. Der ursprüngliche Stamm beinhaltete den Pyrenäenschäferhund, aber der heutige Bestand stammt hauptsächlich von Hunden ab, die

F 4 Jahre

nach England gebracht und dort gezüchtet wurden, wahrscheinlich in Kreuzung mit Retrievern. Die Liebe dieser Hunde zum Wasser und ihre guten Fähigkeiten als Schwimmer machten sie in Häfen beliebt, wo sie Fischern dabei halfen, Fischnetze einzuholen oder Menschen in Seenot retteten. Sie zogen auch Wagen und jagten. Heute ist der Neufundländer ein beliebter Haushund.

Wichtige Merkmale

Der groß gewachsene und stämmige Neufundländer hat einen breiten, geraden Rücken, gut ausgebildete und muskulöse Gliedmaßen, wobei die Vorderbeine gerade sind. Er hat außerdem einen tiefen Brustkorb und einen großen, breiten Kopf mit einem geraden Nasenrücken und einer kurzen Schnauze. Seine großen, dunkelbraunen Augen stehen etwas auseinander, er hat kleine Schlappohren und einen buschigen, langen Schwanz, der mit nach oben zeigender Spitze herabhängt. Sein üppiges, dickes, doppeltes Fell ist rau, fettig und wasserdicht, aber es bildet um die Ohren herum keine Mähne und ist an der Schnauze vollkommen kurz. Die Fellfarbe sollte schwarz, braun oder grau sein, wobei einige weiße Abzeichen auf der Brust, am Kinn, an den Pfoten und an der Schwanzspitze erlaubt sind. Die Landseer-Variante dieses Hundes ist auf Seite 106 zu sehen. Dieser Hund, der traditionell ein guter Gefährte und Beschützer für Kinder ist, ist freundlich und nett.

Pflege und Auslauf

Gründliches Bürsten (zweimal pro Woche) und gelegentliches Schwimmen in sauberem Wasser helfen bei der Fellpflege, aber Meerwasser sollte gemieden werden, da es die Haut angreift. Nach dem Schwimmen sollte man die Innenseiten der Ohren trocknen und säubern. Ausgewogenes Futter sollte auf zwei bis drei Portionen pro Tag verteilt gefüttert werden. Bis er ein Jahr alt ist, sollte dieser Hund die Gelegenheit haben, täglich auf einem eingezäunten Gelände zu laufen, aber wenn er älter wird, kann man ihn gut an der Leine neben einem Fahrrad herlaufen lassen.

Welpen und Erziehung

Die 8-10 Welpen pro Wurf könnten etwas wild sein, aber wenn man sorgfältig mit ihnen umgeht, wachsen sie zu freundlichen und netten Hunden heran.

♂: 71 cm
59-68 kg

♀: 66 cm
45-54 kg

F 4 Jahre

Pinscher

Diese Rasse ist eine kleinere und weniger muskulöse Ausgabe des Dobermanns. Sie wurde in Deutschland gegen Ende des 19. Jahrhunderts anerkannt und ist ideal als Wachhund für das Leben in der Stadt geeignet.

F 2 Jahre

Hintergrundinformationen

Die auch als Deutscher oder Standardpinscher bekannte Rasse liegt von der Größe her zwischen dem Dobermann und dem kleineren Zwergpinscher. Der Hund, der dem Schnauzer vom Körperbau und vom Charakter her ähnelt, ist Fremden gegenüber misstrauisch, was ihn zum verlässichen Wachhund macht, der Eigentum, Vieh und Autos bewacht.

Wichtige Merkmale

Der mittelgroße und stromlinienförmige Pinscher hat einen elegant anmutenden Körper, einen langen, schmalen Kopf mit einer schmalen, spitzen Schnauze ohne deutlich erkennbaren Stirnansatz. Er hat außerdem einen starken, vollkommenen Scherenbiss, dunkle, eiförmige Augen; v-förmige Schlappohren, sowie einen mäßig langen, gebogenen Hals und einen Schwanz, der idealerweise mit dem Körperende eine Linie bilden sollte. Sein kurzes, raues und glänzendes Fell liegt eng an und kann dunkelbraun, rehbraun bis hirschrot und schwarz mit kastanienroten, hirschroten, blaugrauen, oder Pfeffer und Salzfarbenen Abzeichen sein. Obwohl sein Name auf Altdeutsch 'Beißer' bedeutet, ist der Pinscher nicht aggressiv; recht intelligent, lebhaft, sehr geistreich, liebevoll, gehorsam und seinem Herren vollkommen ergeben.

F 2 Jahre

F 2 Jahre

♂: 46-48 cm
8-10 kg

♀: 46-48 cm
8-10 kg

Pflege und Auslauf

Das pflegeleichte Fell muss nur gelegentlich mit einem Handtuch abgerieben werden. Ausgedehnter, täglicher Auslauf an der Leine ist notwendig, aber das Halsband muss sorgfältig ausgesucht werden, da der Hund es sich sonst leicht überstreifen könnte.

Welpen und Erziehung

Da die Mutter nach der Geburt der drei bis sechs Welpen oft nervös ist, hält man Fremde am besten fern.

Podengo Portugues

Dieser ausgezeichnete Jagdhund für kleines Wild ist vom Körperbau her dem Greyhound ähnlich. Außerdem ist er ein ergebener Wachhund.

Standard, M 3 Jahre

Hintergrundinformationen

Die Herkunft dieser Rasse ist unbekannt. Es gibt drei Größenvarianten des Podengo Portugues, den grande (groß), den medio (Standard) und den pequeño (klein), wobei es alle Varianten mit glattem oder drahthaarigen Fell gibt. Sie wurden in Portugal zur Jagd auf kleines Wild verwendet und jagten Hasen im Alleingang oder größere Tiere im Rudel.

Wichtige Merkmale

Alle sechs Varianten des Podengo Portugues haben einen langen, schlanken Körper; einen pyramidenförmigen Kopf mit einer geraden Schnauze; große, spitze, stehende Ohren, die dazu neigen, sich nervös zu bewegen. Der Hund hat außerdem einen kräftigen, muskulösen Hals und einen langen Schwanz, der waagrecht gehalten wird, wenn der Hund ruhig steht und etwas höher, wenn er sich bewegt. Sein raues Fell kann entweder glatt und kurz oder drahtig und lang sein. Die Fellfarbe variiert von gelb und loh bis hin zu dunkelgrau und weißen Abzeichen.

Die extrem aktive und sehr lebendige, aber dennoch geduldige Rasse ist für das Leben in der Stadt perfekt geeignet und dient dort als gehorsamer, verlässlicher und stets aufmerksamer Wachhund, der wild bellt, wenn sich Fremde oder unbekannte Hunde nähern.

Standard, M 3 Jahre

Pflege und Auslauf

Das Fell wird einfach gepflegt, indem man es alle zwei Wochen bürstet. Beim Auslauf bevorzugt dieser Hund Zerrspiele und Freilauf auf großen Flächen.

Welpen und Erziehung

Die Welpen, pro Wurf drei bis acht, kommen ohne Komplikationen zur Welt und sind stark und einfach aufzuziehen.

♂: 38-53 cm
16-20 kg

♀: 20-30 cm
5-6 kg

Zwerg, F 2 Jahre

♂: 25 cm
6 kg

♀: 25 cm
6 kg

Rottweiler

Dieser kraftvolle und muskulöse Hund stammt aus Deutschland. Ursprünglich wurde er als Viehtreiber und Wachhund für Schlachtvieh eingesetzt, später auch als Polizeihund war. In den USA ist er eine der beliebtesten Rassen.

Hintergrundinformationen

Diese Rasse hieß früher Rottweiler Metzgerhund. Er stammt aus der Stadt Rottweiler und arbeitete dort als Metzgerhund. Möglicherweise stammt er von Mastiffs ab, die das Vieh römischer Soldaten hüteten und mit ihnen über die Alpen kamen. Da diese Rasse aktiv und lebhaft ist, wurde sie später dazu gezüchtet, Vieh zu hüten. Ihre überragende Stärke machte größere Rottweiler ideal zum Ziehen von Wagen zum Markt. Im zwanzigsten Jahrhundert wurden Viehtrieb und der Einsatz von Hunden als Wagenzieher für illegal erklärt und die Rasse starb fast aus. In späteren Jahren wurde sie als Polizei-, Haus- und Wachhund wieder beliebter.

Wichtige Merkmale

Der Rottweiler hat einen stämmigen, starken Körper mit einen gut ausgebildeten, muskulösen und gut gebauten Brustkorb und ebensolche Beine, insbesondere die Hinterbeine. Der breite Kopf harmoniert mit der mittellangen Schnauze, außerdem hat er einen kräftigen, langen und dicken Hals, mandelförmige, dunkelbraune Augen und einen kurzen Schwanz.

Sein doppeltes Fell besteht aus einem kurzen, festen, dichten Unterfell, das flach am Körper liegt und einem weichen Unterfell am Hals und an den

F 3 Jahre

M 4 Jahre

♂: 61-69 cm
52 kg

♀: 56-64 cm
45 kg

M 5,5 Jahre

Schenkeln. Es ist hauptsächlich schwarz mit lohfarbenen Markierungen oberhalb der Augen und an den Wangen, der Schnauze, der Brust und den Beinen. Diese intelligente Rasse hat natürliche Beschützerinstinkte, ist aber nicht bösartig. Außerdem arbeitet sie gern hart.

Pflege und Auslauf

Obwohl das Fell kurz ist, sollte es dennoch mit einem Handtuch abgerieben, massiert und dann trocken gerieben werden. Ein Bad ist dann notwendig, wenn der Hund schmutzig wird. Es sollte auch ein ausgewogenes Verhältnis zwischen Ernährung, Auslauf und Spiel bestehen, wobei die tägliche Futterrationen besser in zwei Portionen aufgeteilt werden sollte, statt gleich alles auf einmal zu füttern. Sobald der Hund ein bis eineinhalb Jahre alt ist, sollte das tägliche Bewegungstraining auch das Laufen an der Leine neben einem Fahrrad beinhalten.

Welpen und Erziehung

Die vier bis zehn Welpen pro Wurf sollten schon früh Gehorsamsübungen machen und so viel Kontakt wie möglich zu Menschen haben, damit sie sich an die Vorgänge im Haus gewöhnen können. Beachten Sie, dass diese Rasse schon im Welpenalter viel freien Auslauf braucht.

Russischer Hütehund

Drei verschiedene Rassen gehören zu dieser Gruppe. Bei allen Dreien handelt es sich um große, muskulöse Hunde, die instinktiv aggressiv gegenüber Fremden sind. Sie neigen dazu Fremde anzugreifen, wenn sie sich bedroht fühlen oder in die Defensive getrieben werden.

♂: 64 cm
40-45 kg

♀: 58 cm
38-43 kg

Südrussischer Owtcharka, M 1 Jahr

♂: 64 cm
35-40 kg

♀: 58 cm
30-38 kg

Mittelasiat, F 2 Jahre

Hintergrundinformationen

Von diesem zentralasiatischen Hütehund gibt es drei verschiedene Varianten. Er stammt aus der Gegend um das Kaspische Meer (Kirgisien, Kasachstan, Usbekistan und Turkmenistan). Er wurde von Nomaden zum Schutz des Viehs und ihrer selbst vor Wölfen gezüchtet. Zudem sollten sie der extremen Hitze und Trockenheit in dieser Gegend trotzen.

Am Ende des achtzehnten Jahrhunderts kamen die Vorfahren des Südrussischen Hütehundes aus Spanien zusammen mit den Merinoschafen, die sie hüteten.

♂: 64 cm
45-50 kg

♀: 58 cm
40-45 kg

Aber wegen ihrer geringe Größe waren sie den dort beheimateten Wölfen nicht gewachsen. Um sie so groß und kräftig zu machen, wie sie heute sind, kreuzte man sie wahrscheinlich mit der Tibet Dogge. Da die Rasse heutzutage oft kräftig, aggressiv und entschlossen ist und ohne Vorwarnung angreift, wird sie auch oft als Bärenhund bezeichnet.

Das Blut des Tibet Dogge fließt mit Sicherheit in den Adern des Kaukasischen Owtcharka, der jahrhundertelang im Kaukasus und in der Gegend von Astrakhan Schafe vor Wölfen beschützte. Die Varianten dieser Rasse schließen leichtgewichtige, schwergewichtige, kurzhaarige und langhaarige Typen ein, sowie deren Kombinationen.

Wichtige Merkmale

Alle Varianten haben einen muskulösen Körper und Beine, dunkle, mandelförmige Augen, v-förmige, hoch angesetzte Ohren, die normalerweise herabhängen und einen buschigen, mit vielen Haaren bedeckten Schwanz. Das Fell ist gemeinhin mittellang, üppig und liegt dicht am Körper an. Die Fellfarbe des Mittelasiaten kann grau, weiß, hellcreme, hellrehbraun, rot, schwarz, getigert oder gefleckt sein. Beim Südrussischen Owtcharka ist das Fell weiß, weiß mit Zitrone, hellrot oder rauchfarben. Der Kaukasische Owtcharka hat rotblondes Fell oder braunes Fell mit weißen Abzeichen oder er ist grau. Die Erziehung kostet Zeit, Geduld und eine starke Hand, da die Rasse sowohl stur als auch selbstbewusst ist.

Pflege und Auslauf

Nur gelegentliches Bürsten ist notwendig, aber weißes Fell könnte mehr Pflege benötigen. Ausgiebiger täglicher Auslauf, der mit schnellen Übungen verbunden werden sollte, ist unbedingt notwendig, weil der Hund sonst reizbar und äußerst aggressiv wird.

Welpen und Erziehung

Die Ohren und der Schwanz der vier bis acht relativ kräftigen Welpen in jedem Wurf können kurz kupiert werden. Diese Welpen sollten schon zeitig gründliche Gehorsamsübungen machen.

Kaukasischer Owtcharka, M 3 Jahre

Bernhardiner

Diese Rasse ist ganz gewiss die schwerste aller Hunderassen und ein berühmter Rettungshund. Sie hat ein unvergleichliches Aussehen und einen sehr freundlichen Charakter.

rauhhaarig, M 3 Jahre

Hintergrundinformationen

Wohl kaum ein anderer Hund ruft bei so vielen Menschen ein bestimmtes Bild hervor wie der Bernhardiner: Ein melancholisch aussehender Rettungshund, der durch verschneite Berge wandert und von dessen Hals ein kleines, mit Brandy gefülltes Fass herabhängt, während er nach in Not geratenen Menschen sucht. Dieses Patroullieren rund um die Uhr auf der Suche nach Menschen, die sich in den Schweizer Alpen verlaufen haben, wird genauso assoziiert wie die Mönche des Hospizes St. Bernhard, seitdem dies 1050 gegründet wurde. Die Rasse stammt aber wahrscheinlich von den Römischen Molossern ab, die vor 2000 Jahren in die Alpen kamen.

Wichtige Merkmale

Der muskulöse und mit starken Knochen ausgestattete Bernhardiner hat einen breiten, geraden Rücken, einen gut ausgebildeten Brustkorb und einen dicken, muskulösen Hals. Der Kopf ist groß und breit und hat eine kurze, eckige Schnauze, sowie dunkle, relativ kleine Augen, deren Winkel nach unten zeigen, mittelgroße Ohren, die nach vorne hängen und einen langen, dicken Schwanz, der niedrig getragen wird.

glatthaarig, F 2 Jahre

♂: 67 cm
78 kg

♀: 64 cm
66 kg

rauhhaarig, M 3 Jahre

Das Fell, das nie ganz weiß, aber auch nie ohne weiß ist, ist normalerweise rot und weiß, rötlich mit weiß, vorzugsweise mit weißen Abzeichen auf der Brust, einem weißen Band um den Hals und um die Nase. Außerdem sind Beine und Schwanzspitze weiß, die Schnauze und die Ränder der Ohren dunkel. Trotz seines hohen Gewichts und der beachtlichen Größe ist der Bernhardiner intelligent, gehorsam und ein ausgezeichneter Wachhund für die Familie, Kinder und andere Tiere.

Pflege und Auslauf

Häufiges Bürsten muss sein, ebenso das Einreiben der Ohrinnenseiten mit Babyöl. Außerdem sollten die Krallen kurz und die Augen von Rückständen der Tränenflüssigkeit frei gehalten werden. Viel Auslauf ist erforderlich.

Welpen und Erziehung

Die sechs bis acht Welpen pro Wurf sollten so früh wie möglich Kontakt zu Menschen haben, damit sie nicht scheu und nervös werden. Außerdem sollten schon in frühem Welpenalter Gehorsamsübungen gemacht werden.

Samoyede

Der Samoyede ist ein arktischer Hund mit dem einzigartigen 'Samoyedenlächeln' von einem Ohr zum anderen. Diese Rasse hat ein schönes, schneeweißes, sehr schweres, wetterfestes Fell. Er ist sowohl ein idealer Rentierhüter als auch ein durch und durch freundlicher Haushund.

M 2 Jahre

M 9 Monate

Hintergrundinformationen

Diese Rasse ist nach den samoyedischen Nomadenvölkern in Nordostasien benannt und wurde auch dort entwickelt. Lange Zeit blieb sie von anderen Rassen abgeschottet, da sie Rentiere jagte und hütete und Schlitten in der Mongolei zog. Die Fellfarbe variierte einst von dunklem rotbraun bis hin zu schwarz und weiß, bis der Hund vor etwa hundert Jahren von Arktisforschern in England vorgestellt wurde und seine Farbe auf ein reines oder fast reines Weiß beschränkt wurde. Obwohl diese Rasse noch immer als Schlittenhund in der Arktis arbeitet, ist er durch seine edle Erscheinung, sein freundliches Temperament und seine Kontaktfreudigkeit gegenüber Menschen weltweit zu einem beliebten Wach- und Haushund geworden.

♂: 53-58 cm
25-32 kg

♀: 48-53 cm
18-25 kg

Wichtige Merkmale

Der Samoyede hat einen extrem stämmigen, ausgeglichenen Körperbau, eine gerade Rückenlinie, breite, starke, muskulöse Lenden und eine ebensolche Brust. Außerdem hat er lange Beine, die mit dem Körper harmonieren, einen geraden, verlängerten, kräftigen Hals, einen leicht dreieckigen, v-förmigen Kopf mit einer mittellangen, leicht spitz zulaufenden Schnauze. Er hat außerdem feste Lefzen, die ihm sein charakteristisches Lächeln und tausend andere Gesichtsausdrücke verleihen, sowie mandelförmige Augen, aufrechte Ohren mit leicht abgerundeten Spitzen, eine schwarze Nase und einen langen, dicken, buschigen Schwanz, der oberhalb vom Rücken getragen wird. Sein dickes, üppiges, doppeltes Fell besteht aus einem weichen, dichten, kurzen, fast wolligen Unterfell, das durchsetzt ist mit einem härteren, glatten Deckhaar, das gerade vom Körper wegsteht und eine kennzeichnende Krause um den Hals bildet. Die Farbe des Fells sollte entweder schneeweiß, cremefarben, bisquitfarben, silbrig weiß oder silbrig bisquitfarben sein.

Pflege und Auslauf

Diese Rasse muss mindestens einmal pro Woche gründlich gekämmt und gebürstet werden, insbesondere während des Fellwechsels im Frühling und Sommer. Die Krallen müssen kurz geschnitten sein, Zähne und Ohren erfordern ständige Pflege. Täglicher freier Auslauf auf großem Gelände in Verbindung mit Auslauf an der Leine ist ideal.

Welpen und Erziehung

Die neugeborenen Welpen, pro Wurf fünf bis neun Stück, sehen entzückend aus, fast wie kleine Teddybären. Am besten ist es, wenn sie schon früh Kontakt zu Fremden haben und zeitig Gehorsamsübungen machen.

M 9 Monate

Shiba Inu

Der Shiba Inu ist die bekannteste japanische Rasse mit einer mehr als 3000 Jahre langen Geschichte. Dieser starke, muskulöse und einzigartig entschlossen aussehende Hund ist berühmt für seine Wachsamkeit und Intelligenz.

F 1 Jahr

Hintergrundinformationen

Knochenfunde dieser Rasse aus der Jomon-Ära (ca. 3000 - 400 v. Chr.) haben die Theorie bestärkt, dass ihre Vorfahren aus Südjapan stammen.

♂: 38-40 cm
9 kg

♀: 35-38 cm
8 kg

M 1 Jahr

F 1 Jahr

Dieser Hund, der auf der japanischen Hauptinsel Honshu und in den Bergen der Insel Shikoku heimisch ist, wurde in Urzeiten dazu verwendet, kleine Wildtiere aufzuscheuchen und zu jagen oder zur Wildschweinjagd. Er erhielt den Namen Shiba, was so viel bedeutet wie 'sehr klein' oder auch 'Unterholz'. Das japanische Bildungsministerium erkannte 1937 die Notwendigkeit, diese heimische Rasse per Gesetz zu schützen und ernannte sie offiziell zu einem nationalen Denkmal. Gleichzeitig wurden jährliche Prämien für die Pflege der besten Zuchtlinien bereitgestellt. Diese Rasse erlangte auch als Haushund weltweite Beliebtheit.

Wichtige Merkmale

Der kleine, zierliche Shiba, der aber einen ausgeglichenen Körperbau hat und sich leicht und geschmeidig bewegt, hat einen kräftigen Rücken, breite Lenden, starke, gerade Vorderbeine und kräftige Hinterbeine, die sich am Sprunggelenk leicht krümmen. Er hat außerdem knollenartige Pfoten mit festen, elastischen Ballen, einen dicken, muskulösen Hals, eine breite Stirn mit einem klaren Stirnansatz und gut ausgebildeten Wangen. Seine Augen sind mandelförmig und dunkelbraun, wobei die Augenwinkel nach oben zeigen. Die Ohren sind dreieckig, aufgerichtet und neigen sich leicht nach vorne, die Nase ist schwarz und die Lefzen sind deutlich erkennbar. Zudem hat der Shiba einen Scherenbiss, einen dicken, über dem Rücken zusammengerollten oder sichelförmigen Schwanz. Sein doppeltes Fell besteht aus einem weichen, dichten Unterfell und einem glatten, festen Deckhaar, das am Schwanz etwas länger und normalerweise rot ist. Andere Farben sind sesam, rötliches sesam, schwarz, schwarz und loh, weiß und hellrot. Die weißen Abzeichen an der Schnauze sind ein Rassenmerkmal.

Dieser Hund hat einen starken Überlebenswillen, verfügt über scharfe Sinne und kann sehr hoch springen. Der wachsame und geduldige Hund gibt einen guten Wachhund ab. Er ist seinem Herren gegenüber treu und gehorsam.

Pflege und Auslauf

Die tägliche Pflege sollte kurzes Bürsten und einen halbstündigen Auslauf an der Leine beinhalten.

Welpen und Erziehung

Für die Würfe mit zwei bis fünf Welpen sollte ein warmer, sauberer Platz für die Geburt zur Verfügung gestellt werden, insbesondere im Winter, da sie kälteempfindlich sind. Die Welpen verdoppeln ihr Gewicht in der Regel innerhalb von zehn Tagen nach der Geburt. Die Mutter hat einen großen Beschützerinstinkt und lässt die Welpen während der ersten Woche nicht gerne alleine, selbst dann nicht, wenn sie raus muss. Man sollte sie weitgehend alleine lassen, sie aber morgens und abends kurz ausführen.

Siberian Husky

Diese Rasse gehört zu den beliebtesten auf der Welt und kommt mit sibirischen Wintern gut zurecht. Der freundliche und entschlossen aussehende Siberian Husky arbeitet wirklich gern, inbesondere als Schlittenhund.

M 11 Jahre

Hintergrundinformationen

Der Siberian Husky wurde von den Nomaden Nordostasiens speziell dazu gezüchtet, selbst in unglaublich harten Wintern Lasten über weite Entfernungen hinweg zu ziehen. Ein Fachmann datiert diese Rasse auf die Zeit zurück, als Sibirien und Alaska noch miteinander verbunden waren. Russische Abenteurer sollten den Husky nach Sibirien gebracht haben, um ihnen beim Bewachen der Küste zu helfen. Man sagt, dass der Name von heiseren Art zu Heulen kommt. Obwohl er etwas kleiner und leichter als die meisten anderen Schlittenhunde ist, stellt der Siberian Husky alle anderen durch seine Schnelligkeit in den Schatten, vor allem im Team. In der Tat haben Huskyteams bei den Schlittenwettbewerben in Alaska immer vordere Plätze belegt. Die Rasse wurde 1930 vom amerikanischen Kennel Club anerkannt.

Wichtige Merkmale

Der mittelgroße, aber unglaublich starke Siberian Husky hat einen stämmigen, beweglichen Körper, einen kräftigen Rücken, einen gut ausgebildeten Brustkorb, besonders muskulöse Hinterbeine und einen v-förmigen Kopf mit einer spitzen Schnauze und einem klar erkennbaren Stirnansatz. Seine Ohren sind mittelgroß und stehend, die auseinanderstehenden Augen sind mandelförmig und zeigen leicht nach oben, wobei sie braun, blau oder auch zweifarbig sind. Manchmal haben beide Augen auch verschiedene Farben. Der

♂: 53-58 cm
20-27 kg

♀: 51-56 cm
16-23 kg

Vater 3 Jahre, Welpen, 1 Monat

Schwanz ist gut mit Haaren bestückt. Wenn der Hund in Bewegung ist, wird er sichelförmig nach oben getragen. Das mittellange, doppelte Fell besteht aus einem weichen, eng anliegenden Unterfell, das während des Fellwechsels normalerweise nicht vorhanden ist, und einem leicht harten, glatten Deckhaar, das glatt auf dem Körper liegt. Die Farbenkombinationen, in denen das Fell vorkommt, variieren stark, aber beinhalten normalerweise Weiß. Die Abzeichen im Gesicht sind sehr eindrucksvoll. Dieser Arbeitshund par excellence gehorcht seinem Herren, liebt Menschen und ist ein wunderbarer, wenn manchmal auch übermäßig anhänglicher Spielkamerad.

Pflege und Auslauf

Der Siberian Husky muss mindestens einmal pro Woche gründlich gebürstet werden und man muss der Haut und dem Fell während des Fellwechsels (Frühling bis Frühsommer) besondere Beachtung schenken. Außerdem verlangen die Zähne und das Innere der Ohren nach sorgfältiger Reinigung und die Krallen sollten geschnitten werden, wenn sie sich nicht natürlich abnutzen. Gut 1-2 Stunden täglich Auslauf an der Leine ist empfehlenswert, denn bei zu wenig Bewegung wird er nervös und scheu. Er genießt es sogar, einen Schlitten oder einen Wagen zu ziehen.

Welpen und Erziehung

Wenn die sechs bis acht Welpen pro Wurf zur Welt kommen sehen sie aus wie Bärenjunge.

M 11 Jahre

M 3 Jahre

Shikoku

Obwohl diese alte, in Japan beheimatete Rasse nur mittelgroß und heutzutage ein wachsamer, ergebener und liebevoller Hund ist, war er mit seinem kräftigen, muskulösen Körper und seiner unglaublichen Ausdauer einmal ein sehr guter Wildschweinjäger.

M 2 Jahre

Hintergrundinformationen

Diese Rasse wurde ursprünglich zur Wildschweinjagd gezüchtet. Heute ist er als sehr treuer Haushund beliebt.

Wichtige Merkmale

Die Rasse hat eine gerade Rückenlinie, breite, starke Lenden, einen tief gelagerten Brustkorb, gewölbte Rippen, einen festen Bauch, einen dicken, muskulösen Hals und eine breite Stirn mit einem deutlich erkennbaren Stirnansatz. Außerdem hat sie gut ausgebildete Wangen, dunkelrehbraune, mandelförmige Augen, aufrechte, dreieckige Ohren, die sich leicht nach vorne neigen und einen buschigen, schön gebogenen, sichelförmigen Schwanz, der oberhalb vom Rücken getragen wird, wenn der Hund aktiv ist, oder nach unten hängt, wenn der Hund ruht. Die Nase muss immer schwarz sein. Das Unterfell ist weich und liegt dicht an, das Deckhaar ist hart und glatt. Die Farbe des Fells ist sesam, schwarz mit sesam, rot mit sesam, schwarz getigert oder rot getigert. Der Shikoku ist ein ausgezeichneter Haushund.

Pflege und Auslauf

Nur leichtes Bürsten und regelmäßige Bewegung an der Leine sind nötig.

Welpen und Erziehung

Die 3-7 Welpen pro Wurf sollten im Winter warmgehalten werden. Erwachsene Hunde sind dagegen gut gegen die Kälte geschützt und die Erziehung dieser Hunde ist sehr einfach.

F 3 Jahre

♂: 48-53 cm
18-24 kg

♀: 43-53 cm
15-20 kg

Spanischer Mastiff

Diese Rasse - früher einmal Militärhund und Kämpfer - hat sich als ergebener Begleiter und Haushund erwiesen.

M 1,5 Jahre

M 1,5 Jahre

Hintergrundinformationen

Wie der Name schon andeutet, ist die Rasse in den spanischen Bergen beheimatet, wo sie lange wegen ihrer kämpferischen Fähigkeiten beliebt war. Heute zeigt sie ihre enorme Ausdauer bei der Erfüllung der verschiedensten Aufgaben, darunter die Bewachung großer Fabriken, Bauernhöfe und Felder, das Jagen von Wildschweinen und anderen großen Tieren, sowie das Ziehen schwerer Wagen.

Wichtige Kennzeichen

Diese stämmige, schwer gebaute, muskulöse Rasse hat eine relativ lange Schnauze, gut ausgebildete Lefzen und kräftige Kiefer, sowie Falten im Genick, kleine Augen, dreieckige Schlappohren und einen langen, buschigen Schwanz. Ihr Fell ist normalerweise rötlich, aber es kann auch wolfsfarben, rehbraun, getigert oder schwarz, golden, und grau mit weiß sein. Sie ist liebevoll, treu, verlässlich und gehorsam.

Pflege und Auslauf

Obwohl monatliches Bürsten ausreicht, ist täglicher Auslauf für mindestens eine halbe Stunde notwendig. Dieser Hund sollte von kräftigen Menschen ausgeführt werden, da er gerne an der Leine zieht.

Welpen und Erziehung

Die 5-10 Welpen pro Wurf sollten schon früh Kontakt mit Fremden haben, damit sie Gehorsamstraining akzeptieren.

♂: 63-69 cm
60-70 kg

♀: 58-64 cm
55-65 kg

M 1,5 Jahre

Westgotenspitz

Die in Schweden beheimatete Rasse wurde 1948 vom schwedischen Kennel Club anerkannt. Dieser Hund ist ein energiegeladener, unermüdlicher Viehhirte und ein ausgezeichneter Kamerad und Wachhund.

M 1 Jahr

Hintergrundinformationen

Diese schwedische Rasse hat große Ähnlichkeit mit dem Welsh Corgi und könnte mit ihm verwandt sein. Sie wurde von zahllosen Bauerngenerationen gezüchtet worden, um als Wachhund für ihre Kühe, Schafe und Bauernhöfe zu dienen und um unerwartete Besucher fernzuhalten. Sie hüteten das Vieh und fingen Ratten.

Wichtige Merkmale

Der kleine, niedrige, muskulöse, aber dennoch kraftvolle und energiegeladene Westgotenspitz hat einen geraden Körper, kurze breite Lenden und ein breites Hinterteil, das leicht nach hinten abfällt. Er hat einen tief gelagerten Brustkorb, einen keilförmigen Kopf und sehr dunkle, ovale, braune Augen und spitze Stehohren. Weiterhin hat er ein wolliges Unterfell, das von einem mittellangen, harten, eng anliegenden Deckfell bedeckt ist, das grau ist. Am Widerrist und am Hinterteil ist es normalerweise etwas dunkler.

Dieser Hund ist ein äußerst mutiger, eifriger und begeisterter Arbeiter. Zudem ist er seinem Herren gegenüber treu und gehorsam, sehnt sich nach Lob, ist aber auf jeden Fall wachsam gegenüber Fremden.

M 1 Jahr

♂: 33-36 cm
9-15 kg

♀: 33-36 cm
9-15 kg

Pflege und Auslauf

Hier ist nur gelegentliches Bürsten nötig, aber der Hund liebt Spaziergänge und ist immer in Bewegung. Am besten wäre es, wenn er in einem großen Garten laufen könnte.

Welpen und Erziehung

Die Mutter kümmert sich gut um ihre 4-8 Welpen pro Wurf und diese fühlen sich in der Gegenwart von Menschen wohl und sind leicht aufzuziehen.

F 3 Jahre

Tibet-Dogge

Die Tibet-Dogge blickt auf eine beachtlich lange Geschichte zurück. Seit Tausenden von Jahren arbeitete sie in den Hügeln am Fuß des Himalaya und beschützte dort Viehherden gegen wilde Tiere.

Hintergrundinformationen

Diese Rasse wurde in Tibet und den angrenzenden Ländern entwickelt, um über Viehherden, Bauernhöfe und Häuser zu wachen und diese gegen unerwünschte Eindringlinge - sei es Mensch oder Tier - zu verteidigen. Zudem betätigte sie sich als Jäger. In der Tat beschrieb Marco Polo diesen Hund als so „groß wie einen Esel, mit einer Stimme, die der eines Löwen ähnelt“, sowie als „dramatisch und kraftvoll“.

Wichtige Merkmale

Diese riesige, gut gebaute, aber nicht schwere Hund hat einen breiten, kräftigen Kopf mit einer recht breiten, eckigen Schnauze, die schmaler ist als die der englischen Dogge. Der dicke, muskulöse Hals hat nur wenige Falten, mittelgroße, ausdrucksvolle, braune Augen, herzförmige Schlappohren und einen mit vielen Haaren besetzten Schwanz, der normalerweise leicht über dem Rücken zusammengerollt wird. Sein langes, üppiges Fell sollte eng anliegen und kann schwarz, loh, golden oder zweifarbig sein.

Pflege und Auslauf

Das extrem dichte Unterfell muss mit einer festen Bürste gründlich gebürstet werden, insbesondere während des Fellwechsels. Mehrstündige Spaziergänge an der Leine sind wünschenswert.

Welpen und Erziehung

In jedem Wurf sind vier bis acht äußerst kräftige Welpen. Gründliches Gehorsamstraining sollte sehr früh beginnen. Hündinnen werden manchmal nur einmal im Jahr heiß.

F 3 Jahre

M 2 Jahre

♂: 63-69 cm
65 kg

♀: 58-66 cm
60 kg

Tosa Inu

Diese 'japanische Dogge' steckt voller Kampfgeist. In diesem Hund treffen sich wirklich Ost und West. Sie ist bekannt wegen der Sumo-Ringer-Tracht, die speziell für diese Rasse geschaffen wurde.

M 2 Jahre

♂: 58 cm
67 kg

♀: 53 cm
60 kg

M 4 Jahre

Hintergrundinformationen

Während der Ansei-Ära (1854-60) kreuzte ein Hundeliebhaber in Tosa auf der Insel Shikoku den dort beheimateten und mittlerweile als Shikoku bekannten Hund mit einem großen, aggressiven Hund, den er aus Nagasaki mitgebracht hatte. Aus einer Serie sorgfältig geplanter Züchtungen entstand die ursprüngliche Form des Tosa. Diese wurde während der frühen Showa-Ära (1926-89) weiter gekreuzt, und zwar mit einigen großen, ausländischen Rassen wie Bulldoggen und Doggen, wodurch die uns heute bekannte Rasse entstand. Bei Hundeschauen wird ein großer Champion (Yokozuna) in rituelle Kleidung - Kesho-Mawashi - gesteckt, die hier abgebildet ist.

Wichtige Merkmale

Der würdevolle, große, kräftige Tosa hat einen breiten Schädel mit einer steil abfallenden, mäßig langen Schnauze, einer gut ausgebildeten Backenmuskulatur, Falten an der Nase und im Genick. Seine Ohren sind relativ klein, dünn und hängen an den Wangen herunter. Außerdem hat er einen herabhängenden Schwanz. Das kurze, harte, eng anliegende Fell ist rot, braun oder schwarz, wobei kleine weiße Abzeichen erlaubt sind. Dieser geduldige, aber furchtlose und kampfwillige Hund ist ein freundlicher, treuer Begleiter.

Pflege und Auslauf

Die tägliche Pflege beinhaltet das Bürsten und das Bewegen des Hundes so lange wie möglich.

Welpen und Erziehung

Bei der Aufzucht der fünf bis zehn kräftigen Welpen pro Wurf muss man sorgfältig vorgehen, das sie dazu neigen, wild miteinander zu kämpfen.

Golden Retriever

Gruppe der Sporthunde

Amerikanischer Cocker Spaniel 132
Bretonischer Vorstehhund 134
Chesapeake Bay Retriever 135
Clumber Spaniel 136
Curly-Coated Retriever 138
English Cocker Spaniel 140
Pointer 142
English Setter 144
Englischer Springer Spaniel 146
Field Spaniel 147
Flat Coated Retriever 148
Deutscher Wachtelhund 149
Deutsch Kurzhaar / Drahthaar 150
Golden Retriever 152
Gordon Setter 154
Irish Setter .156
Rot-weißer Irish Setter 158
Irish Water Spaniel 159
Spinone 160
Kooikerhondje 161
Labrador Retriever 162
Großer Münsterländer 164
Nova Scotia Retriever 165
Pont-Audemer Spaniel 166
Portugiesischer Wasserhund 168
Sussex Spaniel 169
Vizsla Kurzhaar 170
Weimaraner 172
Welsh Springer Spaniel 174
Wetterhoun 176

Amerikanischer Cocker Spaniel

Dieser ausgezeichtnete Vogel- und Kleinwildjäger ist außerdem einer der besten Haushunde der Welt.

Hintergrundinformationen

Diese Rasse entstand durch die Kreuzung von Setter und Spaniel. Im 17. Jahrhundert wurde sie in Wasser- und Landspaniel aufgeteilt, wobei letztere wiederum in kleine und große aufgeteilt wurden. Eine weitere selektive Zucht der kleinen Spaniel führte zur Herausbildung der Cocker und Zwerghunde. Der Cocker Spaniel wird als die kleinste der Sportrassen angesehen. Sein Name kommt daher, dass er ausgezeichnet Waldschnepfen aufspüren kann. Er wurde zwischen 1870 und 1880 von England nach Amerika gebracht und entwickelte sich langsam zu einer eigenen Rasse, die sich besonders gut darauf versteht, kleine Wildvögel - insbesondere Wachteln - aufzuscheuchen und zu apportieren. Da er jahrelang ein internationaler Favorit war, nahm er 1984 den ersten Platz in der Liste der Registrierungen des amerikanischen Kennel Clubs ein und wurde in Walt Disney's Cartoon Klassiker 'Susi und Strolch' weltberühmt. In England entwickelte man eine andere Zuchtlinie, die English Cocker Spaniel heißt.

Wichtige Merkmale

Der Amerikanische Cocker Spaniel ist der kleinste Jagdhund und hat von allen das sanfteste Gemüt. Er hat einen kurzen, festen Körper mit einem tief gelagerten Brustkorb, Schultern, die vom Widerrist bis zu den Lenden leicht abfallen, einen breiten, gewölbten Kopf mit einem klar erkennbaren Stirnansatz, einer eckigen Schnauze und langen, tief angesetzten Ohren. Er hat runde, dunkelbraune Augen. Sein glattes oder leicht gewelltes Fell ist am Kopf ziemlich kurz, aber an den Ohren, an der Brust, am Bauch und an den Beinen relativ üppig. Das Fell kann tiefschwarz oder in einer anderen einheitlichen Farbe, bzw. auch zweifarbig sein. Diese Nase sollte schwarz sein, abgesehen davon, dass bei braunen oder leberfarbenen Hunden eine leberfarbene Nase und für zweifarbige Hunde eine rote Nase erlaubt ist.

Der freigeistige, äußerst gut gelaunte, schnelle und unermüdliche Jäger ist ein Gefährte, der immer darauf bedacht ist, seinem Herren Freude zu machen. Außerdem ist diese Rasse Kindern gegenüber einfühlsam, liebevoll und freundlich.

Pflege und Auslauf

Es ist notwendig, dass das Fell zweimal die Woche etwa eine Dreiviertelstunde lang vorsichtig gekämmt wird. Die Haa-

F 3 Jahre

♂: 38 cm
13 kg

♀: 36 cm
12 kg

M 2 Jahre

M 7 Jahre

re am Kopf, am Kinn und an den Schultern sollten ordentlich geschnitten werden. Obwohl dieser Hund sich gut an das Leben in der Stadt gewöhnen kann, braucht er genug Auslauf, damit er kein Übergewicht bekommt.

Welpen und Erziehung

Die Welpen kommen in Würfen zu 4-6 Jungen zur Welt. Einfarbige Hunde werden auch als einfarbige Welpen geboren, aber zweifarbige sind bis 2 Wochen nach der Geburt fast ganz weiß. Cocker sind wachsam und leicht zu erziehen. Tägliche Übungsstunden sind am besten, aber man sollte den Welpen nicht zu viel Beachtung schenken, weil sie sonst egoistisch und laut werden.

F 2 Jahre

Bretonischer Vorstehhund

Dieser echte Allround-Hund, der jagen, vorstehen und apportieren kann und dennoch in einem Stadthaushalt zufrieden ist, ist kleiner als ein Setter aber langbeiniger als ein Spaniel.

F 11 Monate

M 2 Jahre

♂: 48-51 cm
15 kg

♀: 46-48 cm
13 kg

M 4 Jahre

Hintergrundinformationen

Vermutlich stammt diese Rasse aus der Bretagne und wird schon in französischen oder holländischen Gemälden des 17. Jahrhunderts portraitiert.

Wichtige Merkmale

Der Bretonische Vorstehhund hat einen tief gelagerten Brustkorb, einen runden, leicht v-förmigen Kopf mit einem deutlich sichtbaren Stirnansatz, dunkle Augen, Schlappohren und einen von Natur aus kurzen Schwanz. Sein zweifarbiges Fell ist weiß mit orange, leber oder rötlich grau. Die dunkle Farbe der Nase sollte mit der des Fells harmonieren. Der Bretonische Vorstehhund ist ein freundlicher, netter Gefährte und Kindern gegenüber gutmütig.

Pflege und Auslauf

Die Fellpflege besteht in zweimal wöchentlichem, fünfminütigen Bürsten. Auslauf ist wichtig, denn Bewegungsmangel macht den Hund nervös. Wenn er dann eingesperrt ist, wird er fürchterlich bellen.

Welpen und Erziehung

Pro Wurf kommen sechs bis zehn Welpen zur Welt. Die Erziehung muss schon früh beginnen, damit die Welpen sich an Menschen gewöhnen.

Chesapeake Bay Retriever

Diese Rasse ist eine amerikanische Rasse mit englischen Vorfahren. Der Chesapeake Bay Retriever hat welliges Fell und ist ein aktiver, das Wasser liebender Entenjäger und gleichzeitig ein freundlicher, netter Führhund.

Hintergrundinformationen

Der Ursprung dieser Rasse soll in Neufundland liegen. Einige dieser Hunde wurden 1807 von einer englischen Brigg gerettet, die vor Maryland Schiffbruch erlitten hatte. Diese wurden dann zu glatthaarigen und Curly-Coated Retrievern weitergezüchtet.

Wichtige Merkmale

Der unermüdliche, starke Chesepeake Bay Retriever hat einen gut gebauten, muskulösen Körper, einen tiefen Brustkorb, einen breiten, runden Kopf mit einer mittellangen Schnauze und gelbe oder bernsteinfarbene Augen, die weit auseinander stehen. Sein dichtes, wolliges Unterfell ist von einem fettigen, kurzen, dichten, teilweise gewellten Deckhaar bedeckt. Die Fellfarbe variiert zwischen dunkelbraun und loh. Weiße Abzeichen an der Brust, am Bauch und an den Pfoten sind bei Schauhunden erlaubt. Dieser nette, freundliche und Menschen gegenüber sehr liebevolle Hund kann sich an das Leben in der Stadt anpassen, wenn er genug Auslauf hat. Er ist ein eifriger Vogeljäger.

♂: 58-64 cm
29-32 kg

♀: 53-32 cm
25-28 kg

M 5 Jahre

M 7 Monate

Pflege und Auslauf

Diese Rasse braucht viel Auslauf, aber fern von anderen Hunden, weil sie dazu neigt, sie anzugreifen.

Welpen und Erziehung

Der Wurf mit sieben bis acht Welpen bekommt die Farbe, die er als Erwachsener haben wird, innerhalb der ersten vier Monate.

M 7 Monate

Clumber Spaniel

Der recht stämmige Hund ist dennoch sehr zurückhaltend und intelligent. Dieser schwere, weiße Spaniel mit limonenfarbenen Flecken hat eine zurückhaltende Art und einen ganz eigenen Stil.

Hintergrundinformationen

Im Gegensatz zu den anderen Spaniel, die nach ihrer Jagdmethode oder ihrer Beute benannt sind, hat diese Rasse ihren Namen von Clumber Park, dem Sitz des Herzogs von Newcastle in Nottinghamshire. Clumber Park ist zudem ein Jagdgebiet der britischen Aristokratie. Die Legende besagt, dass der Duc de Noailles, der diese Rasse über Generationen hinweg gehalten hat, einige dieser Hunde in der Mitte des 18. Jahrhunderts nach England geschickt hat. Manche sagen auch, dass der Clumber in Nottinghamshire beheimatet ist. Das stämmige Aussehen und der schwere Körperbau der Rasse gehen vermutlich auf den Basset und frühes Spanielblut aus den Alpen zurück.

Wichtige Merkmale

Zusätzlich zu seinen kennzeichnenden kurzen Beinen und der schweren, eckigen Schnauze wie stark ausgebildeten Lefzen hat der Clumber einen niedrigen, schweren Körper, muskulöse Schultern, einen tief liegenden Brustkorb, einen langen, breiten Rücken und einen schweren, flachen, eckigen Kopf mit einem deutlich erkennbaren Stirnansatz. Außerdem hat er dunkle, bernsteinfarbene Augen, die teilweise mit schweren Augenbrauen bedeckt sind, sowie einen langen, von tiefen Furchen durchzogenen Hals. Die Oberlippe hängt über die Unterlippe. Abgesehen davon hat der Clumber tief angesetzte, breite, dreieckige Schlappohren und einen dicht mit Haaren besetzten Schwanz. Sein seidiges, glattes und üppiges Fell ist an den Beinen und dem Bauch lang und sollte gleichmäßig weiß mit einigen wenigen limonenfarbenen oder orangen Abzeichen sein. Diese sollten sich hauptsächlich am Kopf und an den Gliedmaßen befinden.

Diese ruhige, freundliche und extrem liebevolle Rasse zeigt anders als andere Spaniels selten ihre Gefühle. Mit seinen langsamen, aber überlegten Bewegungen kann er sich an seine Wildvogelbeute heranschleichen, die er gerne apportiert. Die Kombination von

M 1 Jahr

♂: 46 cm
34 kg

♀: 41 cm
29 kg

gutem Geruchssinn, edler Erscheinung und freundlichen Benehmen hat viele Hundeliebhaber davon überzeugt, dass er ein genauso guter lustiger und netter Kamerad für Kinder wie auch ein treuer Wachhund sein kann.

Pflege und Auslauf

Um das Fell muss man sich oft kümmern und sollte es mindestens zweimal pro Monat trimmen, insbesondere dann, wenn der Hund im Haus gehalten wird. Man muss viele ausgedehnte Spaziergänge unternehmen, damit der Hund nicht übergewichtig wird.

M 2 Jahre

Welpen und Erziehung

Normalerweise verläuft die Geburt der zwei bis acht Welpen pro Wurf normal, aber manchmal ist ein Kaiserschnitt notwendig. Das Gehorsamstraining sollte schon früh mit einfachen Befehlen beginnen. Dies sollte für gewöhnlich mit etwa vier Monaten nach der Geburt geschehen, und da der Clumber langsam lernt, sind Geduld und Wiederholungen notwendig.

M 2 Jahre (links), F 2 Jahre (rechts)

Curly-coated Retriever

Dieser Hund kann stundenlang bei jeder Witterung und im Wasser arbeiten. Er ist ein starker, flinker Hund, der zu einer alten Rasse gehört. Sein Fell ist markant gelockt und er ist ein beliebter Jagd-, Apportier- und Wachhund und ein zuverlässiger Begleiter.

Hintergrundinformationen

Vermutlich reicht der Stammbaum dieser Rasse ebenso bis zum English Water Spaniel und dem Setter zurück wie zu dem Irish Water Spaniel, dem St. John's Neufundländer und dem Pudel. Er wurde erstmals 1860 in Birmingham auf einer Hundeausstellung vorgeführt. Später wurde er in Neuseeland und in Australien bekannt. In beiden Ländern wurde er ein als ein unübertroffener Enten- und Wachtelapportierhund beliebt. In die USA kam er 1907.

Wichtige Merkmale

Der sehr intelligente und mit übermäßiger Ausdauer ausgestattete Hund hat einen kräftigen, ausgeglichenen, recht schlanken Körper, eine tief gelagerte Brust, muskulöse Hinterbeine, einen langen, gut proportionierten Kopf mit einem allmählich ansteigende, fast nicht wahrnehmbaren Stirnansatz. Seine Augen sind groß und schwarz oder braun. Außerdem hat er tief angesetzte, dreieckige Schlappohren und einen spitz zulaufenden, mäßig kurzen Schwanz, den er ausstreckt. Sein dickes, wasserfestes Fell sollte am ganzen Körper stark gekräuselt sein, während es im Gesicht glatt sein sollte. Die Farbe sollte einheitlich schwarz oder leber sein mit nur wenig weiß.

Dieser harte Arbeiter, der jedem Wetter trotzt und nie zögert, in eiskaltes Wasser zu springen, ist ein treuer und ruhiger Haushund, aber er neigt dazu, bei Fremden wachsam zu sein. Dadurch eignet er sich besser zum Wachhund als die anderen Sportrassen.

M 3 Jahre

♂: 58-64 cm
29-35 kg

♀: 56-61 cm
25-32 kg

M 3 Jahre

M 4 Jahre

Pflege und Erziehung

Sein üppiges, gekräuseltes Fells muss nur regelmäßig gebürstet werden. Diese sehr ausdauernde Rasse braucht viel Bewegung an der frischen Luft, wobei auch ausgedehnte Apportierspiele und wenn möglich Bewegung im Wasser enthalten sein sollten. Hunde, die nicht genügend Bewegung haben und eingesperrt werden, neigen dazu schwermütig und laut zu werden.

Welpen und Erziehung

Normale Würfe haben 8 Welpen, die bei der Geburt die Farbe ihrer Eltern haben. Wenn man sich schon früh mit den Welpen befasst, werden sie sich schnell an Menschen gewöhnen. Ebenso sollte auch das Gehorsamstraining schon sehr früh beginnen.

English Cocker Spaniel

Durch ihren eleganten Körperbau und ihr äußerst freundliches Benehmen ist die mittelgroße Jagdhunderasse, die zu den ältesten Landspaniels gehört, als idealer Haus- und Schauhund sehr beliebt.

Hintergrundinformationen

Dieser Spaniel wurde erstmals in einem frühen walisischen Statut aus dem 18. Jahrhundert beschrieben. Im 17. Jahrhundert jagte der Spaniel Waldschnepfen (woodcocks), woher sein Name kommt. 1983 wurde dieser Name erstmals vom Kennel Club anerkannt und dann international festgelegt. Obwohl es die Theorie gibt, dass er der unmittelbare Nachkomme des Amerikanischen Cockerspaniels sei, wurde der English Cocker Spaniel 1892 in England als eigenständige Rasse anerkannt. Seitdem das Kreuzen verboten wurde, haben sich die beiden Rassen in den USA unabhängig voneinander entwickelt. In Amerika wurden sie 1946 als 2 unabhängige Rassen betrachtet.

Wichtige Merkmale

Der English Cocker Spaniel ist kompakt, aber größer als der Amerikanische und hat einen tiefen, gut ausgebildeten Brustkorb, einen festen Bauch und einen geraden Rücken, der von den Schultern zu den Lenden leicht abfällt. Er hat außerdem einen leicht abgeflachten Schädel mit einem klar erkennbaren Stirnansatz und lange, tief angesetzte Ohren. Seine mittelgroßen, dunklen oder haselnussfarbenen Augen stehen etwas auseinander, der Nasenrücken ist gerade und lang, wobei die Nase recht groß ist. Diese Rasse hat zudem eine eckige Schnauze, kräftige, muskulöse Kiefer und starke, gerade Vorderbeine, sowie muskulöse Hinterbeine und einen Schwanz in einer Linie mit dem Rücken.

F 3 Jahre

M 3 Jahre

F 2 Jahre

Ihr seidiges Fell ist entweder glatt oder leicht gewellt, weich und dicht, obwohl es am Kopf kurz und an den Ohren, der Brust, dem Bauch und den Beinen lang ist. Die möglichen Färbungen sind gelblich, schwarz und schwarz mit loh. Die Belton-Variationen kommen in blau, leber, rot und zitronenfarben vor. Diese Rasse ist gehorsam, hat gute Manieren, ist liebevoll, freundlich und gutmütig im Umgang mit Kindern. Er ist ein schneller Apportierhund, der viel Ausdauer hat und außerdem ein guter Sporthund. Aber er kann sich an jede Umgebung anpassen, sogar an das Leben in einer Etagenwohnung. Wie der Amerikanische Cocker bleibt er für gewöhnlich gesund, ist leicht zu pflegen und ein guter Haushund.

Pflege und Erziehung

Er muss nur einmal pro Woche gebürstet werden. Nach einem Spaziergang ist jedoch Fellpflege notwendig. Dieser aktive Hund braucht viel Bewegung.

Welpen und Erziehung

In jedem Wurf gibt es drei bis acht Welpen. Zweifarbige Welpen werden im Lauf der Zeit dunkler, und auch blaue und rötlich braune wechseln nach und nach die Farbe. Ihre Erziehung sollte schon früh beginnen.

♂: 38-41 cm
11-15 kg

♀: 38 cm
11-15 kg

M 3,5 Jahre

Pointer

Der Pointer ist ein hart arbeitender Jäger, der seinen Jagdinstinkt schon im Welpenalter zeigt. Der Name der Rasse ist von seiner Fähigkeit seiner Beute vorzustehen abgeleitet. Dieser Hund ist ein besonders fähiger und einer der ältesten Apportierhunde.

M 2 Jahre

Hintergrundinformationen

Über die Herkunft des Pointer weiß man nur wenige Dinge mit Sicherheit, aber vermutlich fließt in seinen Adern das Blut des Foxhound, des Greyhound und des Bluthundes. Diese Rasse war im mittelalterlichen Frankreich, Belgien, Deutschland, Spanien und Portugal beliebt. Die älteste bekannte Aufzeichnung besagt, dass er 1650 nach England kam. Im frühen 18. Jahrhundert wurde dieser Hund wegen seines besonderen Mutes und seiner Konzentration bewundert und wurde dann ausschließlich als Vogeljäger verwendet, der seinen Körper neigt, seine Vorderpfote hebt und so auf seine Beute zeigt.

Wichtige Merkmale

Der Pointer hat einen festen, muskulösen Körper, einen geraden, starken Rücken, muskulöse Lenden, einen runden Rumpf und leicht abfallende Schultern. Er hat außerdem einen tief gelagerten Brustkorb, einen mäßig breiten Kopf, große, runde, dunkle Augen, Schlappohren, die etwa auf Augenhöhe angesetzt sind, sowie einen Schnauze, die genauso lang ist wie der Kopf. Das kurze, dichte, glatte Fell sollte leberfarben, zitronenfarben, schwarz, orange oder weiß mit Flecken in den betreffenden Farben sein.

Dieser ideale Jagdhund mit einem großen Drang nach Unabhängigkeit, versteht den grundlegenden Sinn seiner Aufgaben und ist arbeitswillig. Seine Ausdauer und seine Ergebenheit sind unter den Vogelfängern herausragend. Da er außerdem jedoch auch aufbrausend, stur und leicht nervös ist, ist Gehorsamstraining sinnvoll. Wenn der Pointer vom Welpenalter an gut gepflegt und gründlich erzogen wird, ist er umgänglich und gibt ein gutes Haustier ab, das sogar zu jemandem passt, der noch nie einen Hund hatte.

♂: 63-67 cm
23-52 kg

♀: 61-66 cm
20-23 kg

M 2 Jahre

Er sollte allerdings nicht in einer kleinen Wohnung oder an einem anderen engen Ort gehalten werden.

Pflege und Erziehung

Diese Rasse muss mehrmals pro Woche zwei bis drei Minuten lang mit einem Tuch abgerieben werden. Der Pointer arbeitet hart und hat große Ausdauer, weshalb er manchmal auch viel Bewegung braucht.

Welpen und Erziehung

Die fünf bis acht Welpen pro Wurf sind heller als ihre Eltern, aber wenn sie wachsen, werden sie dunkler. Wenn man sich schon früh und oft um sie kümmert, werden sie sich an Menschen gewöhnen. Gründliches Gehorsamstraining ist notwendig.

F 3 Jahre

English Setter

Der English Setter ist in den letzten 400 Jahren in England als Vogel-Apportierhund geschätzt worden. Dieser Hund, der von Natur aus ein Jäger ist, sieht anmutig aus, ist behände, hat nachdenkliche Augen und einen edlen Gang.

F 1 Jahr

Hintergrundinformationen

Vermutlich stammt diese Rasse vom Pointer, vom Wasserspaniel und vom Englischen Spaniel ab. Der heute bekannte English Setter stammt direkt von dem Hund ab, den Lord Edward Laverack entwickelte. Dieser widmete sich ganz der Züchtung einer freundlichen Setterrasse.

♂: 63-67 cm
32 kg

♀: 61-64 cm
29 kg

F 1 Jahr

M 2 Jahre

M 4 Jahre

Wichtige Merkmale

Der English Setter hat einen schmalen Kopf mit einem klar erkennbaren Stirnansatz, eine eckige Schnauze und tief angesetzte Ohren, die mit seidigem Fell bedeckt sind. Das mittellange Fell liegt flach am Körper an. Die Beine, der Bauch und der Schwanz sind mit viel langem Fell bewachsen. Die Färbung kann schwarz, weiß und braun (loh), schwarz und weiß, blau gescheckt, orange und weiß, orange gescheckt, leber und weiß und weiß sein. Kleine Flecken, die über den ganzen Körper verteilt sind, werden großen Flecken vorgezogen. Die Augen sind dunkelbraun.

Bei der Jagd duckt sich der Hund, wartet, bis der Jäger geschossen hat und beginnt dann auf Befehl seines Herren, die Beute zu suchen. Der freundliche English Setter, der gute Manieren hat und vergnügter als jede andere Sporthunderasse ist, wird oft als Aristokrat unter den Hunden bezeichnet, denn er wahrt anderen Hunden gegenüber Distanz und nähert sich ihnen vorsichtig mit einer klugen Haltung. Dieser ruhige Hund, der seinem Herren sehr zugetan ist, ist anderen Tieren und Menschen gegenüber freundlich und ein liebenswerter Haushund.

Pflege und Auslauf

Damit das Fell füllig aussieht und gesund bleibt, muss es täglich gebürstet werden. Gelegentliche professionelle Fellpflege ist wünschenswert. Nach einem Spaziergang sollte man gründliche Fellpflege betreiben, da sich im Fell leicht die Samen und Blätter von Pflanzen verfangen. Dieser Hund, der ursprünglich ein guter Jäger war, bekommt schlechte Laune, wenn er im Zwinger oder lange im Haus gehalten wird. Kontinuierliche Erziehung und anstrengende Spaziergänge sind für einen fröhlichen Hund notwendig.

Welpen und Erziehung

Die 6-8 Welpen pro Wurf kommen ohne Hilfe zur Welt und sind leicht aufzuziehen. Neugeborene sind zuerst weiß, danach verändert sich ihre Farbe.

F 2 Jahre

Englischer Springer Spaniel

Seit Beginn des achtzehnten Jahrhunderts ist der Englische Springer Spaniel eine englische Jagdhunderasse. Diese Rasse, die zu den größeren Spaniels gehört, hat einen ausgeglichenen, elastischen Körper, der sie sehr attraktiv macht. Sein bezaubernder Gesichtsausdruck macht ihn zu einem beliebten Haushund.

M 3 Jahre

Hintergrundinformationen

Diese Rasse wurde im frühen 18. Jahrhundert in England als eigenständige Rasse anerkannt. Der Name ist vom schnellen Ansturm des Hundes auf seine Beute abgeleitet.

Wichtige Merkmale

Der fröhliche, nette Englische Springer hat einen kompakten, ausgeglichenen Körper, einen breiten, langen Kopf und dunkle Augen. Sein Fell ist lang und leicht gewellt. An den Ohren, der Brust, am Bauch und an den Beinen ist es buschig. Die Fellfarben sind leber und schwarz mit weißen Abzeichen, weiß und loh mit schwarzen oder leberfarbenen Abzeichen, oder weiß mit loh, blau oder leber. Diese freundliche, verspielte und anhängliche Rasse ist ein guter Wachhund. Er ist ein guter Jagdhund, der seinem Herrn treu ist und besitzt hohe Konzentrationsfähigkeit. Er passt sich auch an das Stadtleben an.

Pflege und Auslauf

Einmal wöchentliche Fellpflege wird das Fell glänzend und schön erhalten; gelegentlich sollte es getrimmt werden. Der Hund braucht viel Auslauf auf großem Gelände.

Welpen und Erziehung

Der durchschnittliche Wurf besteht aus sieben Welpen. Wenn man früh mit der Erziehung beginnt, gewöhnen sie sich schnell an Menschen und sind pflegeleicht.

♂ : 51 cm
22 kg

♀ : 49 cm
22 kg

M 1 Jahr

M 2 Jahre

M 2 Jahre

Field Spaniel

Die eher seltenen Field Spaniels sind eifrige Arbeiter, freundlich und gute Begleiter. Dieser gleichmäßig gebaute und sehr schöne Spaniel hätte eine größere Popularität verdient.

F 11 Monate

♂ : 45 cm
20 kg

♀ : 43 cm
16 kg

Hintergrundinformationen

Über die Herkunft dieser Rasse bleibt Vieles unbekannt, obwohl ein lang gestreckter Jagdhund, den es im späten 19. Jahrhundert gab, für seinen Vorfahren gehalten wird. Er ist eng mit dem Cocker Spaniel und dem Springer Spaniel verwandt.

Wichtige Merkmale

Der äußerst bewegliche und mit einem erstaunlich guten Geruchssinn ausgestattete Field Spaniel hat einen muskulösen Rücken und ebensolche Lenden, einen langen Kopf, eine schmale Schnauze und Schlappohren, die länger sind als die anderer Spaniels. Die Augen sind haselnussbraun oder braun und der tief angesetzte Schwanz wird niedriger getragen als der Rücken. Er ist kleiner als der Springer und größer als der Cocker Spaniel. Sein dichtes, seidiges Fell ist glänzend und leicht gewellt. Die Farbe kann schwarz, leber, goldleber, mahagoni oder jede dieser Farben in Verbindung mit loh sein.

Dieser eifrige Arbeiter ist bestens für die Jagd in einem großen Gebiet geeignet. Er ist freundlich, ruhig, anhänglich und gehorsam; zudem ist diese wandlungsfähige, nützliche Rasse ein guter Haus- und Wachhund.

Pflege und Auslauf

Er muss zweimal wöchentlich fünf Minuten lang gebürstet werden. Trimmen ist nur ab und zu nötig. Da es sich hier um eine aktive Rasse handelt, sollte man sie gelegentlich frei laufen lassen.

Welpen und Erziehung

Durchschnittliche Würfe bestehen aus sieben Welpen. Wie bei anderen Rassen gilt auch hier: je früher die Erziehung beginnt, desto besser.

M 7 Jahre

M 1 Jahr

Flat Coated Retriever

In den Adern dieser stämmigen und starken Rasse fließt das Blut des Labrador Retrievers und des Neufundländers. Die schöne Mähne verleiht dem Hund ein sehr edles Aussehen. Da er intelligent und gut gelaunt ist, passt er sich jeder Umgebung an und kommt gut mit Menschen und anderen Tieren aus.

♂: 58-61 cm
25-35 kg

♀: 56-58 cm
22-32 kg

M 2 Jahre

M 3 Jahre

M 2 Jahre

Hintergrundinformationen

Durch die Kreuzung einiger anderer Rassen mit Labrador Retrievern und Neufundländern wurde dieser Hund in England vollendet. Er wurde 1869 erstmals auf einer Hundeschau ausgestellt und im frühen 20. Jahrhundert sehr beliebt.

Wichtige Merkmale

Der Flat Coated Retriever hat einen rechteckigen Körperbau, einen kurzen Rücken, eine tief gelagerte Brust, einen breiten, flachen Kopf, dunkelbraune oder haselnussfarbene Augen und kleine Schlappohren. Ein federähnliches Fell bedeckt die Brust, die Rückseite der Beine und den Bauch. Wenn das Fell schwarz ist, sollte die Nase ebenfalls schwarz sein, während ein Hund mit leberfarbenem Fell eine braune Nase haben sollte.

Dieser ausgezeichnete Jäger für Wasservögel ist gut gelaunt, edel, intelligent und sehr gelehrig. Er kommt gut mit Kindern aus und gibt einen guten Begleiter ab.

Pflege und Auslauf

Minimale Fellpflege reicht aus, Bürsten wird das Fell schön erhalten. Diese Rasse liebt es, zu apportieren und zu schwimmen und muss regelmäßig frei laufen zu können.

Welpen und Erziehung

Würfe bestehen aus 6-9 Welpen von der gleichen Farbe wie ihre Eltern. Wenn man früh mit der Erziehung beginnt, werden sie schnell gehorsam.

Deutscher Wachtelhund

Dieser deutsche Jagdhund ist die Kreuzung einiger klein- bis mittelgroßer, langhaariger Rassen miteinander. Wenn er auch klein ist, so gibt er doch einen ausgezeichneter Jäger ab, der über einen starken Willen und große Ausdauer verfügt und in jeder Umgebung gerne jagt.

M 6 Monate

Hintergrundinformationen

Der Deutsche Wachtelhund wurde im frühen 20. Jahrhundert vom deutschen Züchter Frederick Roberth geschaffen.

Wichtige Merkmale

Der deutsche Wachtelhund sieht dem Pointer ähnlich und hat eine große Nase, große, breite Schlappohren, eine kräftige, breite Schnauze mit einem Scherenbiss oder einem gleichmäßigen Biss, starke Zähne, dünne Lefzen und einen Schwanz, der entweder nach oben zeigt oder auf gleicher Höhe mit dem Rücken gehalten wird. Das Fell ist hart, dick, lang und leicht gewellt. Mögliche Farben sind schwarz mit loh oder grau, leuchtend rot, gelbrot mit hellen Abzeichen und weiß mit Rottönen. Die Schnauze ist kastanienfarben. Dieser Hund verfügt über hervorragende Jagdinstinkte, selbst in verschneitem, matschigen oder sumpfigen Gebiet. Da er über endlose Ausdauer verfügt, kann er jeden Tag Beute jagen. Der Deutsche Wachtelhund greift seine Beute auf unbezähmbare Weise an, ist seinem Herrn gegenüber aber gehorsam und anhänglich.

Pflege und Auslauf

Das Fell muss jede Woche gründlich gebürstet werden. Im Sommer duscht der Deutsche Wachtelhund gerne. Er muss genug Auslauf haben, wobei auch Schwimmen enthalten sein sollte.

Welpen und Erziehung

Würfe bestehen aus 4 bis 7 Welpen.

M 6 Monate

♂: 41-51 cm
22 kg

♀: 41-51 cm
20 kg

M 6 Monate

Deutsch Kurzhaar / Drahthaar

Dieser Vorstehhund, der ein Allround-Jagdhund ist, jagt alle Beute von Vögeln bis hin zu kleinen Tieren. Er ist ein ausgezeichneter Wachhund und eine energiegeladene Rasse, die beachtlich viel Auslauf braucht, aber durch ihre Widerstandsfähigkeit und das kurzes Fell pflegeleicht ist.

Hintergrundinformationen

Diese Rasse kommt in zwei Varianten vor: kurzhaarig und drahthaarig. Der Kurzhaar soll aus einer Kreuzung des Deutschen Wachtelhundes und des Spanischen Pointers gezüchtet worden sein. Er ist ein intelligenter Vorstehhund, der für alle Zwecke geeignet ist. Er ist ein ausgezeichneter Jäger und Apportierhund, der früher Fasane, Wachteln, Waschbären, Füchse und sogar Rotwild jagte. Der Deutsch Drahthaar soll etwa 1870 in Deutschland entwickelt worden sein und ist eine Kreuzung zwischen dem Deutsch Kurzhaar und zahlreichen anderen Rassen.

Wichtige Merkmale

Der Deutsch Kurzhaar hat eine tief gelagerten Brustkorb, Schultern, die leicht nach hinten abfallen, einen schlanken Kopf und breite Schlappohren, die auf einer Höhe mit den dunkelbraunen Augen sitzen. Außerdem hat er eine große, gut entwickelte Schnauze, eine dunkelbraune Nase und eng miteinander verbundene Zehen. Sein kurzes Fell ist rau und hart. Die Farbe kann leber, leber und weiß und schwarz-weiß sein.

Kurzhaar, M 6 Jahre

♂ : 58-64 cm
20-25 kg

♀ : 53-58 cm
18-22 kg

Drahthaar, F 1Jahr

Der Deutsch Drahthaar ist dem Kurzhaar ähnlich, außer dass er etwas länger als hoch ist und einen kurzen Rücken hat, der von den Schultern zum Hinterteil steil abfällt. Er hat zudem ein doppeltes Fell mit hartem, drahtigen Deckhaar und einem Unterfell, das im Winter dick und im Sommer dünn ist. Seine dicken Augenbrauen schützen seine Augen vor Gestrüpp; seine Barthaare und sein Bart sind ebenfalls dick. Das Fell ist leber oder leber mit weißen Abzeichen, außer am Kopf, wo es leber und weiß oder braun ist.

Obwohl er etwas aufbrausend ist, kann dieser Hund ein freundlicher Begleiter und ein ausgezeichneter Wachhund sein. Es handelt sich hierbei um eine aktive Rasse, die von allen Sporthunden am meisten bellt. Wenn sie nicht genug Auslauf hat, wird sie nur um so lauter.

Pflege und Auslauf

Der Deutsch Kurzhaar muss etwa zweimal wöchentlich mit einem Tuch abgerieben werden. Bei dem Deutsch Drahthaar reicht es aus, wenn er gebürstet wird, aber während des Fellwechsels muss er vorsichtig gekämmt werden. Sowohl der Kurzhaar als auch der Drahthaar brauchen viel Auslauf und sollten gründlich erzogen und unter Kontrolle gehalten werden, da sie Vieh gegenüber aggressiv sein könnten.

Welpen und Erziehung

Der Kurzhaar hat im Schnitt 8 Welpen pro Wurf. Sie kommen weiß zur Welt und erhalten später ihre Fellfarbe. Der Drahthaar hat Würfe mit 6-10 Welpen. Sie kommen leberfarben oder leber mit weiß zur Welt und erhalten innerhalb weniger Monate ihre endgültige Farbe. Beide Arten müssen schon früh erzogen werden, möglichst ab der sechsten Woche. Das Gehorsamstraining sollte nach 6 Monaten abgeschlossen sein.

Kurzhaar, M 3 Jahre

Drahthaar, F 1Jahr

Golden Retriever

Dieser beliebte Haushund hat ein weiches, glänzendes, goldenes Fell. Ursprünglich wurde er als Jagdhund verwendet und gehorcht den Anweisungen seines Herren. Außerdem arbeitet er als Führhund. Der freundliche, zärtliche Charakter macht den Charme dieser Rasse aus.

M 1,5 Jahre

Hintergrundinformationen

Im frühen 19. Jahrhundert war die Jagd ein beliebter Sport in England und Schottland. Dadurch entstand die Nachfrage nach einem Jagdhund, der sich an Land und im Wasser schnell bewegen konnte. Der Setter, der Wasserspaniel und der Curly-Coated Retriever wurden damals miteinander gekreuzt, um den Golden Retriever zu schaffen. Er ist ein ausgezeichneter Jagdhund und kann sich vieler Fähigkeiten rühmen, die er sowohl bei Apportierwettbewerben als auch beim Gehorsamstraining unter Beweis stellt. Die ersten drei Plätze wurden beim ersten 1977 vom amerikanischen Kennel Club ausgerichteten Wettbewerb im Gehorsamstraining von Golden Retrievern belegt.

Wichtige Merkmale

Der Golden Retriever hat einen starken, harmonisch gebauten Körper und einen kurzen, geraden Rücken, einen flachen, breiten Schädel, eine breite, lange Schnauze, die genauso lang ist wie der Kopf, sowie einen von Natur aus langen Schwanz. Das dicke, Wasser abweisende Fell ist weich, nicht allzu seidig, aber nicht rau, mit luftigem Fell an der Brust, an den Vorderbeinen, den Hüften, dem Bauch und der Unterseite des Schwanzes. Die Farbe des Fells ist schön, glänzend gold, wobei die lufti-

♂: 56-61 cm
29-34 kg

♀: 53-56 cm
25-29 kg

M 4 Jahre

gen Teile des Fells etwas heller sind als das Fell am übrigen Körper.

Der freundliche, anhängliche Hund mit dem sanften, intelligenten Gesichtsausdruck ist Kindern und anderen Tieren gegenüber gutmütig und seinem Herrn gegenüber freundlich und gehorsam. Der brave und äußerst intelligente Hund arbeitet oft als Rettungs- und Führhund.

Pflege und Auslauf

Das doppelte Fell sollte durch wöchentliches Bürsten und Baden sauber gehalten werden. Es muss gründlich getrocknet werden, weil sonst Hautkrankheiten die Folge sein könnten. Mindestens zwei Stunden Auslauf pro Tag ist notwendig, gelegentliches Schwimmen eingeschlossen.

Welpen und Erziehung

In einem Wurf sind 6-10 Welpen. Neugeborene sind hellgolden und erhalten ihre endgültige Farbe innerhalb von 10-14 Monaten. Die Farbe des Fells kann auch zwischen dem 14. Monat und dem 5. Jahr noch dunkler werden. Die Welpen lernen schnell, wenn man 8 Wochen nach der Geburt mit dem Training beginnt.

Gordon Setter

Diese große Rasse wurde vom Duke of Gordon in Schottland im späten 18. Jahrhundert geschaffen und ist die größte aus der Setterfamilie. Sie hat ein schönes, glänzendes Fell und einen stämmigen, harmonischen Körperbau. Obwohl sie ursprünglich ein ausgezeichneter Jagdhund war, gibt diese Rasse wegen ihres guten Charakters auch einen guten Haushund und Begleiter ab.

Hintergrundinformationen

Wegen ihrer Schönheit und ihrer Fähigkeiten erlangte diese Rasse nach dem 19. Jahrhundert nach und nach große Beliebtheit, nachdem der amerikanische Politiker Daniel Webster sie erstmals nach Amerika importiert hatte. Seitdem wurde sie jährlich verändert, um ihre Jagdfähigkeiten zu verbessern.

♂: 58-66 cm
25-36 kg

♀: 56-64 cm
20-32 kg

F 6 Jahre

M 2,5 Jahre

Pflege und Auslauf

Eine sorgfältige Pflege ist notwendig, damit das Fell schön und edel bleibt. Wenn dieser Hund nicht genug Auslauf hat, wird er nervös und der Umgang mit ihm schwierig. Das Gehorsamstraining muss sorgfältig durch geführt werden. Besonders wenn man in der Stadt wohnt, sollte man mit dem Hund mindestens 1,5 km pro Tag laufen.

Welpen und Erziehung

Die Würfe bestehen im Schnitt aus acht sehr gesunden und kräftigen Welpen. Sie sind pflegeleicht und gewöhnen sich schnell an eine neue Umgebung und Menschen.

F 2 Jahre

Wichtige Merkmale

Der Gordon Setter hat einen harmonischen, gut gebauten Körper, einen starken, kurzen Rücken, einen schön geformten, markanten Kopf, dunkelbraune Augen und einen relativ kurzen Schwanz. Die Farbe ist schwarz oder kastanie mit rötlichen Abzeichen oberhalb der Augen und an der Schnauze, dem Hals, der Brust, den Zehen und an den Innenseiten der Hinterbeine und der Unterseite des Schwanzes. Das Schwarze sollte nicht mit derartigen Abzeichen durchsetzt sein, aber weiße Abzeichen auf der Brust und schwarze Striche an den Zehen sind erlaubt.

Der anhängliche, gut gelaunte, neugierige, bewegliche, aktive, furchtlose und mutige Gordon Setter geht mit Kindern sehr freundlich um, versteht seinen Herren gut und gehorcht. Er ist jedoch auch misstrauisch und daher wachsam gegenüber Fremden. Manchmal ist er auch aggressiv gegenüber anderen Hunden und immer ein guter Jagdhund.

M 3 Jahre

Irish Setter

Der älteste der Setter geht zurück auf das fünfzehnte Jahrhundert und hat als Jagdhund, als Haustier und als Wachhund gedient. Diese Rasse ist freundlich und amüsant und hat ein ausdrucksstarkes Gesicht. Sein edles, welliges, rotes Fell verleiht dem Irish Setter ein aristokratisches Aussehen.

Hintergrundinformationen

Der Irish Setter wurde als Vogeljäger entwickelt und gut angenommen, weil er die Beute anzeigt, indem er sich hinlegt. Die Rasse scheint eine Kreuzung zwischen Spaniel, Settern und Pointern zu sein. Sein Fell war bis zum 19. Jahrhundert rot-weiß als ein kastanienrotes Fell entwickelt wurde. Heute ist rot die einzige in den amerikanischen Standards anerkannte Farbe.

M 4 Jahre

Wichtige Eigenschaften

Der rassige, edle und gut gebaute Irish Setter hat einen geraden Rücken, der zum Schwanz hin leicht abfällt, stämmige, muskulöse Lenden, Schultern, die leicht nach unten hin abfallen und einen schlanken Kopf, sowie mäßig große Schlappohren, die direkt hinter den Wangen herabhängen und oben eine gerade Falte werfen. Die braunen Mandelaugen stehen weit auseinander, die lange Schnauze hat eine eckige Spitze und einen langen, geraden Nasenrücken. Die Nasenlöcher sind groß und die Vorderbeine stark, gerade und gut entwickelt, während die Hinterbeine leicht geschwungen sind. Der Irish Setter hat außerdem feste, gewölbte Pfoten, raue, Ballen, lange, muskulöse Oberschenkel und lange Unterschenkel. Dunkle Krallen werden vorgezogen. Das mittellange Fell ist weich und glatt, nicht wellig oder lockig am Kopf und an den Füßen, aber lang und seidig an den Ohren und an den Rückseiten der Vorderbeine, den Hinterbeinen, dem Bauch, der Brust und dem Schwanz. Die Farbe kann mahgonirot und dun-

♂: 64 cm
25 kg

♀: 58 cm
23 kg

M 7 Jahre

kelkastanienbraun sein, ohne jede Spur von Schwarz. Kleine Abzeichen auf der Brust, am Hals und an den Füßen sind erlaubt.

Der zu Menschen freundliche Hund ist ein gutes Haustier, Jagdhund und Wachhund. Ein nervöser Charakter ist ein Mangel, der meistens durch mangelnden Auslauf und fehlende Erziehung verursacht wird.

Pflege und Auslauf

Tägliche Pflege ist notwendig, um das Fell und die gesamte Erscheinung schön zu erhalten. Obwohl der Irish Setter in der Stadt gehalten werden kann, muss er regelmäßig ausgedehnt ausgeführt werden. Er neigt dazu, davonzustürmen, aber wenn er gut erzogen ist, kann er auch ohne Leine laufen.

Welpen und Erziehung

Pro Wurf kommen im Schnitt acht helle Welpen zur Welt. Die endgültige Farbe entwickelt sich, während sie wachsen. So lange die Welpen klein sind, sollten nicht zu viele Übungen mit ihnen gemacht werden. Ständiger Kontakt wird sie an Menschen gewöhnen.

M 4 Jahre

M, F 2 Monate

Rot-weißer Irish Setter

Diese Rasse mit dem weißen Fell und schönen roten Flecken ähnelt dem Irish Setter vom Aussehen und den Fähigkeiten. Obwohl er klein ist, ist er ein flinker und idealer Jagdhund. Sein liebenswerter, netter Charakter macht aus diesem Hund einen guten Haushund und Begleiter.

Hintergrundinformationen

Diese Rasse ist seit dem 18. Jahrhundert bekannt, aber wurde erst 1987 in England bei der Craft Exhibition ausgestellt.

M 3 Jahre

♂: 58-64 cm
23-30 kg

♀: 53-58 cm
20-28 kg

F 3 Jahre

Wichtige Merkmale

Der schwer gebaute, rot-weiße Irish Setter hat einen muskulösen Körper, eine tiefe Brust, einen festen Rücken und Lenden, einen breiten, gewölbten Kopf mit einem klar erkennbaren Stirnansatz und leicht hervorstehenden, runden, dunklen Augen und Schlappohren auf gleicher Höhe mit den Augen, sowie eine eckige, markante Schnauze mit Scherenbiss und einen gewölbten und mäßig muskulösen, starken Kiefer. Der spitz zulaufende Schwanz ist an der Spitze dick, mit vielen Haaren besetzt und wird entweder auf Rückenhöhe oder hängend getragen. Das buschige Fell ist lang und glänzend, wobei leichtes Wellen erlaubt ist. Die Färbung des Fells besteht aus deutlich erkennbaren Flecken auf weißem Grund, wobei die roten Flecken unterschiedlich groß sind.

Im Vergleich zum Irish Setter hat der rot-weiße kleinere und höher sitzende Ohren, einen kleineren und breiteren Körper und ein kürzeres, weniger dichtes Fell. Der treue und ausgezeichnet arbeitende rot-weiße Irish Setter ist liebevoll und zu Kindern besonders nett. Er ist außerdem einen guten Jagdhund.

Pflege und Auslauf

Das Fell muss 1-2mal im Monat gebürstet werden. Der kleine, aber energische Hund muss täglich ausgeführt werden.

Welpen und Erziehung

Die drei bis fünf Welpen pro Wurf sind kräftig und leicht aufzuziehen.

M 2 Jahre

Irish Water Spaniel

Der Irish Water Spaniel ist der größte aus der Spanielfamilie und eine sehr alte Rasse. Mit seinen Locken und dem Mausschwanz sieht er einzigartig aus. Er schwimmt sehr gerne.

M 3 Jahre

Hintergrundinformationen

Der Irish Water Spaniel soll schon seit 6.000 Jahren existieren, obwohl sein Ursprung unbekannt ist. Ein ähnlicher Hund wurde bei Ausgrabungen römischer Ruinen gefunden. Wahrscheinlich hat diese Rasse einmal in Irland als Apportierhund für Wasservögel gearbeitet. Sie wurde in England 1859 offiziell anerkannt und tauchte 1877 erstmals auf einer amerikanischen Hundeschau auf.

Wichtige Merkmale

Der Irish Water Spaniel hat einen rundlichen Körper, ein markantes Gesicht, lange, tief sitzende Ohren, einen langen, unscheinbaren Schwanz, dunkelhaselnussbraune Augen und eine leberfarbene Nase. Das dicke, lockige Fell ist hart, rau und auf jeden Fall leberfarben.

M 9 Jahre

♂: 53-58-cm
25-26 kg

♀: 51-56 cm
20-26 kg

M 3 Jahre (links), M 2 Jahre (rechts)

Der ruhige, freundliche Hund ist bei guter Erziehung ein treuer Haushund. Die lange Jagdgeschichte dieser Rasse hat aus ihm einen sehr unabhängigen Hund gemacht, der viel Freiheit braucht.

Pflege und Auslauf

Dieser Hund benötigt sorgfältige Fellpflege. Um die Locken in Ordnung zu halten, ist mindestens 1 Stunde Kämmen notwendig. Dieser aktive Hund ist kein Stadthund. Er sollte so oft wie möglich schwimmen dürfen.

Welpen und Erziehung

Die 4-12 Welpen pro Wurf sollten schon früh mit Menschen zusammenleben, um sich an sie zu gewöhnen.

Spinone

Der Spinone ist eine alte italienische und französische Rasse, der ein guter Wachhund mit einem stabilen Knochenbau und kräftigen Muskeln ist. Er ist bei jedem Wetter und in unwegsamem Gelände ein fähiger und williger Arbeiter.

F 5 Jahre

Hintergrundinformationen

Der Spinone wurde von italienischen Jägern lange für seine hervorragende Fähigkeit, in Wäldern und Sümpfen zu jagen gelobt. Man sagt, dass diese Rasse vom französischen Griffon abstammt, obwohl auch das Blut des Deutschen Vorstehhundes in seinen Adern fließen könnte. Es lässt sich auch eine Kreuzung zwischen einem Pointer und einem Fuchshund vermuten.

Wichtige Merkmale

Der mittelgroße italienische Spinone hat einen rechteckigen Knochenbau, so dass Höhe und Länge ungefähr gleich sind. Andere Merkmale sind sein länglicher Kopf mit einem breiten Schädel, einem leicht gebogenen, langen Nasenrücken und einer leicht eckigen Schnauze, kräftige Kiefern mit Scherenbiss, runde, große Augen sowie dreieckige Ohren, die die Wangen berühren und ein Schwanz, der auf gleicher Höhe mit dem Rumpf oder etwas niedriger getragen wird. Das lange, harte Fell ist dick und liegt flach am Körper an. Die Färbung kann weiß, weiß mit leber oder schokolade und weiß mit orange sein. Schwarz ist nicht erlaubt.

Diese Rasse ist freundlich, liebevoll, gesellig, geduldig und hat eine intelligente Ausstrahlung

Pflege und Auslauf

Dieser Hund sollte jede Woche gründlich gebürstet werden.

M 1 Jahr

Um das Maul herum muss er gekämmt werden. Der sehr ausdauernde Spinone braucht viel Auslauf, wobei gelegentliches schnelles Laufen enthalten sein sollte.

Welpen und Erziehung

Die 5 bis 10 Welpen pro Wurf kommen ohne Komplikationen zur Welt. Sie sind recht kräftig und leicht aufzuziehen.

F 2 Jahre

♂: 58-69 cm
32-37 kg

♀: 58-64 cm
28-32 kg

Kooikerhondje

Dieser in den Niederlanden beheimatete Hund diente lange als fähiger Assistent von Entenjägern. Der bezaubernde Hund, der schon in alten Gemälden dargestellt wurde, ist nun ein beliebter Begleiter.

M 3 Jahre

F 7 Jahre

♂: 35-41 cm
9-11 kg

♀: 35-41 cm
9-11 kg

M 3 Jahre

Hintergrundinformationen

Der Kooikerhondje ist nach einer niederländischen Technik des Entenjagens benannt, die dort über Jahrhunderte hinweg angewendet wurde. Bei dieser Methode musste der Kooikerhondje zum Kanal gehen, wo Wildenten sich niedergelassen hatten und diese dann in ein Netz am anderen Ende des Kanals jagen. Diese Methode wird heute jedoch nur noch für wissenschaftliche Zwecke verwendet.

Wichtige Merkmale

Dieser Hund, der einem kleinen Setter oder Spaniel ähnlich sieht, hat einen kleinen Kopf, eine schmale Schnauze und Hängeohren, die hoch und weit vorne sitzen. Leicht gewelltes, langes Fell bedeckt den ganzen Körper und der Schwanz ist mit vielen Haaren besetzt. Die Farbe des Fells ist rot und weiß. Dieser gut gelaunte, intelligente, vorsichtige und freundliche Hund ist gehorsam und treu und liebt es, mit seinem Herren zusammen zu sein und für diesen zu arbeiten.

Pflege und Auslauf

Trotz seiner Länge ist das Fell leicht zu pflegen. Die langen Haare sollten einmal pro Woche gekämmt und die kurzen gebürstet werden. Ein Spaziergang am Tag reicht aus.

Welpen und Erziehung

Die drei bis sechs Welpen, die pro Wurf zur Welt kommen, werden ohne Komplikationen geboren, sind kräftig und leicht aufzuziehen.

Labrador Retriever

Der Labrador stammt aus Neufundland, wo er Fischern half. Im frühen 19. Jahrhundert wurde er nach England importiert. Er diente zuerst während des Krieges als Minensuchhund, dann als Führ- und Polizeihund. Sein starker Körper und sein freundlicher, intelligenter Charakter haben ihm große Beliebtheit eingebracht.

M 6 Monate

M 4 Jahre

Hintergrundinformationen

Der Labrador wurde erstmals mit einem Schiff nach England gebracht, das gesalzenen Kabeljau geladen hatte. Auf Neufundland bestand seine Arbeit darin, Fische einzusammeln, die aus den Fischernetzen herausgefallen waren und er war auch ein ausgezeichneter Apportierhund von Wasservögeln. Dieser Hund hat sich zudem als sehr guter Militärhund erwiesen, da er mit seinem gut ausgebildeten Geruchssinn auch tief vergrabene Minen finden kann.

Wichtige Merkmale

Das Labrador Retriever sieht unerschrocken aus. Er hat einen kurzen, breiten, kräftig gebauten Körper, eine breite Brust, einen kurzen, geraden Rücken und muskulöse Hinterbeine. Außerdem hat er lang gezogene Schultern, die langsam nach unten abfallen, einen festen Bauch, einen breiten Schädel mit einem angedeuteten Stirnansatz, recht kleine Schlappohren, die am Kopf ziemlich breit sind, weit hinten sitzen und die Wangen berühren. Der Kie-

fer ist kräftig und die Augen normalerweise braun, können aber auch haselnussfarben, gelb oder schwarz sein. Der Schwanzansatz ist rund, dick und verengt sich zur Spitze hin.

Die Vorderbeine sind gerade und gut gebaut, die Hinterbeine kräftig. Das dicke, kurze, nicht gewellte Fell ist schwarz, gelb oder schokoladenfarben. Kleine weiße Sterne auf der Brust sind erlaubt.

Die gut gelaunte, treue und hart arbeitende Rasse ist geduldiger als der Golden Retriever. Er ist als Ausstellungshund beliebt, aber auch standfest, ruhig und ein ausgezeichneter Wachhund, Jagdhund und Haustier. Diese Rasse geht an jede gestellte Aufgabe mit Begeisterung heran. Obwohl dieser Hund recht rundlich, anpassungsfähig und fähig ist, lange Anstrengungen auszuhalten, sollte er nicht eingesperrt werden. Er ist ein guter Gefährte für Kinder und andere Hunde und er liebt Arbeit und Gesellschaft. Er ist niemals aggressiv, aber je mehr Auslauf er hat und je mehr er mit Menschen zusammen ist, desto freundlicher wird er. Häufige Ausflüge helfen dabei, den Labrador zu sozialisieren.

Pflege und Auslauf

Ein minimaler Aufwand an Fellpflege hält das Fell glänzend. Diese Rasse braucht täglichen Kontakt und regelmäßigen, ausgiebigen Auslauf. Da er gerne schwimmt, sollte man ihm dies auch ermöglichen.

Welpen und Erziehung

Die 7-8 Welpen pro Wurf werden schon mit ihrer endgültigen Farbe geboren und sind leicht aufzuziehen.

♂: 56-61 cm
27-34 kg

♀: 53-58 cm
25-32 kg

F 2 Jahre

Großer Münsterländer

Dieser Hund ist ein sehr guter, geduldiger Jagdhelfer und arbeitet gerne in Wäldern, auf Feldern oder sogar im Wasser und bei jedem Wetter, inklusive Regen und Schnee. Er ist ein mutiger Apportierhund, Wachhund, sowie ein guter Hütehund für Viehherden.

M 4 Jahre

Hintergrundinformationen

Diese Rasse ist eine Kreuzung zwischen Spaniel und Deutsch Langhaar. Sie wurde erstmals im frühen 19. Jahrhundert in Münster gezüchtet.

Wichtige Merkmale

Der unermüdliche und robuste Münsterländer hat einen schmalen Kopf, eine markante Schnauze und dunkle Augen, die von den Lidern leicht bedeckt sind, sowie einen Schwanz, der mit dem Rumpf auf gleicher Höhe getragen wird. Das lange Fell ist weiß und völlig mit schwarzen Flecken oder Sternen bedeckt. Ein ganz schwarzes Fell ist nicht wünschenswert. Die normale Erscheinung des Großen Münsterländers ähnelt der des Deutsch Langhaar. Dieser Hund ist mutig, furchtlos, gut gelaunt, intelligent und äußerst gehorsam.

Pflege und Auslauf

Das Fell muss zweimal pro Woche gebürstet und die langen Haare müssen gekämmt werden. Täglicher Auslauf an der Leine ist notwendig und es ist wünschenswert, dass der Hund gelegentlich auch frei laufen kann.

F 10 Monate

♂: 58-63 cm
22 kg

♀: 58-61 cm
20 kg

M 4 Jahre

Welpen und Erziehung

Die Mutter kümmert sich liebevoll um die vier bis acht Welpen pro Wurf und macht es so leichter, sie aufzuziehen.

Nova Scotia Duck Tolling Retriever

Der kleinste der Retriever ist stark und zuverlässig und springt selbst in eiskaltes Wasser. Er ist ein guter Jäger und gehorsamer Begleiter.

F 1 Jahr

♂: 51 cm
23 kg

♀: 51 cm
23 kg

F 1 Jahr

Pflege und Auslauf

Dieser Hund muss nur gelegentlich gebürstet werden, außer wenn gerade der Fellwechsel stattfindet. Täglicher Auslauf an der Leine und gelegentlicher Freilauf sind erforderlich.

Welpen und Erziehung

Die 4 bis 6 Welpen pro Wurf sind sorglos, gehorsam und leicht aufzuziehen.

Hintergrundinformationen

Diese Rasse ist in Neuschottland in Kanada zuhause, wo sie durch Kreuzung des dort beheimateten Indianerhundes mit dem Cocker Spaniel, dem Setter und dem Collie gezüchtet wurde. In Kanada gibt es noch heute einen Wettbewerb für Nova Scotia Duck Tolling Retriever.

Wichtige Merkmale

Der kleinste Hund aus der Retrieverfamilie hat einen flachen Schädel, hoch sitzende, v-förmige Ohren, die nach vorne geklappt sind und einen Scherenbiss. Das weiche Fell ist am Bauch mittellang und am Schwanz lang. Die Farbe des Fells ist rot, wobei weiß auf der Brust und um die Nase herum erlaubt ist. Die Augen und die Nase haben eine helle Farbe. Dieser äußerst gut gelaunte Hund lässt sich leicht erziehen und ist ein beliebter Haushund.

M 1 Jahr

Pont Audemer Spaniel

Diese kleine Rasse aus Südfrankreich übertrifft alle anderen Spaniel, wenn es darum geht, in Sümpfen zu jagen. Dieser Allroundjäger, der auf dem Feld, im Gebirge und in den Ebenen arbeitet, ist heutzutage beliebter als Haushund.

Hintergrundinformationen

Er stammt aus Pont Audemer, Frankreich, und ist eine Kreuzung zwischen dem französischen Spaniel und dem Irish Water Spaniel. Der ausgezeichnete Apportierhund verbindet Schnelligkeit und Ausdauer. Hundeliebhaber werden vor allem vom freundlichen Gesichtsausdruck dieses Hundes angezogen, aber außerhalb Frankreichs ist er noch weithin unbekannt.

Wichtige Merkmale

Der kompakte, energiegeladene Hund hat einen runden Schädel, kleine, dunkel bernsteinfarbene Augen, eine spitze, braune Nase und stark behaarte Schlappohren. Außerdem wedelt er immer freudig mit dem Schwanz. Das üppige Fell bildet eine lange, glänzende Mähne um den Hals.

M 3 Jahre

F 5 Jahre

♂: 51-58 cm
18-24 kg

♀: 51-56 cm
17-23 kg

M 3 Jahre

M 8 Jahre

Seine Farbe ist ein gräuliches Kastanienbraun, das im Licht hell schimmert. Dieser Hund ist auf der Jagd unternehmungslustig und zuhause ruhig.

Pflege und Auslauf

Das lockige Fell muss häufig gebürstet werden, zudem liebt dieser Hund Spaziergänge. Er braucht diesen Auslauf täglich und er sollte gelegentlich schwimmen dürfen.

Welpen und Erziehung

In jedem Wurf sind vier bis acht Welpen, um die die Mutter sich gut kümmert. Die Welpen gewöhnen sich schnell an Menschen.

Portugiesischer Wasserhund

Obwohl dieser ausgezeichnete Schwimmer mit den eng verwachsenen Fußballen sehr beweglich ist und schnell auf seine Umgebung reagiert, bleibt er ruhig, was ihn sowohl zu einem beliebten Haushund als auch zu einem Arbeitshund macht.

M 4 Jahre

Hintergrundinformationen

Man glaubt, dass diese Rasse von der Algarveküste kommt, wo er mehr als ein Jahrhundert lang mit Fischern arbeitete, indem er Fische apportierte, die aus den Netzen entkommen waren.

Wichtige Merkmale

Der starke, schöne gebaute Portugiesische Wasserhund hat einen breiten Kopf, eine schmale Schnauze und schwarze oder braune Augen. Zur Erleichterung beim Schwimmen sollte das Fell entweder löwenartig geschoren sein (das Gesicht wird ganz geschoren, der Körper von der letzten Rippe an, wobei am Vorderteil eine Mähne stehen gelassen wird) oder wie für einen arbeitenden Retriever (überall außer am Kopf und an den Gliedmaßen geschoren), wobei das lange Haar am Schwanz in jedem Fall stehen gelassen wird. Die Färbung kann schwarz, braun und grauweiß sein.

Pflege und Auslauf

Die Ohren müssen wöchentlich gereinigt werden, insbesondere wenn der Hund geschwommen ist, um Krankheiten zu verhindern. Der Auslauf sollte aus Freilauf auf großem Gelände und Schwimmen bestehen.

M 4 Jahre

Welpen und Erziehung

Die vier bis acht Welpen pro Wurf kommen ohne Komplikationen zur Welt.

M 4 Jahre

♂: 51-58 cm
19- 27 kg

♀: 43-53 cm
16-23 kg

Sussex Spaniel

Der Sussex Spaniel hat bezaubernde, große Augen und lange Augenbrauen. Außerdem ist er gut gelaunt und nett zu Menschen. Die Beine sind kurz und das buschige Fell ist pflegeleicht. Dieser Spaniel ist nicht nur ein ausgezeichneter Jagdhund, sondern auch ein gutes Haustier für Kinder.

F 4 Jahre

♂: 41 cm
18-20 kg

♀: 38 cm
16-19 kg

Pflege und Auslauf

Es reicht aus, wenn man diesen Hund 2x pro Woche 10 Minuten bürstet. Er liebt Bewegung an der frischen Luft und sollte die Möglichkeit dazu haben.

Welpen und Erziehung

Die 5-6 Welpen kommen braun zur Welt und bekommen ihre endgültige Farbe später. Die Welpen haben bis zum 6. Monat eine schwache Konstitution und bei Hündinnen liegt die Sterberate recht hoch. Obwohl diese Rasse nicht allzu schnell lernt, ist sie resolut und kann zu einem prima Wachhund gedeihen.

Hintergrundinformationen

Diese alte englische Rasse wurde erstmals vom Kennel Club anerkannt. Sein Fell hat kennzeichnende Gold- und Lebertöne. Der als Jagd- und Haushund entwickelte Hund ist in den Vereinigten Staaten noch immer nicht allzu weit verbreitet.

Wichtige Merkmale

Der kleine Spaniel hat einen langen, muskulösen, kräftigen Körper, einen gut ausgebildeten, breiten Brustkorb, einen stämmigen Rücken und einen langen, breiten Kopf mit klar erkennbarem Stirnansatz. Außerdem hat er lange Augenbrauen über großen, haselnussfarbenen Augen, eine herabhängende Schnauze und einen tief angesetzten Schwanz. Das dunkle, gold-leberfarbene Fell ist glatt und etwas fettig am Bauch und länger an Ohren, Beinen, dem Hinterteil und dem Schwanz.

Im Gegensatz zu anderen Spaniels ist diese Rasse ruhig, aber stur. Gleichzeitig ist sie freundlich und gibt insbesondere für Kinder ein gutes Haustier ab. Obwohl er als freundlicher Begleiter bekannt ist, wird er nicht oft gezüchtet und nur schwer zu bekommen.

F 4 Jahre

F 4 Jahre

Viszla

Der elegant gebaute Viszla jagte in Ungarn Hasen und Wasservögel und wurde nach dem zweiten Weltkrieg bekannt. Obwohl er etwas schreckhaft aussieht, ist er freundlich und liebevoll.

Hintergrundinformationen

Eine aus dem 10. Jahrhundert stammende Lithografie deutet an, dass diese Rasse einst bei den Magyaren in Ungarn lebte. In dieser ländlichen Gegend diente der Viszla zusammen mit anderen Pointern als Jagdhund. Der mit einem kräftig gebauten Körper und einem guten Geruchssinn ausgestattete Hund fing Wachteln und Hasen, die sich in großen Büschen versteckt hielten. Während der beiden Weltkriege hat sich die Zahl der Viszlas drastisch verringert. Während der russischen Besatzung in Ungarn 1945 wurden die meisten Viszlas von Flüchtlingen mit aus dem Land genommen, wodurch dieser Hund in seiner Heimat fast ausgelöscht wurde. Viszlas wurden in Italien, Österreich und Deutschland gezüchtet und 1960 vom amerikanischen Kennel Club anerkannt.

Wichtige Merkmale

Der Viszla hat einen stämmigen, breiten Körper wie der Pointer. Außerdem hat er eine tief gelagerte Brust, eine von den Lenden bis zum Schwanzansatz abgerundete Körperlinie, einen schlanken, muskulösen Kopf und einen breiten Schädel. Die tief angesetzten Ohren hängen dicht an den Wangen herunter und sind unten abgerundet. Die mittelgroßen, tief sitzenden Augen sind um die Augäpfel herum weiß, wobei die Farbe der Iris mit der des Fells harmoniert. Dieser Hund hat außerdem eine eckige, braune Nase und eine rechteckige, spitz zulaufende Schnauze. Das kurze, glatte Fell, das flach am Körper liegt, ist an den Ohren dünn und seidig. Die Fellfarbe ist ein rostbraunes

F 1 Jahr

F 1 Jahr

♂: 56-64 cm
20-30 kg

♀: 53-58 cm
20-30 kg

Gold, wobei kleine weiße Abzeichen auf der Brust akzeptabel sind. Dies ist ein Hund, der am besten zum Leben auf dem Land geeignet ist. Er kann sich an ein Leben in der Stadt nicht gewöhnen und wenn er dort oft alleine gelassen wird, macht die Umgebung ihn krank. Der ausgezeichnete Jagdhund gibt bei guter Erziehung ein gutes Haustier ab, da er ruhig und liebevoll ist.

Pflege und Auslauf

Das Fell muss mehrmals die Woche gebürstet werden. Der Viszla - von Natur aus ein Jäger - braucht ein beachtliches Maß an Auslauf. Wenn man ihn drinnen einsperrt, neigt er dazu, zerstörerisch und gewalttätig zu werden, weshalb er jeden Tag einen ausgiebigen Spaziergang machen muss.

Welpen und Erziehung

Die 6 bis 8 Welpen pro Wurf kommen schon mit ihrer endgültigen Farbe zur Welt. Eine Grundausbildung sollte erfolgen, sobald die Welpen 2 Monate alt sind, die allgemeine Ausbildung mit 6 Monaten. Obwohl sie äußerst intelligent sind, fällt es manchen schwer, sich zum Haushund erziehen zu lassen. Zeitiger Kontakt zu Menschen verhindert, dass die Welpen scheu werden.

M 2 Jahre

Weimaraner

Diese Rasse beeindruckt durch ihre schöne Graufärbung und wurde von den Aristokraten in Weimar lange Zeit geschätzt. Der flinke Hund, der zur Jagd auf große Tiere gezüchtet wurde, muss sorgfältig ausgebildet werden.

Hintergrundinformationen

Dieser edle deutsche Hund, der vermutlich aus dem Bluthund gezüchtet wurde, hat eine eintausend Jahre alte Geschichte und ist mit dem Deutsch Kurzhaar verwandt. Obwohl seine Herkunft ungewiss bleibt, zeigt ein Gemälde von Van Dyck aus dem 17. Jahrhundert einen Hund mit einer hellen Farbe, der dem Weimaraner ähnlich sieht. Im 19. Jahrhundert wurde er vom deutschen Adel sehr geschätzt. Der Weimaraner hat einen ausgezeichneten Geruchssinn und ist freundlich, mutig und schnell. Er jagt sowohl kleine als auch große Tiere, was ihn in Deutschland beliebt gemacht hat.

Die Zuchtlinie wurde streng kontrolliert und die Rasse wurde nach den Vorschriften des Weimaraner Clubs gezüchtet. 1929 wurden erstmals zwei Weimaraner von Howard Knight, einem amerikanischen Mitglied des Clubs, exportiert. Der amerikanische Kennel Club erkannte die Rasse 1943 an.

M 2 Jahre

M 2 Jahre

Wichtige Merkmale

Der Weimaraner hat einen geraden Rücken, einen gut ausgebildeten Brustkorb, stämmige Beine, eine sauber geformten, eckigen Kopf und hoch sitzende Schlappohren. Die Augen haben eine helle Bernsteinfarbe oder sind blaugrau. Außerdem hat der Weimaraner eine graue Nase. Das kurze, glatte, glänzende Fell kann grau bis silber sein, blau und schwarz werden disqualifiziert.

Der edle und nette, aber bestimmte Hund sieht aristokratisch aus. Der behände, harmonische, ausgeglichene Jäger mit guter Ausdauer ist freundlich, treu und gehorsam gegenüber seinem Herrn.

Pflege und Auslauf

Gelegentliches Bürsten hält das Fell glänzend. Ausgiebiger Auslauf ist notwendig und sowohl ausreichend Platz als auch gute Organisation des Trainingsprogramms sind wichtig. Dies ist kein Hund für die Stadt.

Welpen und Erziehung

Die fünf bis sieben Welpen pro Wurf sollten schon mit sieben Woche anfangen, mit Menschen zu spielen. Die Erziehung sollte im Alter von fünf bis acht Monaten beginnen. Ein gut ausgebildeter Weimaraner gibt einen guten Wachhund ab. Ein Mangel an Erziehung und Auslauf macht ihn aggressiv und schwierig. Eine professionelle Ausbildung in Verbindung mit normaler häuslicher Erziehung ist ideal.

M 5 Jahre

♂: 61-69 cm
26-35 kg

♀: 56-64 cm
25-32 kg

M 5 Jahre

Welsh Springer Spaniel

Der Vorfahr dieses Hundes ist der rot-weiße Spaniel, der in alten Gemälden und Drucken oft dargestellt wird. Nachdem er lange Zeit als Jagdhund gearbeitet hat, wird er nun als Haushund beliebt, weil er einen guten Charakter hat und anpassungsfähig ist.

Hintergrundinformationen

Es wird behauptet, dass der Welsh Springer Spaniel seit mehr als vierhundert Jahren in Wales gezüchtet wurde. Alte walisische Gemälde zeigen, dass es den rot-weißen Spaniel schon mehr als tausend Jahre gibt, aber manche Leute sagen, dass der Welsh Springer wegen seines Aussehens und der Form seiner Ohren eine Kreuzung zwischen dem Clumber Spaniel und einigen einheimischen Welsh Spaniels sei. Da er sich an alle klimatischen Verhältnisse anpassen kann, wurde der Welsh Springer Spaniel in viele verschiedene Länder, unter anderem auch Indien und Thailand, exportiert. Er wurde als Welsh Cocker bezeichnet, als er im späten 19. Jahrhundert auf einer Ausstellung vorgestellt wurde und hat seinen derzeitigen Namen 1902 erhalten. Heute ist der Welsh Springer sowohl als Jagdhund als auch als Haustier beliebt.

Wichtige Merkmale

Der kompakte und ausgeglichene Welsh Springer Spaniel ist kürzer und kleiner als der English Springer. Er hat einen kräftigen Körper, lange Beine, eine kurzen, gerade Rücken, eine gewölbten Kopf in passender Länge mit einem klar erkennbaren Stirnansatz. Seine Schnauze ist eckig und relativ kleine Ohren hängen dicht an den Wangen herunter. Außerdem hat er haselnussbraune Augen, einen langen, muskulösen Kiefer, mäßig behaarte Vorderbeine, die mittellang sind und kräftige, muskulöse Hinterbeine. Sein kurzes, dichtes Fell sollte weich und seidig sein, wobei die Ohren, die Brust, der Bauch und die Beine dicht behaart sein sollten. Die Färbung sollte nur tiefrot und weiß sein.

Der sehr intelligente, ruhige, mutige und flinke Hund ist Kindern und anderen Tieren gegenüber gutmütig, weil er eine vergnügte, nette, freundliche und gehorsame Natur hat. Der mit einem hervorragenden Geruchssinn ausgestattete Hund kann sowohl im Wasser

M 1,5 Jahre

M 1,5 Jahre

M 1,5 Jahre

als auch an Land jagen. Der starke Jagdhund gibt auch einen guten Wachhund und ein gutes Haustier ab.

Pflege und Auslauf

Das Fell wird schön, wenn es zweimal pro Woche gebürstet wird. Gelegentliches professionelles Trimmen ist wünschenswert. Der Welsh Springer Spaniel ist eine aktive Rasse, die viel Bewegung an der frischen Luft braucht, damit sie ruhig und zufrieden bleibt.

Welpen und Erziehung

Die sechs bis zehn Welpen pro Wurf sind nach neun Monaten ausgewachsen. Man sollte sie von klein auf möglichst eng mit Menschen zusammenhalten. Mit Gehorsamstraining kann man mit sechs Monaten anfangen.

♂: 48 cm
17 kg

♀: 48 cm
17 kg

Wetterhoun

Diese Rasse ist in Holland mehr als 1600 Jahre lang für die Otterjagd verwendet worden. Sie arbeitet im Wasser ausgezeichnet und hat große Ausdauer.

F 1 Jahr

Hintergrundinformationen

Seit mehreren Jahrhunderten wird der Wetterhoun von den Friesen als Jagdhund gezüchtet. Sein Vorfahr ist natürlich der Europäische Wasserhund, aber das Zusammenrollen des Schwanzes über dem Rücken zeigt, dass er auch mit skandinavischen Hunden verwandt sein könnte.

Wichtige Merkmale

Der mittelgroße Wetterhoun hat einen eckigen Kopf, der zur Nase hin schmal aber nicht spitz wird. Er hat außerdem feste Lefzen, kräftige Zähne mit Scherenbiss, mittelgroße, braune Augen und spatelförmige Ohren, sowie einen geringelten Schwanz. Ein dickes, gelocktes Fell bedeckt den ganzen Körper außer den Kopf, der glatt ist. Die fettige Haut ist Wasser abweisend. Mögliche Fellfarben sind schwarz, leber, schwarz-weiß und leber mit weiß. Der aktive, mutige und furchtlose Hund kann stundenlang im Wasser arbeiten. Anderen Hunden gegenüber kann er aggressiv sein.

Pflege und Auslauf

Nur leichtes Bürsten ist notwendig, außer wenn gerade Fellwechsel ist und abgestorbene Haare vorsichtig ausgebürstet werden müssen. Täglich sollte ausreichend Auslauf gewährt werden.

Welpen und Erziehung

Die vier bis sechs Welpen pro Wurf müssen, noch wenn sie jung sind Gehorsamstraining mitmachen.

F 1 Jahr

F 1 Jahr

♂: 53 cm
15-20 kg

♀: 53 cm
15-20 kg

Beagle

Die Gruppe der Jagdhunde

Afghanischer Windhund 178
Basenji 180
Basset Hound 182
Beagle 184
Basset Fauve de Bretagne 186
Bayerischer Gebirgsschweißhund . .187
Berner Laufhund 188
Black and Tan Coonhound 189
Bluthund .190
Barsoi 192
Cirneco dell' Etna 194
Deerhound 195
Dackel 196
Drever 198
Elchhund .199
Siebenbürger Bracke 200
Foxhound .201
Greyhound 202
Hamiltonstövare 204
Ungarischer Windhund 205
Ibizan Hound 206
Irischer Wolfshund 208
Otterhound 210
Petit Basset Griffon Vendéen 211
Pharaonenhund 212
Rhodesian Ridgeback 213
Saluki 214
Sabueso Español 215
Schweizerischer Laufhund 216
Tiroler Bracke 217
Whippet 218
Windhund .220

Afghanischer Windhund

Der Afghanische Windhund gehört mit seiner über 6000 Jahre alten Geschichte zu den ältesten Rassen. Er ist ein elegant gebauter Hund mit einem wunderschönen, langen Fell. Durch seine aristokratischen Erscheinung ist er mittlerweile als Ausstellungshund beliebter als in seiner ursprünglichen Funktion als Jagdhund.

Hintergrundinformationen

Dieser Hund, der ursprünglich aus Afghanistan kommt, beschützte früher Schafe und Rinder und jagte Leoparden und sogar Gazellen. Bis Anfang des 20. Jahrhunderts wurde er Östlicher Greyhound oder Persischer Greyhound genannt. Ein als Zardin bekannter Hund wurde 1907 auf einer englischen Hundeschau gezeigt und wurde zur Grundlage des Afghanischen Windhundes. Der einst unbarmherzige Jäger wurde später zu einem gehorsamen, freundlichen Hund.

Wichtige Merkmale

Der schlanke Afghane, der dem Greyhound ähnlich sieht, hat vorstehende Hüftknochen. Außerdem hat er einen nicht allzu schmalen Kopf mit hervorstehenden Augen, einem langen Gesicht und Zähnen mit gleichmäßigem Biss.

M 5 Jahre

♂: 69 cm
27 kg

♀: 64 cm
23 kg

Er hat an den Flanken, Beinen, Schenkeln, am Schwanz und an den Pfoten langes, seidiges Fell, wobei die Haare auf dem Kopf besonders lang sind. Das Fell an der Stirn, an den Schultern, dem Rücken und der Schwanzspitze ist kurz. Die Fellfarbe kann rehbraun, gold, creme, rot, blau, weiß, grau, gescheckt und dreifarbig sein. Weiße Abzeichen am Kopf sind sehr unerwünscht. Der Afghanische Windhund hat die Neigung, sich von Fremden fern zu halten und macht dadurch einen feigen Eindruck. Dieser edle, selbstbewusste, aber nicht aggressive Hund ist intelligent und sehr gelehrig, was ihn zu einem guten Wachhund macht.

M 3 Jahre

Pflege und Erziehung

Das Fell muss täglich 15 - 20 Minuten lang gebürstet werden, insbesondere dort, wo das Fell lang ist. Der Hund sollte zwei bis dreimal pro Monat gebadete und das Fell mit einem Föhn getrocknet werden. Die Innenseite der Ohren muss gereinigt werden.

Der Afghane liebt es zu laufen und sollte morgens und abends ein bis zwei Stunden lang im Freien laufen können.

Welpen und Erziehung

Pro Wurf kommen sechs bis acht Welpen zur Welt. Einige Neugeborene könnten am Kiefer Fehlstellungen haben, aber bei den meisten normalisiert sich dies bis zum neunten Monat. Der Afghanische Windhund ist eine sensible Rasse und man sollte mit der Erziehung warten, bis die Welpen acht bis zwölf Wochen alt sind.

Basenji

Der Basenji ist bekannt als nicht bellender Hund und ist eine alte Rasse, die in Afrika zuhause ist. Obwohl er so klein ist, erwecken sein kräftiger Körper, seine aufgerichteten Ohren und sein geringelter Schwanz den Eindruck unverfälschter Wildheit. Der neugierige und verspielte Hund liebt es, durch die Wälder zu streifen.

Hintergrundinformationen

Obwohl Details über seine Herkunft unklar bleiben, glaubt man, dass der Basenji von einem reinrassigen Hund abstammt, der von den Pygmäen zur Jagd im Kongo verwendet wurde. Die Geschichte besagt, dass dieser Hund ägyptischen Pharaonen von reisenden Hohenpriestern geschenkt wurde. Er wurde in Übersee erstmals als „Waldhund" und „Kongohund", der nicht bellen kann, vorgestellt. Der heutige Name bedeutet in Suaheli 'wild und gewalttätig', was an die einst aggressive Natur dieser Rasse erinnert. Der heute bekannte Basenji bleibt vom Charakter her

F 6 Jahre

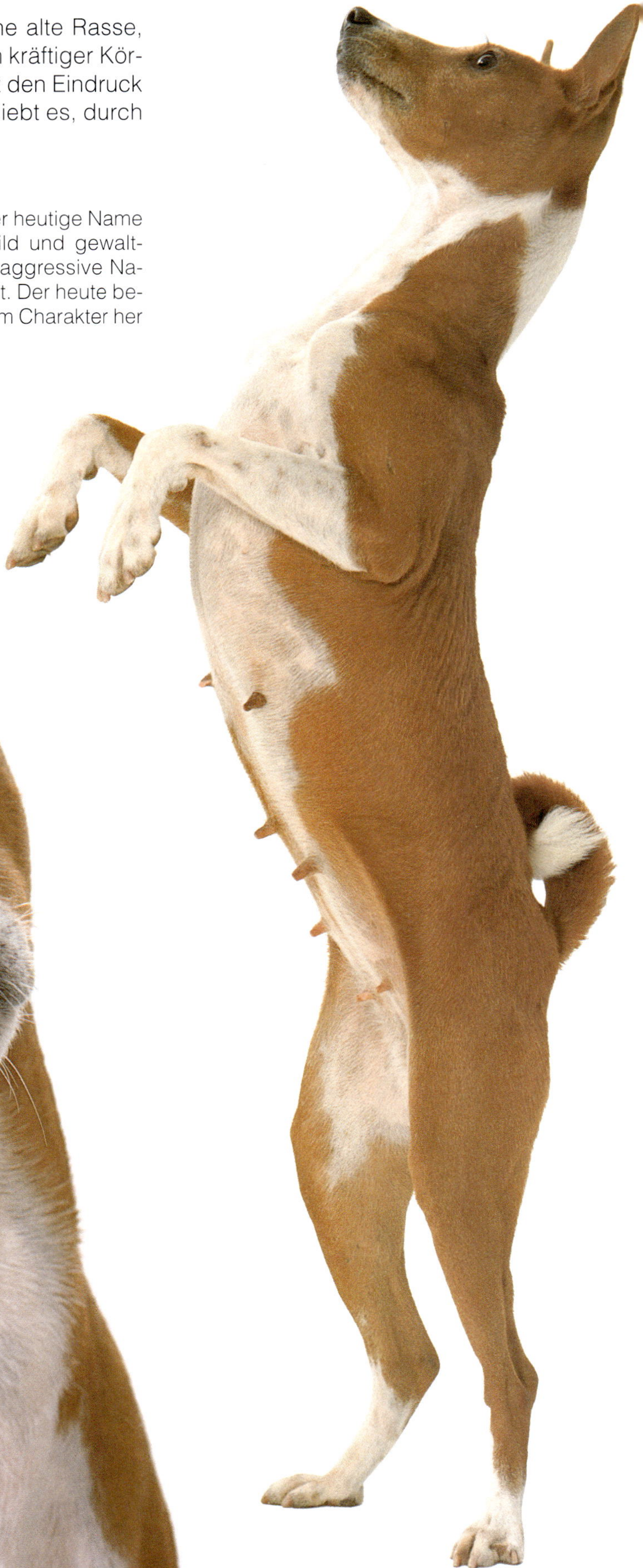

F 6 Jahre

♂: 43 cm
11 kg

♀: 41 cm
10 kg

M 3 Jahre

immer noch etwas einfach. 1930 wurde er nach Amerika gebracht und 1943 vom amerikanischen Kennel Club anerkannt.

Wichtige Merkmale

Der Basenji hat einen quadratischen Körper, also die gleiche Höhe wie Breite, einen gebogenen Hals, einen geraden Rücken, einen mittellangen, spitz zulaufenden Kopf und Runzeln auf der Stirn, was ihm ein nachdenkliches Aussehen verleiht. Außerdem hat er eine schwarze Nase, dunkel haselnussbraune Augen und einen Schwanz, der über dem Rückgrat fest zusammengeringelt ist, wobei die Schwanzspitze die Seitenpartie berührt. Das kurze, weiche Fell kann kastanienbraun, rot, schwarz und loh und loh mit weiß am Hals, an der Brust, an den Beinen und an der Schwanzspitze sein.

Der Basenji ist gehorsam, gut gelaunt, recht bestimmt und sehr stolz. Er eignet sich als Haustier, da er ruhig ist und nur wenig bellt. Wenn dieser Hund bellt, hört sich das an, als würde er lachen oder jodeln.

Pflege und Auslauf

Es ist keine besondere Fellpflege notwendig. Verwenden Sie zum Baden ein mildes Shampoo. Obwohl seine Vorfahren am Äquator lebten, passt der Basenji sich auch an das Klima in Nordkanada und Alaska an. Dennoch sollte er in der kalten Jahreszeit ein warmes Bett mit einer Decke haben und nicht im Zug sitzen. Dieser Hund ist sehr neugierig und neigt dazu, ziellos loszulaufen, weshalb man ihn an der Leine ausbilden sollte. Er eignet sich besonders gut für Wettbewerbe, in denen es um das Wittern von Ködern geht.

Welpen und Erziehung

Die sechs Welpen pro Wurf kommen mit leichten Komplikationen zur Welt. Die Paarungszeit ist nur einmal pro Jahr für etwa dreißig Tage. Zeitiger Umgang mit Menschen wird den Basenji an sie gewöhnen. Wenn die Welpen keinen Kontakt zu Menschen haben, werden sie als Erwachsene sehr schwierig.

F 2 Jahre

Basset Hound

Der Basset hat den Kopf eines Bluthundes und den Körper eines Dackels. Er sieht spaßig aus, bewegt sich langsam und hat einen sanften Gesichtsausdruck. Dieser Hund ist ein ausgezeichneter Jäger mit einem herausragenden Geruchssinn und großer Ausdauer. Da er Kindern gegenüber gutmütig und seinem Herrn gegenüber treu ist, ist er auch als Haushund beliebt.

F 2,5 Jahre

Hintergrundinformationen

Man sagt, dass diese Rasse vom Bluthund abstammt. Diese Theorie wird noch durch die extrem langen Ohren, die Falten über der Stirn und den ausgezeichneten Geruchssinn gestützt. Der Name Basset kommt vom französischen Wort 'bas' (niedrig), weil der Hund kurzbeinig und lang ist. In seiner Heimat Frankreich jagt er noch immer Hasen, Fasane und andere Vögel. In den Vereinigten Staaten und in England ist er jedoch wegen seines Aussehens und seines Gesichtsausdrucks als Haustier beliebter. Der Basset wurde 1885 in den Vereinigten Staaten anerkannt.

Wichtige Merkmale

Der Basset hat extrem tief sitzende, lange Schlappohren, die problemlos bis

M 2 Jahre

zur Nasenspitze reichen, wenn man sie nach vorne zieht. Außerdem hat er tief liegende Augen, manchmal mit einem Hängelid, sowie dicke, kurze, gut gebaute Beine und große, feste Pfoten. Das harte, kurze Fell ist glatt und dicht. Mögliche Farben sind schwarz, loh und weiß, schwarz und loh oder alle anderen Jagdhundfarben. Dieser Hund hat ein bezauberndes, sonores Bellen. Der Basset ist ein ausgezeichneter Jagdhund, der einen herausragenden Geruchssinn und Ausdauer besitzt.

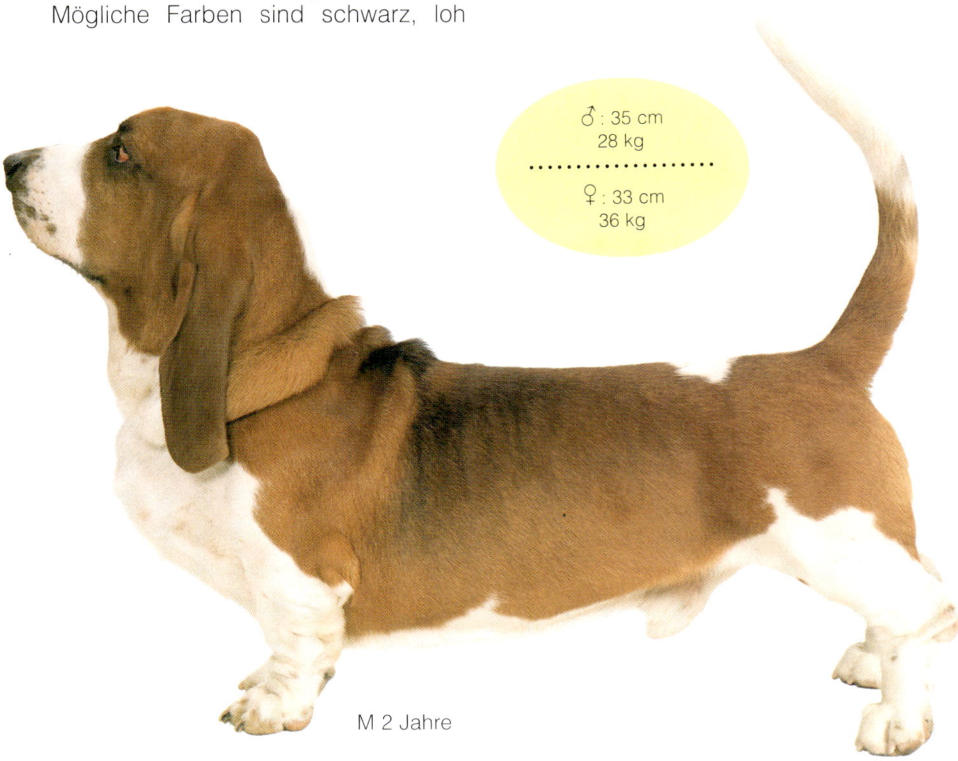

♂: 35 cm
28 kg

♀: 33 cm
36 kg

M 2 Jahre

Seinem Herrn gegenüber ist er absolut gehorsam und ergeben. Da er keine Schwierigkeiten scheut, gibt er einen guten Jagd- und Haushund ab.

Pflege und Auslauf

Das Fell sollte entweder abgerieben oder gebürstet werden, damit abgestorbene Haare entfernt werden. Der Basset sollte zwei bis dreimal pro Monat gebadet werden. Die langen Ohren müssen oft gesäubert werden, insbesondere an den Innenseiten. Wenn er nicht angemessen gefüttert und bewegt wird, neigt der Basset zu Übergewicht. Ein Mangel an Bewegung wird zudem Verstopfungen und Blähungen hervorrufen.

Welpen und Erziehung

Die acht bis zehn Welpen pro Wurf wachsen schnell. Es ist wichtig, dass sie mit ihrem Futter genügend Calcium bekommen, sonst entwickeln sich Fehlstellungen der Knochen. Es kann außerdem sein, dass die Ohren sich entzünden, weil die Welpen sich beim Spielen hineinbeißen. Der Basset ist Kindern gegenüber freundlich und gutmütig, aber mangelnde Erziehung im Welpenalter kann aus ihm einen halsstarrigen Erwachsenen machen.

Beagle

Der Beagle ist der kleinste der Jagdhunde und nach einem alt-französischen Wort benannt, das 'klein' bedeutet. Sein Bellen klingt für einen Jagdhund gedämpft. Dieser liebevolle, ruhige Hund ist heutzutage eine der beliebtesten Rassen.

M 2 Jahre

Hintergrundinformationen

Obwohl der Beagle ein sehr guter Familienhund ist, hat er auch eine Geschichte als Jäger. In der Renaissance jagte er in Wales und Frankreich und wurde später als der beste Hasenjäger unter den kleinen Hunden anerkannt. Heutzutage verwendet man zwei bis drei Beagles, die gemeinsam Hasen und Wachteln jagen, manchmal werden sie aber auch wie in der Vergangenheit in größeren Rudeln verwendet. Der amerikanische Kennel Club teilt die Beagles gemäß ihrer Größe in zwei Gruppen ein, ohne zu berücksichtigen, ob sie als Ausstellungs- oder Jagdhund verwendet werden.

Wichtige Merkmale

Der Beagle hat einen rechteckigen Körper mit festen Muskeln, abfallenden Schultern, einen mäßig langen, breiten, gewölbten Schädel, der am Hinterkopf etwas abgerundet ist. Außerdem hat er hoch sitzende Schlappohren, freundliche braune oder haselnussbraune Augen, die weit auseinander stehen, sowie einen geraden Nasenrücken, eine eckige Schnauze, eine schwarze Nase mit großen Nasenlöchern und einen hoch angesetzten Schwanz, der mit einer leichten Biegung getragen wird,

M 3 Jahre

♂: 36 cm
28 kg

♀: 33 cm
26 kg

sich aber nicht ringelt. Das kurze, dichte Fell ist glänzend und glatt. Die Fellfarbe ist weiß und loh mit schwarz, andere Jagdhundfarben sind ebenfalls erlaubt.

Der nette, liebevolle und verantwortungsvolle Hund ist auch ein guter Wachhund. Dieser Hund liebt es, seine Gegend zu erforschen und reißt oft aus.

Pflege und Ausbildung

Der Beagle braucht keine besondere Fellpflege, obwohl er vom Kopf bis zum Schwanz abgerieben werden sollte. Zum Baden sollte ein mildes Shampoo verwendet werden. Der Auslauf sollte entweder an der Leine oder auf eingezäuntem Gelände erfolgen, um den Hund am Weglaufen zu hindern.

Welpen und Erziehung

Es kam schon vor, dass in einem Wurf siebzehn Welpen waren, aber der Durchschnitt liegt bei fünf bis sieben. Die Welpen wachsen schnell und ganz ohne Probleme auf. Wenn man Beagles verschiedener Größe paart, kann dies bei der Geburt zu Schwierigkeiten führen. Wenn man diesen Hund alleine lässt, bellt er eventuell übermäßig. Dies kann man jedoch durch entsprechende Erziehung verhindern. Hunde, die als Jäger verwendet werden, sollten dazu erzogen werden, in einer höheren Tonlage zu bellen.

Die Gewohnheit des Beagles auszureißen sollte unter Kontrolle gehalten werden. Ein Halsband mit Namensschild ist eine gute Idee.

M 2 Jahre

F 3 Jahre, (links), F 4 Jahre

Basset Fauve de Bretagne

Der liebevolle und ruhige Basset Fauve de Bretagne arbeitet mutig als Jäger und ist ein guter Familienhund. Seine Popularität wächst in seinem Heimatland Frankreich, aber anderswo ist diese Rasse nicht verbreitet.

Hintergrundinformationen

Diese Rasse wurde geschaffen, indem man den Grand Griffon Fauve de Bretagne und den Basset Hound wiederholt miteinander gekreuzt hat. Der gute Geruchssinn, den er vom Basset geerbt hat, macht aus ihm einen ausgezeichneten Jagdhund und sein netter, freundlicher Charakter macht ihn in Frankreich zum beliebten Familienhund.

Wichtige Merkmale

Der mutige, aktive, aber vollkommen ruhige Basset Fauve de Bretagne hat einen Körper, der so lang ist wie der des Basset, einen recht schlanken Kopf, einen kurzen, dicke, muskulösen Hals, mittellange Schlappohren, intelligente Augen und einen herabhängenden, sichelförmigen Schwanz. Das Fell ist rehbraun mit Schattierungen in anderen Farben, wobei weiße Abzeichen auf der Brust erlaubt sind. Diese Rasse ist intelligent, gehorsam und Kindern gegenüber gutmütig und daher ein guter Jagdhund, ein gutes Haustier und ein guter Begleiter. Als Jagdhund ist er furchtlos und dazu bereit, seiner Beute in Sträucher oder dichtes Gebüsch hinterherzuspringen.

Pflege und Auslauf

Die Fellpflege ist einfach, aber dieser energiegeladene Hund braucht sehr viel Auslauf. Bewegungsmangel kann dazu führen, dass er dick und krank wird.

Welpen und Erziehung

Die acht bis zehn Welpen pro Wurf müssen ausgewogenes Futter bekommen, da sie schnell wachsen.

M 10 Monate

♂: 33-36 cm
16-18 kg

♀: 28-33 cm
14-16 kg

M 10 Monate

M 10 Monate

Bayerischer Gebirgsschweißhund

Der mittelgroße Bayerische Gebirgsschweißhund wird sowohl als Haushund als auch als Jagdhund gehalten. Dieser recht pflegeleichte Hund zieht jährlich mehr Hundeliebhaber an.

F 2 Jahre

Hintergrundinformationen

Der Bayerische Gebirgsschweißhund wurde geschaffen, in dem man den alten Bayerischen Schweißhund mit dem Tiroler Jagdhund kreuzte und dann in Bayern mehrfach veränderte, wobei diese energiegeladene und flinke Rasse entstand. Wegen seines ausgezeichneten Geruchssinns wurde er oft als Hasen- und Vogeljäger eingesetzt.

Wichtige Merkmale

Der gut gebaute, muskulöse und stämmige Bayerische Gebirgsschweißhund hat einen muskulösen Rücken, einen festen, abgesetzten Bauch, eine breite, leicht gebogene Stirn, große Ohren, die dicht an den Wangen herunterhängen.

F 2 Jahre

♂: 51 cm
25-35 kg

♀: 48 cm
22-33 kg

F 2 Jahre

Außerdem hat er feste Lefzen, klare kastanienfarbene Augen und eine schwarze oder braune Nase. Sein Fell ist kurz, dick und hart und glänzt am Kopf und an den Ohren. Es kann dunkelrot und gelblich rot mit bronzenen oder grauen Schattierungen sein. Dieser sehr mutige Hund gehorcht seinem Herren - insbesondere auf der Jagd - und ist ein anhängliches Haustier, das bei seiner Familie gerne schwänzelt.

Pflege und Auslauf

Das Fell muss täglich mit einer weichen Bürste oder einem Tuch massiert werden. Diese energiegeladene Rasse braucht viel Auslauf an der Leine und Freilauf auf eingezäuntem Gelände ist auch sehr wünschenswert.

Welpen und Erziehung

Die 4 bis 8 Welpen pro Wurf sind nach der Geburt möglicherweise etwas nervös, weshalb man die Mutter beruhigen und von Fremden fernhalten sollte.

Berner Laufhund

Der Berner Laufhund ist der vielen Schweizer Jagdhunde und ein Nachkomme des Nilhundes. Die äußerst mutige und aktive Rasse ist hervorragend zur Jagd von kleinen Vögeln geeignet und ist zudem ein intelligenter und freundlicher Familienhund.

F 1 Jahr

M 2 Jahre

Hintergrundinformationen

Der Berner Laufhund ist eine sehr alte Rasse. Nachdem die Phönizier und Ägypter ihn vor Entstehung des Christentums auf die Mittelmeerinseln und den europäischen Kontinent gebracht hatten, wurde der Nilhund von Südeuropa bis zur englischen Küste und unter römischer Besatzung in der Schweiz bekannt. Der Berner Laufhund wird wegen seines Geruchssinns und seiner Fähigkeiten bei der Jagd geschätzt und wird weltweit zur Jagd von Hasen und kleinen Tieren eingesetzt. Er ist zudem ein fähiger Vogeljäger.

Wichtige Merkmale

Der mittelgroße Berner Laufhund hat einen schlanken Körper, eine markante, wie rasiert aussehende Schnauze, lange Eichhörnchen-Ohren, freundliche Augen und einen Schwanz, der leicht gebogen ist und entweder waagerecht oder hängend getragen wird. Das Fell ist kurz und dicht. Es ist dreifarbig weiß, schwarz und loh oder in verschiedenen Tönen dieser Farbe.

Die sehr intelligente und normalerweise freundliche Rasse ist bei der Jagd mutig und ist arbeitswillig. Der seinem Herrn gegenüber sehr gehorsame Hund ist auch von einem Unerfahrenen leicht zu erziehen.

♂: 43 cm
15-18 kg

♀: 41 cm
15-18 kg

Pflege und Auslauf

Die Fellpflege ist einfach, weil Bürsten mit einer Naturhaarbürste ausreicht. Diese energiegeladene Rasse braucht viel Auslauf, sowohl an der Leine als auch frei laufend, vorzugsweise in steilem Gelände.

Welpen und Erziehung

Die vier bis sieben Welpen pro Wurf kommen ohne Komplikationen zur Welt. Sie sind stark und leicht aufzuziehen.

F 2 Jahre

Black & Tan Coonhound

Der große, furchtlose Hund jagte früher sogar Pumas. In seinen Adern fließt das Blut des englischen Talbot Hound. Dieser Hund ist freundlich und bellt kaum, aber wenn er seine Beute in die Enge treibt und einen Baum hinaufjagt, bellt er triumphierend und laut.

F 2,5 Jahre

Hintergrundinformationen

Der Black and Tan Coonhound, der aus dem Talbot Hound gezüchtet wurde, wurde erstmals in Amerika ausgestellt. Sein Stammbaum umfasst den Bluthund und den American Foxhound. Sein Knochenbau und die großen Ohren ähneln dem Bluthund.

Wichtige Merkmale

Der Black and Tan Coonhound ähnelt dem Bluthund, ist aber nicht so schwer gebaut. Er hat lange Schlappohren und haselnussfarbene oder dunkelbraune Augen. Das glatte und glänzende Fell ist schwarz mit loh. Bei der Jagd bellt er nur wenn es nötig ist. Der von Natur aus nette und freundliche Hund ist kleinen Kindern gegenüber gutmütig, weshalb diese Rasse ein guter Familienhund ist.

Pflege und Auslauf

Dieser Hund muss zwei bis dreimal pro Woche gekämmt werden. Der extrem aktive Hund benötigt viel Platz zum Austoben und wird sich auf einem Bauernhof am wohlsten fühlen. Als Jagdhund muss er mindestens eine Stunde pro Tag trainiert werden. Als Haushund sollte er draußen an der Leine laufen dürfen.

Welpen und Erziehung

Der Rekord liegt bis jetzt bei dreizehn Welpen pro Wurf, aber sieben bis acht sind es im Durchschnitt. Die Geburt verläuft problemlos. Neugeborene sind normalerweise schwarz mit lohfarbenen Abzeichen, die schon bald an den Beinen und der Schnauze auftauchen.

♂: 63-69 cm
39 kg

♀: 58-64 cm
36 kg

F 2,5 Jahre

F 2,5 Jahre

Bluthund

Der Bluthund wird seit Jahrhunderten als ausgezeichneter Jäger geschätzt. Die lose Haut am Kopf und um den Hals sowie die tiefen Falten lassen diesem Hund eher lustig aussehen, obwohl er einen kräftigen Körperbau hat.

♂: 63-69 cm
41-50 kg

♀: 58-64 cm
40-45 kg

F 10 Monate

M 5 Jahre

Hintergrundinformationen

Der Bluthund hat eine beachtliche Geschichte, die bis ins antike Griechenland und ins alte Rom zurückreicht. Im 18. Jahrhundert wurde ein Jagdhund im belgischen Hochland nach St. Hubertus benannt, also nach dem Priester, der sich um ihn kümmerte. Nachdem er im 11. Jahrhundert in England einwanderte und verändert wurde, nannte man diese Rasse Bluthund. Vermutlich kommt der Name daher, dass er verwundete Tiere jagte, manche sagen, dass der Name einen reinblütigen Hund ausweist. Seine hervorragenden und überlegenen Fähigkeiten als Spürhund machten den Bluthund zu einem sehr nützlichen Polizeihund in den USA, wo er nach vermissten Kindern, nach Kriminellen und verirrten Campern sucht. Er arbeitet immer an der Leine und wird nie zum Angreifen verwendet.

Wichtige Merkmale

Der große, starke und widerstandsfähige aber elegante Bluthund hat eine dünne, weite, faltige Haut, eine tief gelagerte Brust, einen festen Bauch, lange, faltige, tief sitzende Ohren und dunkel haselnussbraune, gelbe oder braune Augen, die zur Fellfarbe passen. Außerdem hat er einen langen, schönen Schwanz, der wie der eines Otters aussieht, kräftige, schwer gebaute Vorderbeine und starke Hinterbeine. Sein kurzes, glattes Fell ist schwarz mit loh, rotbraun oder diese Farben in verschiedenen Schattierungen. Kleine weiße Sterne auf der Brust sind erlaubt.

Der gesellige, freundliche und nette Hund ist Kindern und anderen Tieren gegenüber besonders gutmütig, obwohl ein listiges Exemplar insbesondere anderen Rüden gegenüber aggres-

M 5 Jahre

siv und gewalttätig sein kann. Obwohl er recht stur sein kann, wedelt er gerne mit dem Schwanz. Er sabbert, ist ansonsten aber ein sauberer Hund. Er ist jedoch kein Hund für die Stadt oder beengte Plätze.

Pflege und Ausbildung

Das Fell muss mit kreisförmigen Bewegungen abgerubbelt werden, damit abgestorbene Haare entfernt werden. Baden ist nur notwendig, wenn der Hund schmutzig ist. Vor einer Ausstellung sollten die Barthaare abgeschnitten werden. Um Krankheiten zu vermeiden, sollten die Ohren mindestens einmal pro Woche gesäubert werden. Wenn der Hund einen ungewöhnlichen Körpergeruch entwickelt, sollte man einen Arzt hinzuziehen. Die Krallen sollten immer kurz gehalten werden, weil die Gelenke an den Beinen sich sonst verändern könnten. Der Bluthund muss täglich mehrere Kilometer laufen. Da dieser Hund stark ziehen kann, sollte man auf eine starke Leine achten. Er braucht so oft wie nur möglich Bewegung an der frischen Luft und zwar immer in Begleitung von Menschen, damit er ruhig und freundlich bleibt. Auch stundenlanges Umherlaufen auf eingezäuntem Gelände ist gut.

Welpen und Erziehung

Pro Wurf kommen 6-12 Welpen zur Welt. Neugeborene sind tiefschwarz und haben noch keine Falten. Manche werden hell, wenn sie wachsen. Der Bluthund braucht extrem lange bis er ausgewachsen ist: zwei Jahre bei Hündinnen und drei Jahre bei Rüden.

Barsoi

Diese Rasse wurde vom russischen Schriftsteller Tolstoi und von russischen Adeligen sehr geschätzt. Der Barsoi ist ein großer Hund mit einem stromlinienförmigen Körper und seidigem Fell, das ihm ein aristokratisches Aussehen verleiht.

F 1 Jahr

Hintergrundinformationen

Es wird behauptet, dass der Barsoi eine Kreuzung zwischen einem seit langem ausgestorbenen Schlittenhund der Lappen und dem Collie sei. Er wurde gegen Ende des Mittelalters zur Wolf- und Hasenjagd in den russischen Ebenen entwickelt. Bis 1936 war er als Russischer Wolfshund bekannt und wurde dann in Barsoi umbenannt, was auf Russisch Flinkheit und Schnelligkeit bedeutet. Diese große, exotische Rasse wurde schnell berühmt und zwar zuerst bei Frauen aus der russischen Aristokratie und später durch Gemälde und Fotografien auch in der restlichen Welt. Der Barsoi, der eine gewisse Ähnlichkeit mit dem Greyhound hat, ist ein Sichthund, der seine Beute über lange Strecken hinweg jagen kann. Dieser Hund jagte in Südafrika Schakale und in Kanada Kojoten.

Wichtige Merkmale

Der Barsoi hat einen stromlinienförmigen Körper, einen schmalen Brustkorb, eine tief gelagerte Brust, ein gut ausgebildetes Hinterteil mit einem beachtlichen Winkel zwischen Schenkel und Sprunggelenk, wodurch er sehr beweglich ist, und einen kräftigen, gebogenen Rücken, was ein Zeichen für einen schnellen Läufer ist. Außerdem hat er ein schlankes, langes Gesicht, dunkle Augen, eine einzigartige geformte Schnauze und einen sehr langen Schwanz. Das lange, seidige Fell ist an der Brust, am Schwanz und am Hinterteil dicht und lang. Es werden alle Farben akzeptiert, obwohl viele Barsois als Grundfarbe Weiß haben.

Der sensible, etwas vorsichtige, nette und verspielte Hund wedelt gerne mit dem Schwanz und spielt gerne mit Erwachsenen und Kindern. Obwohl er nicht schnell Gehorsam lernt, wird er bei guter Erziehung ein verlässlicher Hund. Er ist sehr teuer. Des weiteren braucht er viel Auslauf und ist für Menschen, die im Umgang mit Hunden unerfahren sind, ungeeignet. Der Barsoi muss streng erzogen werden, weil er recht eigensinnig ist. Wenn es noch andere Haustiere gibt, muss man den Hund schrittweise an sie gewöhnen.

Pflege und Auslauf

Das Fell dieser Rasse braucht keine besondere Pflege, tägliches Bürsten reicht aus, um es glänzend zu halten. Täglicher Auslauf an der Leine ist notwendig und mindestens zweimal pro Woche viel freie Bewegung an der frischen Luft ist sehr wünschenswert.

Welpen und Erziehung

6-7 Welpen sind der Durchschnitt, es können aber auch mehr werden. Die Welpen wachsen schnell und zu viel Bewegung im Welpenalter ist nicht gut. Das Bewegungspensum sollte mit einem Jahr schrittweise erhöht werden, wenn das Renntraining beginnt.

M 2 Jahre

♂: 71-86 cm
34-48 kg

♀: 66 cm
27-36 kg

F 1 Jahr

Cirneco dell'Etna

Der Cirneco dell' Etna ist ein mittelgroßer Jagdhund aus Sizilien, wo er noch immer zur Jagd auf Hasen und Wildvögel in der Umgebung des Ätna verwendet wird. Trotz seiner geringen Größe ist er furchtlos, unermüdlich und sehr edel und er ist weltweit beliebt, weil er nicht viel bellt.

Hintergrundinformationen

Vermutlich stammt der in Sizilien beheimatete und nur dort entwickelte Hund von den Greyhounds ab, die die Phönizier vor 3000 Jahren dort hinbrachten. Der ausgezeichnetete Jäger ist ein genauso exzellenter Wachhund.

Wichtige Merkmale

Der Cirneco dell' Etna hat eine Schnauze wie ein alter Greyhound, große, dreieckige Stehhohren, bernsteinfarbene oder graue, recht tief sitzende Augen, eine leberfarbene Nase und einen Schwanz, der wie ein Säbel herabhängt, wenn der Hund still steht. Das Fell ist extrem kurz und lohfarben mit weißen Abzeichen auf der Brust.

Der furchtlose, intelligente, edle, treue und aktive Mehrzweckhund kann als Jagd-, Wach- und Familienhund dienen. Im Gegensatz zu anderen Jagdhunden bellt er nur auf der Jagd.

Pflege und Auslauf

Es ist fast keine Pflege notwendig, eine gelegentliche Massage mit einem Handtuch ist ausreichend. Dieser Hund braucht täglich viel Auslauf.

Welpen und Erziehung

Pro Wurf kommen vier bis acht Welpen zur Welt. Diese kurzhaarige Rasse ist von Natur aus anfällig gegen Kälte. Wenn in der kalten Jahreszeit geworfen wird, muss man dies beachten.

F 3 Jahre

F 3 Jahre

♂: 46-56 cm
10-12 kg

♀: 41-46 cm
8-10 kg

Deerhound

Der aus dem alten Wolfshund zur Jagd auf Rotwild gezüchtete Deerhound ist seinem Herrn absolut gehorsam und zu Kindern sehr freundlich. Von allen großen Rassen ist dies der Familienhund mit dem besten Charakter

Hintergrundinformationen

Wie sein Vorfahr, der Wolfshund, war auch diese Rasse ein Jagdhund aus dem schottischen Hochland. Sie starb Ende des 19. Jahrhunderts fast aus, wurde aber in diesem Jahrhundert von eifrigen Hundeliebhabern wiederbelebt.

Wichtige Merkmale

Der Deerhound ist eine typische, große Greyhound Art und hat einen schlanken, langen Kopf, eine spitze Schnauze, kleine Knickohren und einen Rücken, der sich zu den Lenden hin wölbt, wo er sanft an den langen Schwanz anschließt. Das Fell ist am Rumpf und an dem langen Hals drahtig und seidig am Kiefer und an den Ohren. Es ist einfarbig, vorzugsweise grau mit hellen Abzeichen. Der Hund ist seinem Herrn gegenüber vollkommen gehorsam und freundlich zu Kindern.

Pflege und Auslauf

Das drahtige Fell sollte mit einer normalen Bürste oder mit einer Drahtbürste gekämmt werden. Diese große Rasse braucht viel Auslauf.

Welpen und Erziehung

Die acht bis neuen Welpen pro Wurf wiegen bei der Geburt etwas weniger als 400g. Ein Rüde braucht drei Jahre und eine Hündin zwei Jahre zum Auswachsen.

M 4 Jahre

♂: 76-81 cm
39-50 kg

♀: 71 cm
34-43 kg

M 5 Jahre

M 5 Jahre

Dackel

Der Dackel ist ein niedriger Hund, zum Hineinkrabbeln in Dachsbauten gezüchtet wurde. Das einzigartige Aussehen dieser Hunde und ihr fröhlicher Charakter haben sie weltweit zu einem beliebten Begleiter, Wachhund und Familienhund gemacht, obwohl sie eigentlich Jagdhunde sind.

Hintergrundinformationen

Die Vorfahren des Dackels lebten vor einigen hundert Jahren in Deutschland. Die Kleineren der Hunde nannte man 'Dachshund', weil man mit ihnen Dachse jagte. Trotz seiner sehr geringen Größe jagt der Dackel Marder und Wiesel in ihren Bauten und greift auch viel größere Tiere an. Am Anfang unseres Jahrhunderts wurde der Zwergdackel zur Hasenjagd gezüchtet. Die meisten Dackel sind nun Haushunde, obwohl sie in Europa und vor allem in Deutschland immer noch für die Jagd verwendet werden. Der Dackel hat den Spitznamen 'sausage dog' (sausage = Wurst). Er wurde so nach einem Cartoon von Dud Hogan aus dem frühen 20. Jahrhundert benannt. Dort wird ein Hot Dog mit einem Dackel statt einer normalen Wurst im Innern dargestellt.

♂: 20-23 cm
5 kg

♀: 18-20 cm
5 kg

Zwergdackel, kurzhaarig, F 3 Jahre

Wichtige Merkmale

Es gibt zwei Arten, die nach ihrer Größe in verschiedene Gruppen eingeteilt werden, nämlich Standarddackel und Zwergdackel. Der Körper des Dackels ist doppelt so lang wie hoch. Der niedrige, kompakte Körper ist gut zum Krabbeln in Bauten geeignet. Dieser Hund hat einen keilförmigen Kopf, rotbraune oder schwarzbraune Mandelaugen, einen langen Nasenrücken und lange, große, abgerundete Schlappohren. Das Fell kommt in drei Variationen vor: Kurzhaar, Langhaar, Drahthaar. Das Fell kann rot mit loh oder Schattierungen in gelb, schwarz, schokolade, grau oder weiß mit loh oder

♂: 23-28 cm
7 kg

♀: 20-23 cm
6 kg

glatthaarig, M 3 Jahre

Zwerg, langhaar, M 2 Jahre

drahthaar,
M 2,5 Jahre (links)
F 4 Monate (rechts)

drahthaar,
M 2,5 Jahre

schwarz gemischt und braun mit grauen oder dunklen Abzeichen sein. Der lustige und verspielte Dackel lernt schnell, ist ein treuer Gefährte und ein ausgezeichneter Wachhund.

Pflege und Auslauf

Der Kurzhaardackel hat kaum Körpergeruch und ist leicht zu pflegen. Er muss gelegentlich am ganzen Körper mit einem feuchten Tuch abgerieben werden. Der Langhaardackel muss täglich gebürstet und gekämmt werden, während der Rauhaar professionell getrimmt werden muss. Er braucht keinen besonderen Auslauf, aber man darf ihn nie vom Bett oder vom Stuhl springen lassen, damit eine Schädigung seines langen Rückgrats vermieden wird.

Welpen und Erziehung

Die Würfe mit drei bis vier Welpen sind normalerweise gesund und wachsen ohne Probleme auf.

langhaar, M 2 Jahre

Drever

Der Drever ist ein alter schwedischer Hund, der auch große Tiere angreift, obwohl er seinem Herrn gegenüber freundlich und gehorsam bei Kindern gutmütig ist. Er ist wegen seiner geringen Größe und des kurzen Fells pflegeleicht und ein geeignetes Haustier.

M 4 Jahre

Hintergrundinformationen

Obwohl vieles über seine Herkunft unbekannt bleibt, lebt der Drever schon sehr lange in Schweden. Er ist 1947 offiziell anerkannt worden.

M 4 Jahre

Er wurde dazu verwendet, Hasen, Füchse und sogar Bären zu jagen, weil er stark und furchtlos ist. Er umkreist einen Bären bellend und springt davon, wenn dieser auf ihn zu kommt, so lange bis der Jäger eintrifft. Außerhalb Schwedens ist er nahezu unbekannt.

Wichtige Merkmale

Der kleine Jagdhund hat einen schlanken Kopf, hübsche Mandelaugen, eine breite Schnauze mit Scherenbiss, große, mittellange Schlappohren, einen langen, starken Kiefer und einen langen Schwanz, der nicht über dem Rücken zusammengerollt wird. Das dicke, dichte Fell liegt flach am Körper an und ist am Rücken, am Hals und am Hinterteil etwas länger. Alle Farben sind erlaubt, aber es muss etwas weiß dabei sein. Der gegenüber jedem Feind oder anderen Tieren kühne und furchtlose Hund ist seinem Herrn sehr treu.

Pflege und Auslauf

Es reicht aus, wenn der Hund ein- oder zweimal im Monat gebürstet wird. Die gesunden und freundlichen Welpen sind leicht aufzuziehen.

♂: 35 cm
15 kg

♀: 30-33 cm
13 kg

M 4 Jahre

Elchhund

Der Vorfahre dieser Rasse war ein skandinavischer Wachhund, der die Viehherden von Dorfbewohnern vor Wölfen und Bären schützte. Der kompakte und energiegeladene Elchhund hat lange als Schlittenhund und Jagdhund im rauen nordeuropäischen Klima gearbeitet.

M 3 Jahre

Hintergrundinformationen

Der auch als Norwegischer Elchhund bekannte Hund geht 6.000 Jahre auf die Zeit der Wikinger zurück. Er kam erst im 20. Jahrhundert nach Amerika.

Wichtige Merkmale

Der kompakte und rechteckige Elchhund hat ein bewegliches, elastisches Hinterteil, einen v-förmigen Kopf, hoch angesetzte Stehohren, dunkelbraune Augen, fest geschlossene Lefzen und einen Scherenbiss, sowie einen fest zusammengeringelten Schwanz. Das glatte, doppelte Fell ist schwarzgrau mit schwarz an den Haarspitzen des Deckhaars. Dieser Hund ist zwar nicht groß, aber sehr ausdauernd und hat einen guten Geruchs- und Gesichtssinn. Der hauptsächlich als Jäger verwendete Hund ist auch als Haustier oder Wachhund geeignet.

Pflege und Auslauf

Regelmäßiges Kämmen und Bürsten ist notwendig, besonders beim Fellwechsel. Der Hund kann sich an Haus und Zwinger gewöhnen, so lange er täglich lange an der Leine ausgeführt wird.

Welpen und Erziehung

Würfe bestehen aus durchschnittlich 7 Welpen. Neugeborene sind schwarz und werden nach 1-2 Wochen grau. Welpen sollten 6 Wochen nach der Geburt entwöhnt werden.

M 3 Jahre

M 1 Jahr

♂: 51 cm
23 kg

♀: 51 cm
22 kg

Siebenbürger Bracke

Die Siebenbürger Bracke ist eine Kreuzung zwischen einem in den Karpaten beheimateten Hund und der Polnischen Bracke und hat einen ausgezeichneten Geruchs- und Orientierungssinn. Der gehorsame und gelehrige Hund ist ein guter Familienhund.

♂: 53-64 cm
30-35 kg

♀: 53-64 cm
28-33 kg

M 6 Jahre

♂: 46-51 cm
28-33 kg

♀: 46-51 cm
25-30 kg

M 6 Jahre

Hintergrundinformationen

Diese Geschichte dieser Rasse geht zurück bis ins 19. Jahrhundert, als die Karpaten (ein Gebirge im Osten der Tschechoslowakei und im Norden Rumäniens) von den Magyaren besetzt waren. Ein Magyarenhund, der mit einem einheimischen Hund und dann später mit der Polnischen Bracke gekreuzt wurde, ergab diese Rasse, die für das einzigartige Klima und Gelände in den Karpaten geschaffen wurde. Die Siebenbürger Bracke jagt gerne in Wäldern, Gebirgen, Flüssen und bei jeder Witterung. Die Langbeinige Siebenbürger Bracke wird hauptsächlich für die Jagd von Bären, Rotwild und große Wildkatzen verwendet. Die Kurzbeinige wird dagegen zur Jagd auf Füchse und Hasen eingesetzt.

Wichtige Merkmale

Die mittelgroße Siebenbürger Bracke kommt in zwei Varianten vor: der größeren, langbeinigen und der kleineren, kurzbeinigen. Sie hat einen kurzen, nicht spitzen Kopf ohne Falten und schrägen, braunen Augen. Sie hat außerdem einen geraden, breiten Nasenrücken, sehr starke Zähne, große Schlappohren, elastische und sprungkräftige, starke Pfoten, sowie einen Schwanz, der herunterhängt, wenn der Hund ruht und wedelt, wenn er auf der Jagd ist. Das kurze Fell liegt dicht am Körper an. Der langbeinige Typ ist schwarz mit loh, weißen Abzeichen auf der Stirn, der Brust, an den Zehenspitzen und an der Schwanzspitze. Der kurzbeinige Typ ist rotbraun mit weißen Abzeichen. Beide Typen sind furchtlos, gehorsam, treu, intelligent und sehr gelehrig.

Pflege und Ausbildung

Gelegentliches Bürsten ist alles, was dieser Hund braucht. Das Fell bleibt glänzend, wenn es mit einem Wildledertuch abgerieben wird. Diese Rasse braucht sehr viel Auslauf.

Welpen und Erziehung

Die vier bis acht Welpen pro Wurf sind freundlich und leicht aufzuziehen.

Foxhound

Ein Reiter und ein Rudel von Foxhounds wirken wie eine gemalte Jagdszene. Der Amerikanische Foxhound - mit dem Englischen verwandt - ist ebenfalls ein ausgezeichneter Jagdhund.

M 9 Monate

Hintergrundinformationen

Der Hund ist eine Kreuzung zwischen Jagdhunden der Normannen und der englischen Fuchsjäger und wird in England seit dem Mittelalter als Haustier sehr geschätzt. Einst hieß er Talbot Dog, wurde dann aber den Bedürfnissen der Jäger und dem englischen Klima angepasst, wodurch dann der schöne Foxhound entstand.

Wichtige Merkmale

Der Foxhound hat einen geraden Rücken. Das kurze, harte Fell ist dem anderer Jagdhunde in Farbe und Abzeichen ähnlich. Der willensstarke Hund ist ein guter Rudel-Jagdhund. Der Amerikanische Foxhound jagt lieber alleine. Die freundlichen Foxhounds sind gute Familienhunde. Mit genug Platz können sie auch in der Stadt leben.

Pflege und Erziehung

Das Fell sollte mit einem Tuch oder einem Handschuh massiert werden. Wenn der Foxhound als Jagdhund gehalten wird, braucht er viel Auslauf.

Welpen und Erziehung

Pro Wurf kommen 5-7 Welpen zur Welt. Normalerweise hat die Mutter genug Milch und die Welpen wachsen ohne Probleme heran.

♂: 56-63 cm
30 kg

♀: 53-61 cm
28 kg

M 5 Jahre

F 9 Monate

Greyhound

Der aus dem antiken Griechenland stammende, muskulöse, stromlinienförmige Greyhound ist heutzutage eine sehr bekannte Rasse. Der freundliche und brave Hund ist auch ein guter Familienhund.

Hintergrundinformationen

Der für sein gutes Sehvermögen im antiken Griechenland und im alten Ägypten bekannte Hund wurde früher "gaze hound" genannt (von englisch "to gaze" = starren). Es gibt Aufzeichnungen aus dem frühen achtzehnten Jahrhundert über einen englischen Hund, der dem Greyhound erstaunlich ähnlich sieht. Diese Rasse, die früher einmal für jede Art der Jagd verwendet wurde, ist als Rennhund beliebt geworden.

F 4 Jahre

F 5 Jahre

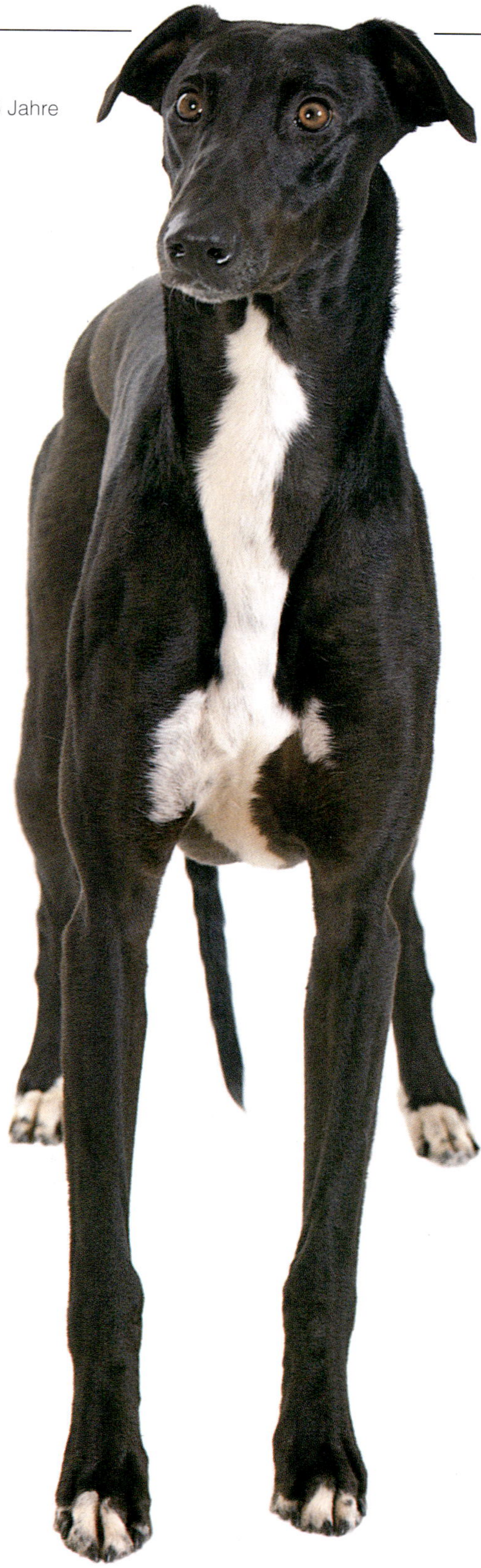

M 3 Jahre

Sie hat den Ruf, der schnellste Hund der Welt zu sein. Es gibt viele Theorien über den Ursprung des Namens. Eine davon besagt, dass es sich dabei um die kontrahierte Form des Begriffes "degree hound" handelt, da früher nur Menschen mit einem bestimmten Rang (= "degree") diese Hunde halten durften. Andere sagen, dass der Name von "Greece" (englisch für Griechenland) abgeleitet ist. Dieser Hund wurde von den Spaniern um 1500 an die europäische Atlantikküste gebracht.

Wichtige Merkmale

Der schöne und edle Greyhound ist zum Rennen gebaut. Er hat einen stromlinienförmigen Körper, was man schon an der Nase, den Ohren und dem geschwungenen Hals sieht und sich bis zu den Lenden und dem muskulösen Hinterteil fortsetzt. Wenn er rennt, wirkt der lange, dünne Schwanz wie ein Kiel und die Ohren sind angelegt. Dieser Hund hat dunkle, glänzende Augen.

♂: 71-76 cm
29-32 kg

♀: 68-73 cm
27-29 kg

Bei dem kurzen, dichten Fell sind alle Farben erlaubt, weiß und grau eingeschlossen. Der anhängliche und sensible Greyhound ist auch kämpferisch veranlagt, hat einen starken Willen und ist entschlossen, das Rennen zu gewinnen. Zuhause ist der Greyhound ruhig und zu Kindern und anderen Hunden sehr freundlich. Er kann sich aufregen, wenn die Nachbarskatze näher kommt. Dieser Hund muss strikte Diät einhalten und viel Bewegung haben, weshalb er für einen sehr beschäftigten Besitzer nicht geeignet ist.

Pflege und Auslauf

Die Krallen müssen kurz und die Ohren sauber gehalten werden. Die Umgebung des Hundes sollte ebenfalls sauber sein. Wenn man den Greyhound im Haus hält, kann er faul und dick werden. Eine strikte Diät und täglicher Auslauf an der Leine so lange wie möglich sollten dies verhindern. Es wäre auch wünschenswert ihn von einem professionellen Trainer betreut auf dem Rennplatz laufen zu lassen.

Welpen und Erziehung

Im Schnitt kommen 10-15 Welpen zur Welt. Bei der Geburt muss die Mutter von anderen Tieren ferngehalten werden, damit sie genug Ruhe hat. Wenn es Komplikationen geben sollte, ist es ratsam, einzugreifen. Neugeborene Rüden wiegen etwa 400g und der sehr lange Schwanz könnte bei der Geburt Schaden nehmen.

Hamiltonstövare

Der Hamiltonstövare diente in Schweden und anderen verschneiten, skandinavischen Länder als Bären- und Rotwildjäger. Wegen seines gute Charakters gewinnt er als Wach- und Familienhund immer mehr an Beliebtheit. Der kurzhaarige, mittelgroße Hund ist pflegeleicht.

M 8 Jahre

Hintergrundinformationen

Obwohl es über die Ursprünge dieser Rasse verschiedene Theorien gibt, sagen Experten, das sie aus dem Holsteinischen Beagle, dem Hannoveraner Beagle, dem Curlandischen Beagle und dem Foxhound entstand und nach ihrem Erfinder Adolf Patrick Hamilton benannt wurde.

Wichtige Merkmale

Der muskulöse und stämmige Hamiltonstövare hat einen schmalen, rechteckigen, markanten Kopf und einen leicht gewölbten Schädel, sowie große Nasenlöcher, einen festen Scherenbiss und hoch sitzende Schlappohren. Außerdem hat er freundliche, kastanienbraune Augen, lange, muskulöse Vorderbeine, die von den Schultern aus gerade nach unten gehen und feste Füße mit kräftigen Ballen. Das Fell ist dick und das Unterfell wird im Winter sogar noch dicker. Das Fell ist auf der Oberseite des Halses und auf dem Rücken schwarz, auf dem Kopf kastanienbraun und rot am Rest des Körpers. An den Beinen, am Hals, auf der Brust, am vorderen Ende der Schnauze und an der Schwanzspitze ist es weiß.

M 8 Jahre

M 8 Jahre

♂: 51-58 cm
25 kg

♀: 46-56 cm
23 kg

Pflege und Auslauf

Eine gelegentliche Massage mit einem Handtuch reicht aus. Diese Rasse ist ausdauernd und tobt sich gerne aus. Die freundlichen Hunde sind gute Gefährten für Spaziergänge.

Welpen und Erziehung

Ein Wurf hat 4-10 Welpen. Mutter und Welpen sind freundlich, die Welpen lassen sich leicht aufziehen.

Ungarischer Windhund

Der Ungarische Windhund ist ein verblüffend schneller Hasen- und Fuchsjäger. Er ist außerdem ein Rennhund für mechanische Köder. Wegen seines guten Charakters wird er in Europa und anderswo immer beliebter.

Hintergrundinformationen

Als die Magyaren im 9. Jahrhundert in Transsylvanien einfielen, brachten sie die Vorfahren dieses Hundes mit. In den folgenden Jahrhunderten wurden diese Hunde mit vielen anderen gekreuzt, um so die verschiedenen Windhundarten zu schaffen. Zwischen dem 15. und 17. Jahrhundert wurden diese Jagdhunde weiter mit dem Saluki, dem Afghanischen Windhund, den Windhunden türkischen und asiatischen Ursprungs und im 19. Jahrhundert mit dem englischen Greyhound gekreuzt, um so den heute bekannten Ungarischen Windhund zu schaffen.

Wichtige Merkmale

Der Ungarische Windhund hat sehr muskulöse, geschwungene Lenden, einen schlanken Kopf mit einem angedeuteten Stirnansatz, einem langen, schlanken Hals und nach hinten liegenden Ohren. Außerdem hat er eine schwarze Nase, einen dünnen, langen Schwanz, der leicht nach oben gebogen ist und schlanke, dünne Beine. Das Fell ist extrem kurz und glänzend. Es kann grau, schwarz, getigert, gesprenkelt und weiß sein, was jedoch selten vorkommt. Obwohl er kein besonders guter Spürhund ist, ist er extrem schnell. Da er freundlich, anhänglich, intelligent, freundlich und seinem Herrn gegenüber gehorsam ist, ist er auch ein guter Wachhund.

Pflege und Auslauf

Das Fell erfordert nicht viel Pflege, aber dieser Hund sollte so viel es geht an der Leine ausgeführt werden.

Welpen und Erziehung

Die zehn bis fünfzehn Welpen pro Wurf sollten schon früh Kontakt zu Menschen haben, damit sie sich an sie gewöhnen.

F 3,5 Jahre

♂: 63-74 cm
27-31 kg

♀: 58-69 cm
22-26 kg

F 3,5 Jahre (links), M 1 Jahr (Mitte), F 1 Jahr (rechts)

Ibizan Hound

Diese alte Rasse wird schon in einem alten Grabstätte in Tutankhamen dargestellt. Der Ibizan Hound kann sehr hoch springen, er ist flink und heutzutage arbeitet er als Spür- und Familienhund.

Hintergrundinformationen

Vermutlich wurde diese Rasse schon von ägyptischen Pharaonen zum Jagen verwendet. Ägyptische Grabstätten aus der Zeit um 3.000 v. Chr. stellen einen Hund mit einer erstaunlichen Ähnlichkeit zum Ibizan Hound dar. Diese wurden 1922 bei der Freilegung des Grabes von Tutankhamen entdeckt. Im 8. Jahrhundert v. Chr. brachten phönizische und libysche Kaufleute diesen Hund auf einem Schiff zu den Baleareninseln, wo man ihn nach der Insel Ibiza benannt hat. Die Inselbewohner hielten diesen Hund von anderen Rassen fern und züchteten ihn für die Hasenjagd. Er wurde 1956 in die Vereinigten Staaten gebracht und 1979 offiziell vom amerikanischen Kennel Club anerkannt.

Wichtige Merkmale

Der Ibizan Hound hat den typischen stromlinienförmigen Windhundkörper und die schöne Haltung einer alten Rasse.

Sein Körper ist zudem extrem widerstandsfähig und hat einen deutlich abgesetzten Bauch, einen langen,

♂: 58-67 cm
23 kg

♀: 56-66 cm
19-22 kg

glatthaarig, M 3 Jahre

rauhaarig, F 3,5 Jahre

rauhaarig, F 3,5 Jahre

schmalen Kopf, auffallende, aufrechte Ohren, die auf gleicher Höhe mit den bersteinfarbenen oder kamelfarbenen Augen sitzen, sowie eine rosa Nase und einen langen Schwanz, der von Natur aus hängt. Das Fell kommt in zwei Varianten vor: rau und glatt. Es ist rot, weiß und rot-weiß. Der flinke Hund, der für sein gutes Auge für Entfernungen bekannt ist, wiegt nicht viel, und er ist brav und freundlich gegenüber seiner Familie und anderen Hunden. Dieser gehorsame Familienhund ist kein Zwingerhund, wenn er sich auch an eine neue Umgebung schnell anpasst. Er ist gesund und leicht aufzuziehen.

Pflege und Auslauf

Das Fell dieser Rasse muss gründlich massiert, anschließend leicht durchgebürstet und mit einem feuchten Tuch abgerieben werden. Ohren und Krallen müssen gelegentlich überprüft werden. Man sollte darauf achten, dass dieser Hund keinen Zug bekommt. Normales Hundefutter ist akzeptabel, aber kein Billigfutter von minderer Qualität. Außerdem ist gelegentlich ein ausgedehnter Spaziergang an der Leine notwendig.

Welpen und Erziehung

Ein Wurf mit sechs bis zwölf Welpen kommt meist ohne Komplikationen zur Welt. Neugeborene wiegen durchschnittlich etwa 400g. Wenn es viele Welpen gibt, sollte man in der dritten Woche mit einer ausgewogenen Entwöhnungsdiät beginnen. Wenn die Welpen schon früh Umgang mit Menschen haben, werden sie sich schnell an sie gewöhnen. Sie müssen konsequent erzogen werden, da sie manchmal kleine Tiere wie zum Beispiel Katzen angreifen.

glatthaarig, F 2 Jahre

Irischer Wolfshund

Der Irische Wolfshund ist die größte Hunderasse und kann mit sechs Monaten schon 36 kg wiegen. Im späten 18. Jahrhundert wurde er zur Wolfsjagd verwendet und rottete alle Wölfe in Irland aus. Dieser freundliche Hund entwickelt zu seinem Herren eine gute Beziehung.

M 3 Jahre

Hintergrundinformationen

Diese Rasse ist der irische Nationalhund und war beim Adel sehr beliebt. Obwohl der Irische Wolfshund seit Uhrzeiten für die Jagd auf Wölfe und andere große Tiere verwendet wurde, sind Details seiner Herkunft unbekannt. 1862 versuchte Kapitän George Graham der Britischen Armee, ihn als Rettungshund zu züchten. Der Standard für diese Rasse wurde 1885 festgelegt, und er wurde zum größten Hund weiterentwickelt. 1950 erkannte ihn der amerikanische Kennel Club offiziell an.

Wichtige Merkmale

Der Irische Wolfshund hat einen stämmigen Körper, der länger als hoch ist, sowie geschwungene Lenden, einen abgesetzten Bauch, eine tief gelagerte Brust, einen langen Kopf mit einer leicht erhöhten Stirn, kleinen Ohren, die wie die eines Greyhounds aussehen, sowie dunkle, eng zusammenstehende Augen und einer langen, nicht allzu spitzen Schnauze. Außerdem hat er starke Zähne, entweder mit Scherenbiss oder Reibebiss, einen langen, gebogenen Schwanz, gut gebaute, gerade Vorderbeine und muskulöse Hinterbeine. Das raue, harte Fell ist

♂: 81-86 cm
54 kg

♀: 76 cm
48 kg

M 1 Jahr

M 5 Jahre

drahtig und um die Augen und den Unterkiefer recht lang. Es kann grau, getigert, rot, schwarz, rehbraun und weiß sein. Dieser von Natur aus ruhige Hund bellt wenig, was ihn als Wachhund fast ungeeignet macht. Seine Größe wird Eindringlinge jedoch abschrecken. Der Irische Wolfshund ist keine Rasse für unerfahrene Hundebesitzer und etwas schwierig zu pflegen.

Pflege und Auslauf

Wenn der Hund als Haustier gehalten wird, reicht es aus, ihn zu bürsten. Wenn man ihn als Ausstellungshund hält, müssen abgestorbene Haare entfernt werden und man sollte ihn scheren lassen. Die Ohren müssen sauber und die Krallen kurz gehalten werden. Dieser Hund braucht nicht mehr Auslauf als ein kleiner Hund, aber er braucht viel Platz, wo er sich vergnügen kann. Man sollte diesen Hund nicht ohne einen hoch eingezäunten Garen halten.

Welpen und Erziehung

Der Rekord liegt bei 13 Welpen, aber im Durchschnitt sind es 3-4. Es dauert 20-24 Monate, bis die Welpen erwachsen sind. So lange sie im Wachstum sind, essen sie erstaunlich viel, aber wenn sie erst einmal ausgewachsen sind, muss die Futtermenge ihrer Aktivität angepasst werden. Zeitiger Kontakt mit Menschen und anderen Tieren verhindert, dass die Welpen scheu werden. Wenn man diese Rasse zusammen mit Kindern hält, muss sie gut erzogen werden.

F 3 Jahre

Otterhound

Der mit einem doppelten, Wasser abweisenden Fell ausgestattete Otterhound liebt das Wasser. Da er dort Otter jagt, ist er auch ein ausgezeichneter Jagdhund.

F 4 Jahre

Hintergrundinformationen

Obwohl über die Abstammung des Otterhound vieles im Ungewissen bleibt, glaubt man, dass er vom Harreir und vom Wasserspaniel abstammt. Es gibt zwei Theorien über seinen Herkunftsort. Eine davon ist, dass die Rasse in England während der Regentschaft von König Edward II (1307-27) für die Otterjagd verwendet wurde. Die andere ist, dass diese Rasse ursprünglich aus Frankreich kommt, da er einer alten französischen Rasse, dem Wendy Hund, ähnlich ist.

Wichtige Merkmale

Der Otterhound hat eng miteinander verbundene Ballen und einen großen Kopf. Eine Rasse, die etwa 60 cm groß ist, sollte einen Kopf haben, der zwischen Nasenspitze und Hinterkopf etwa 30 cm lang ist. Das Deckhaar ist rau und kraus, das Unterfell ist wollig und Wasser abweisend. Alle Fellfarben sind akzeptabel. Der normalerweise fröhliche und freundliche Hund ist manchmal auch stur. Der energiegeladene und jagdfreudige Hund ist seinem Herrn treu und ein guter Wachhund.

Pflege und Auslauf

Das dicke, doppelte Fell braucht ständige Pflege. Der Otterhound schwimmt gerne, also ist Schwimmen das geeignete Training für ihn. Dieser recht pflegeleichte Hund hat eine Lebenserwartung von zehn bis zwölf Jahren.

Welpen und Erziehung

Pro Wurf kommen 7-10 Welpen problemlos zur Welt. Die Mutter bleibt normalerweise ruhig. Neugeborene wiegen etwa 400g.

M 2 Jahre

♂: 61-67 cm
34-52 kg

♀: 56-66 cm
29-45 kg

F 4 Jahre

Petit Basset Griffon Vendeen

Dieser Hund ist der kleinste Griffon Vendéen. Er ist sehr schnell und ein ausgezeichneter Hasen-, Fuchs- und Rotwildjäger. Da er sehr neugierig auf seine Beute ist, verfolgt er sie mit großer Begeisterung.

M 2 Jahre

Hintergrundinformationen

Vermutlich stammt er vom Griffon Vendéen ab. Er ist eher ein Spürhund als ein Sichthund und ein verlässlicher Jäger, der noch heute bei der Jagd eingesetzt wird.

Wichtige Merkmale

Der Griffon Vendéen kommt in vier Größen von groß bis klein vor: Grand Griffon Vendéen, Briquet Griffon Vendéen, Griffon Artois Vendéen und Petit Basset Griffon Vendéen. Alle vier sind gute Jäger. Der Petit Basset Griffon Vendéen hat einen langen, eng gewölbten Schädel mit einem deutlich erkennbaren Stirnansatz, eine lange Schnauze und eine große, schwarze Nase mit weit geöffneten Nasenlöchern. Außerdem hat er schmale, dünne Ohren, die tief am Kopf angesetzt sind und sich nach innen falten, sowie einen hängenden Schwanz, der am Ansatz dick ist. Das harte, raue Fell ist etwa drei cm lang. Es kann weiß mit orangen oder cremefarbenen Schattierungen und schwarz mit loh sein.

Der furchtlose, ausdauernde und geduldige Schwerarbeiter ist bei seinem Herrn treu, freundlich und liebevoll und wedelt gerne mit dem Schwanz. Er ist als Begleithund gut geeignet.

Pflege und Auslauf

Das harte Fell muss mit einer festen Bürste gebürstet werden. Diese Rasse, die stärker ist als sie aussieht, braucht viel Auslauf, aber Geschwindigkeit ist dabei nicht unbedingt notwendig.

Welpen und Erziehung

Die Würfe mit vier bis sieben Welpen kommen ohne Probleme zur Welt. Die Welpen sind sehr gesund und leicht aufzuziehen.

M 2 Jahre

♂: 33-38 cm
11-16 kg

♀: 33-38 cm
11-16 kg

Pharaonenhund

Wie der Ibizan Hound stammt auch der Pharaonenhund aus dem alten Ägypten. Der fröhliche und nette Hund ist sehr kinderlieb. Als neu entdeckte Rasse kommt er nur selten vor.

M 4 Jahre

Hintergrundinformationen

In Malereien in ägyptischen Grabstätten von 4000 v. Chr. werden Hunde dargestellt, die dem Pharaonenhund sehr ähnlich sehen. Vermutlich wurden einige dieser Hunde von phönizischen Kaufleuten nach Gozo auf Malta und nach Sizilien gebracht. Auf der Insel Gozo nannten die Einheimischen diesen Hund Kaninchenhund. Bis 1968 sind acht Pharaonenhunde nach England exportiert und vom Kennel Club anerkannt worden. In den USA ist diese Rasse erst 1983 offiziell anerkannt worden.

Wichtige Merkmale

Der Pharaonenhund hat einen langen, schlanken Körper, einen leicht abgesetzten Bauch, einen flachen, dreieckigen Kopf, große, hoch angesetzte Stehohren, eine rosa-braune Nase, sowie ein Gesicht, das etwas länger als der Schädel ist. Der lange Schwanz ringelt sich zusammen, wenn der Hund aufgeregt ist, aber nie über dem Rücken. Seine Pfoten sind wie Katzenpfoten. Das kurze, glänzende Fell ist dunkelloh mit einer weißen Schwanzspitze und weißen, sternförmigen Abzeichen an den Pfoten und der Brust und einer dünnen, weißen Linie mitten auf der Stirn. Wegen seines ausgeprägten Jagdinstinktes wird dieser Hund die Kaninchen und Katzen der Nachbarn jagen und fangen. Er kann nicht in der Etagenwohnung gehalten werden.

Pflege und Auslauf

Das Fell muss jeden Tag nur kurz gebürstet und mit einem rauen Tuch abgerieben werden. Viel Auslauf an der Leine und viel Bewegung an der frischen Luft ist empfehlenswert.

Welpen und Erziehung

Die Würfe mit 3-7 Welpen kommen ohne Komplikationen zur Welt. Die Welpen wachsen recht schnell. Man muss sie im Auge behalten, weil sie sich sonst die Schwänze verletzen.

M 2 Jahre

M 4 Jahre

♂: 58-64 cm
18-27 kg

♀: 63-61 cm
18-27 kg

Rhodesian Ridgeback

Diese äußerst intelligente Allwetterrasse ist ihrem Herrn absolut treu, wenn sie gut erzogen ist.

M 1,5 Jahre

F 7 Jahre

♂: 63-69 cm
34 kg

♀: 61-66 cm
29 kg

Hintergrundinformationen

Vermutlich ist der in Südafrika beheimatete Rhodesian Ridgeback eine Kreuzung zwischen einem Jagdhund der Hottentotten und einem Hund der Kapprovinz. 1876 kam er nach Rhodesien, wo er als Afrikanischer Löwenhund bekannt wurde und von Siedlern zur Jagd auf große Tiere eingesetzt wurde. 1950 wurde er in die Vereinigten Staaten exportiert und 1955 vom amerikanischen Kennel Club offiziell anerkannt.

Wichtige Merkmale

Der Rhodesian Ridgeback hat einen extrem kräftigen, muskulösen Körper, eine breite Brust, einen starken, muskulösen Rücken, der sich zum Hinterteil hin wölbt, sowie einen großen, breiten Kopf und Schlappohren, die nach unten spitz zulaufen, aber abgerundet sind. Er hat außerdem dunkel bernsteinfarbene Augen, eine kräftige Schnauze mit Scheren- oder Reibegebiss und einen leicht gebogenen, aber nicht geringelten Schwanz. Das kurze, harte Fell ist dicht und liegt glatt am Körper. Sehr harte Haare wachsen auf dem Rückgrat. Es ist entweder weizen farben oder rötlich weizenfarben.

Pflege und Auslauf

Wenn er genug Auslauf hat, braucht dieser Hund keine besondere Pflege.

Welpen und Erziehung

Die Würfe mit sieben bis acht Welpen kommen manchmal mit Komplikationen zur Welt. Ein Mangel an Gehorsamsübungen macht den Hund aggressiv und nervös.

M 5 Jahre

Saluki

Der Saluki ist eine sehr alte Rasse, die schon zur Zeit der ägyptischen Dynastien bekannt war und für Nomaden in Ägypten, Saudi-Arabien und Persien Gazellen jagte. Der schlanke, edle Hund ist ein ausgezeichneter Läufer mit unerschöpflicher Ausdauer.

M 8 Jahre

Hintergrundinformationen

Man sagt, dass der Saluki von den ägyptischen Pharaonen hoch geschätzt wurde. Dieser Glaube gründet sich auf eine Schnitzerei, die in 9.000 Jahre alten, sumerischen Ruinen freigelegt wurde. Darauf ist ein Hund zu sehen, der dem Saluki erstaunlich ähnlich sieht.

Wichtige Merkmale

Der gesunde Saluki sollte an den Seiten sichtbare Rippen haben. Der stromlinienförmige Windhund hat einen v-förmigen Kopf und große Schlappohren. Diese Rasse hat zwei Fellarten: Ein kurzes Fell am ganzen Körper und ein kurzes Fell mit längeren Partien an Ohren, Schwanz und Beinen. Es kann rot-weiß, schwarz mit tan, weiß, rehbraun, cremefarben und golden sein. Dieser intelligente und wachsame Hund hat einen extrem starken Willen und ist seiner Familie gegenüber treu und freundlich.

♂: 58-71 cm
20-25 kg

♀: viel kleiner
14-20 kg

M 2 Jahre

Pflege und Auslauf

Es ist nötig, diesen Hund jeden Tag kurz zu bürsten. Das Bett des Hundes sollte weich sein, um wunde Stellen zu vermeiden. Eine ausgewogene Ernährung und viel Auslauf vermeiden Übergewicht. Wenn dieser Hund erst einmal anfängt zu laufen, kommt er kaum noch zum Stehen, weshalb er immer an der Leine ausgeführt werden sollte.

Welpen und Erziehung

Pro Wurf kommen 5-7 Welpen zur Welt. Wenn man sich schon früh mit ihnen befasst, werden sie auch nicht nervös.

M 9 Monate

Sabueso Español

Der Sabueso Español, der vermutlich von der iberischen Halbinsel stammt, ist ein beliebter Jäger nach verschiedenen Wildarten. Durch seinen kräftigen Körper und seine große Ausdauer kann er ungeachtet der Witterung stundenlang arbeiten.

Hintergrundinformationen

Wahrscheinlich stammt der Sabueso Español von einem Jagdhund ab, den die Phönizier nach Spanien brachten und dass er deshalb die gleichen Ursprünge wie andere in Europa weit verbreitete Jagdhunde hat. Er hat lange genug auf der iberischen Halbinsel gelebt, um als dort beheimateter Hund bezeichnet werden zu können.

Wichtige Merkmale

Obwohl er recht empfindlich aussieht, hat er einen muskulösen, gut gebaute Körper, einen länglichen Kopf mit einem mäßig gewölbten Schädel, große Nasenlöcher mit dunklen Pigmentflecken, sowie leicht herabhängende Lefzen, große Schlappohren und einen Schwanz, der hinter dem Sprunggelenk herabhängt. Das kurze Fell ist glatt und glänzend ohne längere Partien. Es ist rot-weiß oder schwarz-weiß. Eine Variante des Sabueso Español ist etwas heller, kleiner und schlanker mit einer dünnen, elastischen Haut und einem dichten, glänzenden Fell, das rot oder schwarz mit weißen Abzeichen ist.

M 3 Jahre

M 3 Jahre

Der liebevolle, vergnügte, zu Kindern gutmütige Hund ist seinem Herrn treu, aber bei Fremden wachsam.

Pflege und Auslauf

Das kurze Fell ist pflegeleicht und muss gelegentlich gebürstet werden. Dieser energiegeladene Hund braucht täglich viel Auslauf.

Welpen und Erziehung

Die 4 bis 8 Welpen pro Wurf brauchen konsequentes Gehorsamstraining.

♂: 51-56 cm
25 kg

♀: 48-51 cm
23 kg

Schweizer Laufhund

Der mit einem ausgezeichneten Geruchssinn ausgestattete Schweizer Laufhund ist als Spürhund sehr bekannt. Er braucht keine besondere Ernährung, Fellpflege oder Auslauf und wird als Familienhund immer beliebter.

F 1,5 Jahre

♂: 46-53 cm
18-20 kg

♀: 46-53 cm
18-20 kg

Hintergrundinformationen

Vermutlich stammt diese Rasse von Jagdhundrassen ab, die vor der christlichen Zeitrechnung von Phöniziern und Griechen ans Mittelmeer und das Nilbecken gebracht wurden. Man glaubt außerdem, dass diese Hunde damals von Südeuropa aus nach England kamen, von wo aus sie in die von den Römern besetzte Schweiz gebracht wurden. Wegen seines ausgezeichneten Geruchssinns und seines Kampfgeistes wurde er früher zur Bärenjagd verwendet.

Wichtige Merkmale

Der mittelgroße Schweizer Laufhund hat einen schlanken, langen Körper und einen markanten Kopf, große, schwarze Nasenlöcher, freundliche, dunkle Augen, sowie sehr lange Ohren, die in einer leichten Biegung herunterhängen. Außerdem hat er kräftig gebaute Beine und feste Pfoten mit großen, elastischen Ballen. Das kurze Fell ist hart und dicht. Es ist weiß mit orangen oder gelben Abzeichen oder ganz rot.

Der friedliche, freundliche und seinem Herrn sehr treue Hund ist gleichzeitig ein entschlossener und aggressiver Jäger.

Pflege und Auslauf

Gelegentliches Bürsten ist alles, was an Fellpflege notwendig ist. Er liebt und braucht lange Spaziergänge.

Welpen und Erziehung

In jedem Wurf sind vier bis zehn Welpen. Obwohl sie stark sind, kann es sein, dass sie zusätzliche Milch brauchen, wenn der Wurf groß ist.

F 1,5 Jahre

F 1,5 Jahre

Tiroler Bracke

Trotz ihrer geringen Größe hat die Tiroler Bracke einen natürlichen Jagdinstinkt und ist für unerfahrene Jäger geeignet. In den sehr kalten Tiroler Alpen ist sie noch immer ein beliebter Jagdhund.

Hintergrundinformationen

Die auch als Tiroler Hund bekannte Tiroler Bracke wurde aus dem alten österreichischen Jagdhund und anderen Jagdhunden zur winterlichen Jagd in den Tiroler Alpen gezüchtet. Ihre Größe macht den Transport zur Jagd einfach.

Wichtige Merkmale

Die mittelkräftige Tiroler Bracke hat einen etwas schmalen Kopf mit einer rundlichen Stirn, breite, dünne, flache Ohren, sowie große, dunkle Augen, einen klar erkennbaren Stirnansatz, sehr starke Zähne und einen langen, geraden Schwanz. Das kurze Fell ist dick und hart. Es ist rot oder rötlich gelb mit weiß an der Schnauze den Kiefern, der Brust und der Schwanzspitze, auch dreifarbig ist erlaubt.

Die liebevolle, ruhige, gehorsame und Fremden gegenüber wachsame Tiroler Bracke ist ein guter Wach- und Familienhund. Sie ist mutig und ausdauernd und gehorsam bei der Jagd.

M 3 Jahre

M 3 Jahre

Pflege und Auslauf

Es ist empfehlenswert, das Fell mit einer Bürste aus Naturborsten zu bürsten. Dieser Hund braucht viel Auslauf, am besten im Gebirge.

M 3 Jahre

Welpen und Erziehung

Die aus vier bis acht Welpen bestehenden Würfe sind stark und kälteunempfindlich.

♂: 40-48 cm
15-22 kg

♀: 40-48 cm
15-22 kg

Whippet

Dieser Hund läuft mit extremer Geschwindigkeit und angelegten Ohren. Dadurch sieht er wie ein Rennpferd aus. Da er auf der Rennbahn vor kurzem durch den Greyhound ersetzt wurde, wird er nun hauptsächlich als Familienhund gehalten.

M 3 Jahre

F 2 Jahre

Hintergrundinformationen

Man glaubt, dass dieser Hund vor 150 Jahren durch eine Kreuzung des kleinen Greyhound mit verschiedenen Terriern und dem Italienischen Windspiel gezüchtet wurde. Ursprünglich wurde er "snap dog" (snap = schnappen) genannt und zur Jagd auf Kaninchen und Ratten verwendet. Durch seine Schnelligkeit wurde er in England zum Rennhund. Aus diesem Grund erhielt er von Bergarbeitern in Lancashire und Yorkshire denn Spitznamen "Rennpferd des armen Mannes".

Wichtige Merkmale

Der nicht allzu hohe und mittelgroße Hund, der halb so groß wie der Greyhound ist, hat einen stromlinienförmigen Körper, ein kraftvoll geschwungenes Hinterteil, einen schmalen Brustkorb, einen abgesetzten Bauch und abgerundete Lenden, sowie runde Hinterbacken, die weich zu den Hinterbeinen hin abfallen. Er hat einen langen Rücken, muskulöse Schultern, eine flache Schädeldecke, harmonische, weit

F 2 Jahre

geschwungene Kieferknochen und Ohren, die flach nach hinten angelegt werden, wenn der Hund rennt und die halb aufgestellt werden, wenn er aufmerksam ist.

Außerdem hat er dunkle, ovale Augen, eine lange, spitz zulaufende Schnauze mit Scherenbiss und einen starken Unterkiefer, sowie ein muskulöses Hinterteil, lange Vorderbeine und kräftige Hinterbeine. Abgesehen davon hat er feste, dicke Ballen mit harten Krallen und einem langen Schwanz, den er zwischen den Hinterbeinen trägt. Das kurze Fell ist glatt und glänzend und kann grau, loh, rehbraun, getigert und weiß sein, sowie verschiedene andere Farben haben.

Der nette, ruhige, intelligente Whippet kann sowohl als Wachhund als auch als Haustier in einem frei stehenden Haus oder in einer Wohnung leben. Der anmutige, edle Hund bellt und heult nicht, kennt sein Revier und gewöhnt sich an das Leben drinnen. Er ist nicht so empfindlich wie er aussieht und zudem pflegeleicht, obwohl man ihn nicht der Kälte aussetzen darf.

Pflege und Auslauf

Der Whippet erfordert kaum Fellpflege, außer gelegentliche Massagen mit einem feuchten Tuch und gelegentliches Baden. Achten Sie darauf, dass der Hund anschließend vollkommen trocken gerieben wird. Er muss mindestens zweimal täglich an der Leine ausgeführt werden. Wenn man ihn schon früh dazu erzieht, andere Tiere nicht zu jagen, kann man den Hund auf einem großen Gelände laufen lassen. Rennen sollten von einem professionellen Trainer betreut werden.

Welpen und Erziehung

Die Würfe mit vier bis acht Welpen kommen normalerweise ohne Komplikationen zur Welt. Sie wachsen sehr schnell heran.

Windhund

Dieser ausgezeichnete Sichthund ist in Polen über Jahrhunderte hinweg als Jagdhund verwendet worden. Er ist freundlich zu seinem Herrn und zu Kindern liebevoll, was ihn zu einem guten Haushund macht.

Hintergrundinformationen

Dieser Hund wurde im 14. Jahrhundert von polnischen Adeligen für die Jagd verwendet. Der äußerst schnelle Windhund jagte große Tiere, wie beispielsweise Wildschweine.

F 4 Jahre

♂: 48-56 cm
14 kg

♀: 46-53 cm
13 kg

F 4 Jahre

Der Vorfahre dieses Hundes soll eine Kreuzung zwischen einer in Polen einheimischen Jagdhundrasse und einem asiatischen Sichthund sein, der mit dem englischen Greyhound weitergekreuzt wurde.

Wichtige Merkmale

Der Windhund hat einen schlanken, harmonischen Körper, der dazu gebaut ist, sehr schnell zu laufen, sowie einen hohen, eckigen, muskulösen Rücken, eine geschwungene Lende, einen langen, breiten Brustkorb und einen festen, deutlich abgesetzten Bauch. Außerdem hat er einen langen, mäßig breiten Kopf mit einer flachen Schädeldecke und einem angedeuteten Stirnansatz und kleine, glatte, Rosenohren, dunkle, intelligent blickende Augen und einen Scherenbiss. Das glatte Fell liegt am Körper an. Es kann weiß, schwarz oder zweifarbig sein, aber auch viele andere Farben haben, getigert ist jedoch nicht erlaubt. Dieser sehr energiegeladene und geduldige Hund kann nervös, aber nie aggressiv sein.

Pflege und Auslauf

Es wird reichen, wenn man das Fell gelegentlich mit einem Tuch abreibt. Der Windhund braucht jedoch sehr viel schnellen Auslauf, wie zum Beispiel an der Leine neben dem Fahrrad. Wenn er Auslauf hat, muss man genau auf andere Hunde achten.

Welpen und Erziehung

Die 4-8 Welpen pro Wurf kommen ohne Komplikationen zur Welt. Der Raum muss im Winter warm gehalten werden. Wenn man sich früh mit ihnen beschäftigt, sind sie später zu Menschen freundlich.

Scottish Terrier

Die Gruppe der Terrier

Airedale Terrier 222
American Staffordshire Terrier 224
Australian Terrier 225
Bedlington Terrier 226
Russischer Terrier 228
Border Terrier 229
Bull Terrier 230
Cairn Terrier 232
Cesky Terrier 234
Dandie Dinmont Terrier 235
Glatthaariger Foxterrier 236
Drahthaariger Foxterrier 238
Deutscher Jagdterrier 240
Glen of Imaal Terrier 241
Irish Terrier 242
Jach Russell Terrier 244
Kerry Blue Terrier 246
Lakeland Terrier 248
Manchester Terrier 250
Norfolk Terrier 252
Norwich Terrier 253
Scottish Terrier 254
Skye Terrier 256
Soft-Coated Wheaten-Terrier 258
Sealyham Terrier 260
Staffordshire Bull Terrier 261
West Highland White Terrier 262
Welsh Terrier 264

Airedale Terrier

Der Airedale Terrier ist als der König der Terrier bekannt. Er ist der größte Terrier und ein traditioneller Jagdhund. Außerdem wurde er als Militär- und Polizeihund verwendet.

Hintergrundinformationen

Seit dem 19. Jahrhundert jagt der Airedale Terrier Vögel, Otter und größere Tiere. Der mutige, flinke und aktive Hund ist ein guter Schwimmer, ein Zug, den er durch seine Abstammung von den Otterhunden erbte. Heute ist der Airedale Terrier auf der ganzen Welt ein beliebter Familienhund.

Wichtige Merkmale

Der größte Terrier hat lange Beine, die ihn muskulös und eckig aussehen lassen, kleine, dunkle Augen, Knickohren und einen mäßig langen Schwanz, der aufrecht getragen wird. Er hat ein doppeltes Fell, das normalerweise hart und drahtig, und glatt oder wellig ist. Es ist lohfarben mit einem schwarzen oder grauen Fleck, der den Halsansatz und den Rücken wie ein Sattel bedeckt. Schwarz mit rot oder kleine weiße Flecken auf der Brust sind auch erlaubt.

Dieser zu Kindern gutmütige und mit einem starken Beschützerinstinkt ausgestattete Hund ist ein guter Begleiter. Er passt sich jeder Umgebung an und liebt viele Aktivitäten.

Pflege und Auslauf

Das harte Fell muss mindestens 3x pro Woche gebürstet werden. Zusätzlich muss man es trimmen, auseinanderpflücken und ausziehen, wenn man einen Ausstellungshund hat. Der Auslauf sollte immer an der Leine sein. Ein Zusammentreffen mit einer Katze oder einem anderen Hund wird selbst einen gut erzogenen Airedale aus der Fassung bringen.

F 3 Jahre

Welpen und Erziehung

Ein Wurf besteht aus fünf bis zwölf Welpen. Neugeborene sind immer schwarz und entwickeln beim Heranwachsen eine zweite Farbe. Sobald sie die zweiten Zähne bekommen, sind sie erwachsen. Die liebevolle Pflege des Besitzers und zeitiger Umgang mit Menschen sind unerlässlich, damit ein Airedale Terrier an Seele und Körper gesund bleibt. Gründliches Gehorsamstraining sollte schon erfolgen, wenn der Welpe noch sehr klein ist.

F 3 Jahre

♂: 58-61 cm
21-27 kg

♀: 53-58 cm
21-27 kg

F 3 Jahre

American Staffordshire Terrier

Dieser auch als Pitbull Terrier bekannte, schwer gebaute Kampfhund wurde im 19. Jahrhundert geschaffen. Obwohl er seinem Herrn gehorcht, ist er immer kampfbereit, was ihn zu einem guten Wachhund macht.

Hintergrundinformationen

Dieser mutige und kräftige aus dem Staffordshire Bull Terrier und dem Bull Terrier entwickelte Hund wurde einzig und allein zum Kämpfen gezüchtet und verändert. 1898 wurde er erstmals vom Vereinigten Kennel Club als American Pit Bull Terrier anerkannt.

1936 wurde er auch vom amerikanischen Kennel Club anerkannt und zwar als Staffordshire Terrier. 1972 wurde er offiziell als American Staffordshire Terrier bezeichnet, um ihn vom leichteren English Staffordshire Bull Terrier zu unterscheiden.

Wichtige Merkmale

Der muskulöse American Staffordshire Terrier hat schwer gebaute Beine, einen kräftigen, keilförmigen, großen Kopf mit einem tiefen Stirnansatz, sowie runde, dunkle Augen, die tief im Schädel liegen. Außerdem hat er stehende, halb rosenförmige Ohren. Das glänzende Fell ist glatt. Außer weiß sind alle Fellfarben erlaubt. Nach den Standards des amerikanischen Kennel Clubs sind alle Abzeichen erlaubt. Durch seinen stark ausgeprägten Beschützerinstinkt reagiert er auf jede Stimmung seines Besitzers. Gehorsamstraining akzeptiert er problemlos.

Pflege und Auslauf

Wird das Fell gebürstet und abgerieben, bleibt es gesund und glänzend. Lange Spaziergänge und schnelles Laufen an der Leine sind unbedingt notwendig. Dieser Hund sollte immer angeleint sein, weil er sonst mit anderen Hunden rauft.

Welpen und Erziehung

Pro Wurf kommen fünf bis zehn Welpen zur Welt. Man muss konsequent mit ihnen umgehen, um sie zu erziehen.

M 3 Jahre

♂: 43-48 cm
20 kg

♀: 38-46 cm
18 kg

F 6 Monate

M 11 Monate

Australian Terrier

Dies ist einer der wenigen nicht aus England stammenden Terrier. Der von australischen Siedlern gezüchtete Hund ist der kleinste Arbeitsterrier und sein unverfälschtes, entzückendes Aussehen hat ihm in den Vereinigten Staaten große Beliebtheit eingebracht.

M 4 Jahre

♂: 25 cm
5-6 kg

♀: 25 cm
5-6 kg

M 5,5 Jahre

Hintergrundinformationen

Der Australian Terrier wurd aus dem Cairn, dem Dandy Dinmont, dem Irish und dem Yorkshire Terrier, sowie aus einigen anderen Terriern im 19. Jahrhundert in Australien gezüchtet. Diese Rasse beschützte das Leben und den Besitz der Siedler und wurde mit vielen Preisen ausgezeichnet. In England tauchte er erstmals 1906 auf und wurde 1933 offiziell vom Kennel Club anerkannt. Der amerikanische Kennel Club erkannte diese Rasse 1960 ebenfalls auf Druck von Anhängern des Australian Terriers an.

Wichtige Merkmale

Der Australian Terrier hat einen Körper, der länger als hoch ist, hoch sitzende Ohren und kleine dunkle Augen. Er hat ein derbes, doppeltes Fell mit einer Krause am Hals und auf dem Kopf. Es ist entweder blauschwarz oder silberschwarz mit lohfarbenen Abzeichen. Ein dunkles Rot oder dunkel sandfarben sind ebenfalls erlaubt.

Der mutige und wachsame Australian Terrier ist ein guter Wachhund. Diese Rasse ist außerdem vernünftig, nachdenklich und gutmütig zu Kindern.

Pflege und Auslauf

Das lange Haar an den Ohren sollte ausgezupft und die Haare an den Beinen sollten entweder ganz entfernt oder ausgedünnt werden, damit das Fell sauber aussieht. Zwei Spaziergänge am Tag sind notwendig. Ideal ist Freilauf auf eingezäuntem Gelände.

M 5,5 Jahre

Welpen und Erziehung

Ein Wurf besteht aus durchschnittlich drei bis vier Welpen. Neugeborene sind meistens schwarz und erhalten ihre endgültige Farbe später. Die Ohren stellen sich während der sechsten und achten Woche auf.

Bedlington Terrier

Trotz seines eleganten und kultivierten, schafsartigen Aussehens ist der Bedlington Terrier ein flinker und aggressiver Hund, der von Bergarbeitern entwickelt wurde.

Hintergrundinformationen

Die Bergarbeiter im englischen Northumberland schufen im 19. Jahrhundert den Bedlington Terrier für die Jagd auf Füchse und Wiesel. Später wurde diese Rasse bei Wilddieben beliebt und dann zu einem Statussymbol von Adeligen.

M 4 Jahre

♂: 40-43 cm
8-19 kg

♀: 38-41 cm
1-9 kg

Ironischerweise wurde sie später für die Jagd auf Wilddiebe verwendet. Man behauptet, dass der Bedlington Terrier ein Blutsverwandter des Dandie Dinmont Terrier ist. Tatsächlich ist er eine Kreuzung zwischen dem Spür- und Sichtterrier und dem Treibhund. Außerdem ist er mit den Fähigkeiten des Whippet ausgestattet. Seine einzigartiges, schafsartiges Aussehen hat ihm viele Bewunderer verschafft.

Wichtige Merkmale

Der Bedlington Terrier hat einen starken Körper, einen schön geschwungenen Rücken und - verglichen mit anderen Terriern - lange Beine. Außerdem hat er einen breiten Kopf mit einem deutlichen

F 2 Jahre (links), F 2 Jahre (Mitte), M 4 Jahre (rechts)

Stirnansatz, tief sitzende Hängeohren und Augen, deren Farbe von hell- bis dunkelhaselnussbraun variiert. Er hat ein feines doppeltes Fell mit hartem und weichen Haar. Es ist entweder blau, leber und sandfarbenen, oft mit loh vermischt.

Der Bedlington stellt sich schnell auf die Stimmung seines Herren ein und ist sehr gelehrig. Sein Mut und sein großer Beschützerinstinkt machen ihn zu einem guten Wachhund. Dieser treue Hund ist auch als Haustier beliebt.

Pflege und Erziehung

Um das eigentümliche, schafsartige Aussehen dieses Hundes zu erhalten muss das Fell von einem Fachmann getrimmt werden. Im Profil des Kopfes muss man erkennen können, dass der Nasenrücken sich vom Stirnansatz bis zur Nasenlinie in einer konvexen Linie beugt. Die Ohren werden so getrimmt, dass an ihren Enden Quasten stehen bleiben. Der Bedlington Terrier sollte regelmäßig mit einem Kamm und einem Efiliermesser frisiert werden. Dieser schnelle Hund darf nie ohne Leine laufen, es sei denn man lässt ihn auf eingezäuntem Gelände laufen, weil er einem vorbeilaufenden Hund oder einer Katze nachjagen wird.

Welpen und Erziehung

Pro Wurf gibt es drei bis sechs Welpen. Neugeborene sind entweder schwarz oder dunkelbraun, werden jedoch blau oder leberfarben, bevor sie ein Jahr alt sind. Wenn man schon zeitig damit anfängt, sie zu frisieren, werden sie sich an das künftige Trimmen gewöhnen. Man muss gut auf diese Rasse aufpassen, da sie dazu neigt, mit anderen Hunden zu kämpfen.

Russischer Terrier

F 2 Jahre

Der aus Russland stammende Russische Terrier ist eine große, sehr starke Jagdhunderasse, die sogar Bären jagt. Da sie vom französischen Kennel Club anerkannt wurde, wird diese Rasse sicherlich in Europa in Zukunft immer beliebter.

Hintergrundinformationen

Russische Züchter haben den Russischen Terrier geschaffen, indem sie den Riesenschnauzer mit dem Airedale Terrier und dem Rottweiler gekreuzt haben. Der Riesenschnauzer wurde in Russland Russischer Bärenschnauzer genannt, da er dem Russischen Terrier ähnlich sah. Obwohl er in Moskau und in den Vororten von St. Petersburg ein beliebtes Haustier und Wachhund ist, ist er in Europa noch nicht besonders bekannt.

F 2 Jahre

Wichtige Merkmale

Der rechteckige und dem Riesenschnauzer ähnlich sehende Russische Terrier hat einen stämmigen, gut gebauten, muskulösen Körper mit einem flachen Schädel und einem kaum sichtbaren Stirnansatz, sowie eine spitze Schnauze. Das harte, leicht gewellte Fell ist üppig und wächst bis auf eine Länge von 12 - 25 cm, was bei extrem kaltem Wetter nützlich ist. Das Haar auf der Stirn ist länger und bedeckt das Gesicht. Die Farbe des Fells ist schwarz oder Pfeffer und Salz.

Der sensible, sehr intelligente, mutige Hund, der auch gegen sehr viel größere Tiere kämpft, ist eine gehorsame und treue Rasse, ein ausgezeichneter Wachhund und ein hervorragendes Haustier.

F 2 Jahre

♂: 66-73 cm
32-37 kg

♀: 63-71 cm
30-35 kg

Pflege und Auslauf

Das dichte Unterfell muss regelmäßig gebürstet und gekämmt werden. Viel Auslauf ist täglich notwendig.

Welpen und Erziehung

Ein Wurf besteht aus vier bis acht relativ starken Welpen. Man sollte sich schon früh mit ihnen befassen.

Border Terrier

Wie sein Name schon sagt, kommt der Border Terrier aus dem Grenzgebiet zwischen England und Schottland, wo er Bauern als Arbeitsterrier und als Wachhund diente. Sein otterähnliches Gesicht und sein raues Fell verleihen diesem Hund ein leicht unzivililsiertes, aber natürliches Aussehen.

Hintergrundinformationen

Der Border Terrier wurde aus einer Gruppe von Terriern gezüchtet, die jahrhundertelang in den Cheviot Hills zwischen England und Schottland lebten. Er wurde von den dort ansässigen Bauern wegen seines Talentes zum Töten von Füchsen und anderen Tieren, die in den Bauernhof eindrangen, sehr geschätzt. In den Vereinigten Staaten wird versucht, aus dem Border Terrier und anderen Rassen einen neuen Jagdhund zu züchten.

Wichtige Merkmale

Der Border Terrier ist länger als er groß ist, wobei sein Kopf dem eines Otters ähnlich sieht. Er hat kleine, v-förmige Schlappohren, dunkelhaselnussbraune Augen, einen Schwanz, der von Natur aus kurz ist und eine dicke, lockere Haut. Das drahtige Fell kann rot, getigert und loh, blau und loh und weizenfarben sein.

Der entschlossene Hund hat einen starken Willen und lernt schnell. Er ist seiner Familie gegenüber anhänglich.

Pflege und Auslauf

Das Fell sollte am Kopf, an den Beinen, am Hals und an der Schwanzspitze getrimmt und das lange Fell entfernt werden. Der aktive und schwer arbeitende Hund muss auch Arbeit bekommen und sollte lange ausgeführt werden.

Welpen und Erziehung

In jedem Wurf sind 3 - 6 Welpen. Neugeborenen dürfen alle Farben haben.

F 10 Monate

F 10 Monate

♂: 23-28 cm
6-7 kg

♀: 20-28 cm
5-6 kg

Bull Terrier

Das eiförmige Gesicht und die winzigen Augen verleihen dem Bull Terrier ein einzigartiges Aussehen. Trotz seines lustigen Äußeren war er ursprünglich ein Kampfhund.

♂: 30 cm
11 kg

♀: 30 cm
11 kg

Zwerg, F 9 Monate

Hintergrundinformationen

Der Bull Terrier wurde in England im 19. Jahrhundert geschaffen und war eine Kreuzung zwischen der Bulldogge und dem mittlerweile ausgestorbenen, weißen Englischen Terrier. Der feurige und mutige Hund wurde während der Viktorianischen Ära bei Hundekämpfen eingesetzt, bevor diese vom Parlament verboten wurden. Der beliebte weiße Bull Terrier erschien erstmals 1860, also etwas später als der farbige Bull Terrier. Obwohl er anfangs als minderwertig gegenüber dem farbigen Bull Terrier angesehen wurde, wurde er später durch Werbung und Mode berühmt.

Wichtige Merkmale

Der stämmige und muskulöse Bull Terrier hat schwer gebaute, kurze Beine, einen eiförmigen Kopf, Stehohren, eine schwarze Nase, einen natürlichen Schwanz, der nicht kupiert wird und hoch sitzende, eng zusammenstehende Augen, die für diese Rasse bezeichnend sind. Das glatte Fell liegt flach am Körper. Die Farbe ist ganz weiß oder weiß mit rot oder mit getigerten Abzeichen am Kopf. Getigerte oder weiße Bull Terrier haben oft eine Blesse oder weiße Stellen auf der Brust, an den Beinen und an der Schwanzspitze.

Der Bull Terrier widmet sich ganz der Aufgabe, seinem Herrn zu gefallen und liebt Menschen sehr, sogar Fremde. Aber er sollte nicht zusammen mit anderen Tieren gehalten werden, da er oft mit ihnen raufen könnte. Wenn man diesen Hund nicht unter Kontrolle hält, kann er Menschen gegenüber extrem aggressiv und gefährlich sein. Eine strenge Erziehung und eine selbstbewusste, sichere Art mit ihr umzugehen ist bei dieser Rasse unerlässlich.

Pflege und Auslauf

Das glatte, dichte Fell braucht kaum getrimmt zu werden, aber es sollte zweimal wöchentlich mit einer Bürste

♂: 51-56 cm
20-25 kg

♀: 48-53 cm
20 kg

Standard, F 4 Jahre

aus Gummi- oder Naturborsten gebürstet werden. Man kann auch Handschuhe verwenden, die speziell für Hunde gedacht sind. Baden Sie diesen Hund nur dann, wenn es notwendig ist. Es kann sein, dass der weiße Bull Terrier öfter gebadet werden muss, weil man den Dreck auf seinem Fell eher sieht. Der Hund sollte an der Leine ausgeführt oder auf eingezäuntem Gelände laufen gelassen werden. Man muss gut auf diesen Hund Acht geben, denn er neigt dazu, mit anderen Hunden zu kämpfen.

Welpen und Erziehung

Pro Wurf kommen vier bis acht Welpen zur Welt. Ihre Ohren stellen sich normalerweise, wenn sie drei oder vier Monate alt sind, es kann aber auch sein, dass sie unten bleiben, bis die zweiten Zähne wachsen. Neugeborene haben eine rosa Nase, die später schwarz wird.

Standard Bull Terrier

Cairn Terrier

Dieser Terrier ist auf der Insel Skye in Schottland zuhause. Er ist ein unverfälschter, aber starker und freundlicher Arbeitshund.

Hintergrundinformationen

Der bekannteste Cairn Terrier ist wahrscheinlich 'Toto' im 'Zauberer von Oz'. Wie es für diese Rasse typisch ist, ist Toto Dorothy treu und beschützt sie mutig vor Monstern. Der Cairn Terrier wurde seit Jahrhunderten im nordwestschottischen Hochland entwickelt.

F 1,5 Jahre

Er ist nach den schottischen 'Cairns' benannt, also nach den typischen Steinhaufen, in denen sich kleine, wilde Tiere bevorzugt verstecken. Diese kleine Rasse kann sich in die Cairns hineinzwängen, um Ratten herauszuscheuchen. Der Terrier wurde früher einmal mit dem West Highland White Terrier gekreuzt, weil man glaubte, dieser Hund sei eng mit ihm verwandt, aber der amerikanische Kennel Club verbot diese Züchtung 1916. Heute glaubt man, dass sie vollkommen verschiedene Rassen sind, obwohl sie viele gemeinsame Merkmale haben.

Wichtige Merkmale

Der Cairn Terrier hat einen kurzen, breiten Kopf und einen aufgerichteten Schwanz. Das zottige, doppelte Fell ist Wasser abweisend. Außer weiß sind alle Fellfarben erlaubt. Normalerweise ist es rot, fast schwarz, grau, sandfarben, meliert oder silber.

Der freundliche und normalerweise nicht aggressive Hund ist eifrig darauf bedacht, den Menschen zu gefallen und mit Kindern gutmütig. Dieser Hund, der sich in jeder Umgebung wohl fühlt, ist ein guter Familienhund. Wie bei anderen Terriern auch sollte man keine zwei Rüden zusammen halten, da sie dazu neigen zu kämpfen.

Pflege und Auslauf

Das von Natur aus zottelige Fell braucht nur wenig frisiert zu werden, aber man sollte es mindestens einmal pro Woche bürsten und mit einem Stahlkamm kämmen, inklusive der Unterseite des Schwanzes. Das Bürsten erhält das Fell gesund und verhindert Verfilzungen. Kontrollieren Sie regelmäßig die Augen

F 8 Monate

M 3 Jahre

und entfernen Sie den Dreck. Der Hund sollte für mehrere Stunden am Tag ausgeführt werden, ansonsten sollte er in einem eingezäunten Hof frei laufen. Da Terrier gerne graben, muss man aufpassen, dass er nicht davonläuft.

Welpen und Erziehung

Pro Wurf kommen drei bis fünf Welpen zur Welt. Neugeborene dürfen alle Farben haben, die endgültige Farbe erhalten sie später. Es gab auch schon erwachsene Hunde, die die Farbe wechselten. Die Ohren der Welpen stellen sich innerhalb von acht oder zwölf Monaten. Möglicherweise kippen sie später wieder nach vorne, aber dies reguliert sich mit den zweiten Zähnen von selbst.

♂: 25 cm
6 kg

♀: 23 cm
6 kg

Cesky Terrier

Der Cesky Terrier ist ein extrem widerstandsfähiger Terrier mit einem legendären Ruf als Rattenfänger in der früheren Tschecholslowakei. Normalerweise ist er freundlich, aber auch ein aggressiver Jäger.

F 1 Jahr

Hintergrundinformationen

Der Cesky Terrier wurde von dem tschechoslowakischen Genetiker und Scotch Terrier-Züchter Dr. Frantisek Llorak für die Jagd auf Ratten und Maulwürfe gezüchtet.

Wichtige Merkmale

Der kurzbeinige Cesky Terrier hat einen langen, stämmigen Körper, muskulöse Schultern und Schenkel, lange Schlappohren, die die Wangen berühren, sowie freundliche, mäßig tief sitzende Augen, einen gut entwickelten Kiefer und eine ausgeprägte Nase. Außerdem hat er einen 18 - 20 cm langen Schwanz, der auf gleicher Höhe mit dem Rücken getragen wird, wenn der Hund aufgeregt ist. Das Fell ist lang, mit Barthaaren, einem Bart und Augenbrauen. Es ist entweder blaugrau oder hell kaffeefarben.

Der vergnügte, gehorsame und treue Hund ist ein geduldiger, furchtloser und eifriger Jäger. Wenn er gut erzogen ist, ist er ein guter Spielkamerad für Kinder.

Pflege und Auslauf

Diese Rasse muss regelmäßig getrimmt werden und das lange Haar sollte häufig vorsichtig gekämmt werden, während das kurze Fell gebürstet werden muss. Ein kurzer Spaziergang ist genügend Auslauf, aber Bewegungsmangel lässt den Hund schnell übergewichtig werden.

Welpen und Erziehung

Pro Wurf kommen drei bis sechs Welpen zur Welt. Die Mutter geht nett und freundlich mit ihren Welpen um und kümmert sich gut um sie. Neugeborene haben eine dunkle Farbe und werden später heller.

♂: 28-35 cm
6-9 kg

♀: 2-35 cm
6-9 kg

F 1 Jahr

Dandie Dinmont Terrier

Der Dandie Dinmont Terrier ist nach der Hauptfigur in Sir Walter Scotts englischer Erzählung 'Guy Mannering' von 1814 benannt. Der flaumige Kopf ist kennzeichnend für diese freundliche, anhängliche Rasse.

♂: 20-28 cm
8 kg

♀: 20-28 cm
8 kg

M 3 Jahre

M 3 Jahre

Hintergrundinformationen

Der Dandie Dinmont stammt aus dem Grenzgebiet zwischen England und Schottland. Er wurde in England und in den Vereinigten Staaten für die Jagd auf kleine Tiere entwickelt und später von Wilddieben und Zigeunern als Otterfänger verwendet.

Wichtige Merkmale

Der kleine, kurzbeinige Dandie Dinmont Terrier hat eine großen, seltsam geformten Kopf, haselnussbraune Augen, Schlappohren mit fransigen Rändern und eine kurzen, gebogenen Schwanz. Das Fell ist weich und hat eine flaumige Krone. Das Fell kann grau sein (mit Variationen von silber bis blauschwarz) oder senffarben mit Variationen von rehbraun bis dunkelrot.

Obwohl er ein Familienhund ist, neigt der Dandie Dinmont dazu, nur seinem Herrn treu zu sein. Der entschlossene und beharrliche Hund ist recht gelehrig.

Pflege und Auslauf

Verwenden Sie eine spezielle Terrierbürste oder eine Bürste mit Metallborsten um das Fell mindestens dreimal pro Woche zu bürsten. Wenn langes Fell nicht entfernt wird oder wenn man das Fell nicht pflegt, verfilzt es schnell. Lange Spaziergänge erhalten diesen Hund gesund. Nehmen Sie den Dandie Dinmont immer an die Leine, sonst kann er davonlaufen und nicht mehr zurückkommen. Man muss auch aufpassen, weil diese Rasse gerne gräbt und unter Zäunen durchkrabbelt.

Welpen und Erziehung

Pro Wurf kommen drei bis sechs Welpen zur Welt. Neugeborene sind schwarz mit loh und werden nach sechs Monaten grau. Ein kastanienroter Hund mit schwarzer Maske wird später senffarben. Die Welpen brauchen etwa zwei Jahre, bis sie ausgewachsen sind.

Glatthaariger Foxterrier

Dieser Hund war einst eine Sporthunderasse für die Fuchsjagd und wurde im 19. Jahrhundert verändert. Im Vereinigten Königreich ist er eine beliebte Rasse.

M 2 Jahre

Hintergrundinformationen

Sogar Leute, die sich nicht für Hunde interessieren, kennen diesen Hund von einem Bild. Dort hört er auf 'die Stimme seines Herrn', die aus einem Grammofon kommt. Der heute von den meisten Zuchtverbänden anerkannte Hund wurde weltweit bekannt, weil die Engländer ihn in ihre Kolonien mitnahmen. Zuerst wurde er von englischen Reitern als Sporthund bei der Fuchsjagd verwendet. Später wurde sein Talent als Zirkushund entdeckt. Bis vor kurzem glaubte man, dass glatthaarige und rauhaarige Foxsterrier zur selben Rasse gehören, die lediglich mit zwei verschiedenen Fellarten vorkommt, aber heutzutage sieht man sie als zwei getrennte Rassen an.

Wichtige Merkmale

Der glatthaarige Foxterrrier hat einen kompakten, muskulösen Körper, Knickohren, die oberhalb der Schädellinie nach vorne klappen und einen Schwanz, der aufrecht getragen wird. Das Fell ist kurz, glatt, flach und dicht. Wenn man es nicht genügend pflegt, wachsen an beiden Seiten des Halses, den Hinterseiten der Beine und am Schwanz lange Haare. Seine Farbe ist meistens weiß mit loh, schwarz oder schwarz mit loh. Der Kopf ist oft schwarz mit lohfarbenen Stellen über den Augen und an den Wangen. Einige Hunde sind reinweiß. Dieser extrem energiegeladene Hund möchte immer raus und wird so lange glücklich sein, wie er genug Auslauf hat. Da er Fremde anbellt, ist er ein guter Wachhund.

M 1 Jahr

Sie darauf, dass er nicht andere Tiere oder Hunde angreift oder davonläuft.

Welpen und Erziehung

Pro Wurf kommen drei bis sechs Welpen zur Welt. Die Abzeichen der Neugeborenen bleiben, wenn sie erwachsen sind.

♂: 33-40 cm
6-8 kg

♀: 30-38 cm
6-8 kg

Pflege und Auslauf

Verwenden Sie eine Bürste mit Naturborsten oder einen speziellen Hundehandschuh zum Bürsten und anschließend einen dünnen Kamm. Wenn man das Fell mit einem Wildledertuch abreibt, bleibt es glänzend. Lange Haare können mit einem besonderen Kamm ausgezupft oder mit einem speziellen Rasierer abgeschnitten werden. Dieser energievolle Hund braucht viel Auslauf, am besten als Kombination zwischen Spaziergängen an der Leine und freiem Auslauf. Er liebt Ballspiele und bringt seinen Herren dazu, das Spiel immer wieder zu wiederholen. Wenn Sie mit diesem Hund spazieren gehen, achten

M 3 Jahre

Drahthaariger Foxterrier

Dieser Hund ist eine traditionelle englische Rasse für die Fuchsjagd. Sie hat eine ältere Geschichte als der glatthaarige Foxterrier und trat 1872 erstmals bei einer Hundeschau auf. In den Zwanzigerjahren erreichte er seine höchste Popularität.

Hintergrundinformationen

Wie der glatthaarige Foxterrier ist auch der drahthaarige Foxterrier eine in vielen Ländern anerkannte Rasse und wurde ebenfalls bei der Fuchsjagd zu Pferde verwendet. Der bekannteste Hund dieser Rasse ist 'Asta' in der Verfilmung von Dashiell Hammetts Detektivgeschichte 'Der dünne Mann'. Die bezaubernde Form und das Talent als Showstar brachte dem Hund den Namen 'Showgirl der Hundewelt' ein. Der drahthaarige Foxterrier hat zusammen mit dem glatthaarigen Foxterrier öfter den ersten Platz bei Ausstellungen belegt als jede andere Rasse.

M 4 Jahre

♂: 38 cm
7-8 kg

♀: 36 cm
7 kg

M 10 Monate

Wichtige Merkmale

Der rechteckig gebaute Foxterrier hat einen langen, rechteckigen Kopf, Knickohren und einen aufrechten Schwanz. Das drahtige Doppelfell ist hart und wellig mit längeren Haaren an den Augenbrauen, der Schnauze, den Beinen und der Brust. Weiß kommt öfter vor als schwarz, vor allem mit schwarzen, lohfarbenen oder schwarzlohfarbenen Abzeichen. Ein ganz weißes Fell wird nicht disqualifiziert, wenn es auch selten ist. Ein lohfarbener Kopf mit runden, schwarzen Abzeichen ist ebenfalls erlaubt. Diese Rasse arbeitet gern im Rudel, ist gesellig und immer darauf bedacht, den Menschen zu gefallen. Der flinke Hund, der viel bellt, ist ein guter Wachhund, obwohl er sich oft von anderen Hunden und von

Katzen ablenken lässt und sie jagt. Rüden neigen dazu, anderen Rüden gegenüber aggressiv zu sein.

Pflege und Ausbildung

Diese Rasse muss regelmäßig mit einer Bürste mit Naturborsten, einem Hundehandschuh oder einem Kamm gebürstet werden. Bei einem Ausstellungshund muss das Fell mit der Hand auseinandergezupft und ausgezogen werden, damit die Farbe und die Beschaffenheit des Fells gut bleiben. Polster für die Pfoten sind bei Terriern sinnvoll.

M 10 Monate

Bei einem Haushund, der nicht auf Schauen gezeigt wird, ist Scheren wahrscheinlich besser. Der drahthaarige Foxterrier braucht viel Auslauf um gesund zu bleiben.

Welpen und Erziehung

Normalerweise kommen 3-6 Welpen zur Welt. Neugeborene mit einem überwiegend schwarzen Kopf werden schön lohfarben, bevor sie ein Jahr alt sind. Der drahthaarige Foxterrier sollte konsequent dazu erzogen werden, schnell auf einfache Kommandos wie “Komm”, “Sitz”, “Bleib” und “Nein” zu hören.

Deutscher Jagdterrier

Der Deutsche Jagdterrier ist ein Allroundjäger für alles von Ratten bis Wildschweinen. Er jagt sowohl an Land als auch im Wasser. Die widerstandsfähige und beharrliche Natur dieses Hundes macht ihn zu einem guten Wachhund. Da er klein ist, kann er in der Stadt gehalten werden.

Hintergrundinformationen

Der im 18. Jahrhundert in Deutschland aus dem Foxterrier gezüchtete Deutsche Jagdterrier ähnelt dem rauhaarigen Irischen Terrier. Er kann im Wasser apportieren, springt sogar schnell in Fuchs- und Hasenbauten und greift Wildschweine heftig an.

Wichtige Merkmale

Der Deutsche Jagdterrier hat einen starken Schädel, der durch seine Wangen sehr harmonisch aussieht, sowie einen starken Kiefer und starke Zähne. Außerdem hat er hoch sitzende, v-förmige Ohren, die seitlich am Kopf sitzen und kleine, dunkle, kleine etwas tief sitzende Augen, gerade Vorderbeine und einen Schwanz, der fast immer aufrecht getragen wird. Das Fell kommt in zwei Varianten vor: glatt und drahthaar. Seine Farben sind in erster Linie schwarz mit loh, schwarz und dunkelbraun.

Der mutige und anderen Tieren gegenüber aggressive Hund ist seinem Herrn treu und gibt einen guten Wachhund ab.

Pflege und Auslauf

Der Hund muss gelegentlich gebürstet werden. Dieser flinke Terrier, der gerne herumtobt, muss auf einem großen Gelände frei laufen können.

Welpen und Erziehung

Die Würfe mit 3 bis 7 Welpen kommen meistens ohne Komplikationen zur Welt. Die meisten Deutschen Jagdterrier halten sich von Fremden fern, weshalb die Mutter am liebsten alleine wirft.

♂: 41 cm
9-10 kg

♀: 41 cm
8-9 kg

F (links), M (rechts)

Glen of Imaal Terrier

Nach einer Hundeausstellung in Irland hielt dieser Hund Einzug in Europa. Der mutige und intelligente Hund ist eine clevere Rasse, die - typisch für Terrier - jede Herausforderung annimmt.

F 1 Jahr

Hintergrundinformationen

Der Glen of Imaal-Terrier trat erstmals 1933 auf einer irischen Hundeausstellung in Erscheinung, wo er die Aufmerksamkeit vieler Hundeliebhabern auf sich zog, die ihn später in andere Teile Europas brachten. 1968 kam er in die USA, wo durch seinen Ruf als Rattenfänger, sein attraktives Aussehen und die Fähigkeit, Füchse und Dachse zu fangen, sehr beliebt wurde. Heute ist er eher Haustier als Jagdhund.

Wichtige Merkmale

Der kleine, kompakte Glen of Imaal Terrier ähnelt dem Welsh Corgi. Er hat eine kleinen, reizenden Schwanz, Beine, die für seine Körperlänge etwas kurz geraten sind und braune Augen, die den Charme dieser Rasse ausmachen. Das harte Fell kann weizenfarben, blau, grau oder meliert sein.

Dieser Hund, der anderen Hunden und Tieren gegenüber aggressiv ist und den starken Charakter eines Terriers hat, ist auch ein gehorsamer und verlässlicher Familien- und Wachhund.

Pflege und Auslauf

Das derbe Fell verfilzt selten und muss nur gelegentlich gebürstet werden. Verwenden Sie dort, wo das Fell lang ist, einen Kamm. Regelmäßiges Trimmen ist notwendig. Diese energievolle Rasse liebt es, frei in weitläufigem Gelände zu laufen.

Welpen und Erziehung

Pro Wurf kommen durchschnittlich drei bis sechs starke Welpen zur Welt.

F 1 Jahr

♂: 36 cm
14-16 kg

♀: 30 cm
14 kg

F 1 Jahr

Irish Terrier

Der Irish Terrier ist allen Familienmitgliedern ergeben und erfüllt seine Aufgaben mit Entschlossenheit. Er nimmt jede Schwierigkeit in Kauf, um seine Familie zu beschützen.

Hintergrundinformationen

Der Irish Terrier ist in Irland seit Jahrhunderten ein Farm- und Wachhund. Diese Allroundrasse ist bewachte Haus und Hof, begleitete seinen Herren überall hin und kümmerte sich um die Kinder. Man glaubt, dass der Irish Terrier so beliebt ist, weil er seiner Familie so ergeben ist.

Wichtige Merkmale

Der rechteckig gebaute Terrier sieht dem Foxterrier ähnlich, ist aber größer. Er hat einen eckigen Kopf, Knickohren, kleine dunkle Augen mit einem sensiblen Ausdruck und einen aufrechten Schwanz. Er ist sehr viel leichter als er aussieht. Das doppelte Fell ist drahtig und dicht. Locken sind nicht erlaubt. Es sind alle Unifarben von hellrot bis weizen möglich. Kleine weiße Flecken auf der Brust sind nicht wünschenswert.

Der mutige Hund mit Beschützerinstinkt passt sich jeder Umgebung an,

F 3 Jahre

F 3 Jahre

♂: 45 cm
12 kg

♀: 45 cm
11 kg

F 3 Jahre

aber wenn Rüden zusammengehalten werden, kann es zu Kämpfen kommen.

Pflege und Auslauf

Je öfter man das Fell bürstet, desto schöner wird es. Außer dass man ihn regelmäßig kämmen und bürsten muss,

ist dieser Hund pflegeleicht. Wenn man überflüssiges Fell oft herauszupft, wird die Fellfarbe schöner. Baden ist nur dann notwendig, wenn dies alles nicht ausreicht, um das Fell sauber zu halten. Seine Pfoten sollten von Körnern freigehalten werden. Diese aktive Rasse braucht viel Auslauf, vorzugsweise als Kombination von langen Spaziergängen an der Leine und Freilauf auf eingezäuntem Gelände.

Welpen und Erziehung

Pro Wurf kommen vier bis acht Welpen zur Welt. Einige Neugeborene haben wenige schwarze Haare, aber verschwinden, bevor sie erwachsen sind. Ein konsequenter Umgang mit diesem Hund ist notwendig und kleine Kinder können ihn nicht kontrollieren. Wenn er schon früh erzogen wird, wird er ein guter Familienhund.

Jack Russell Terrier

Der Jack Russell Terrier ist ein kleiner, aber idealer Jäger und zudem ein flinker, geduldiger und mutiger Hund, der von Jägern hoch geschätzt wird. Er ist freundlich zu seiner Familie und seinem Herrn treu, aber furchtlos und wachsam gegen Eindringlinge.

M 1 Jahr, rauhaarig

M 6 Jahre, glatthaarig

F 3 Jahre, gebrochen

M 6 Jahre, glatthaarig

Hintergrundinformationen

Der Jack Russell Terrier wurde 1870 nach einer Reihe von Veränderungen von Reverend Jack Russell aus Devon in England geschaffen. Russell war einer der ersten Mitglieder des Kennel Clubs und war außerdem als Richter und Züchter sehr bekannt. Er wollte einen kleinen, flinken, mutigen Terrier schaffen, der gut kleine Tiere wie Füchse und Waschbären jagen konnte. Er kreuzte einige Arbeitsterrier mit Hunden, die wie der drahthaarige Foxterrier aussahen und eine weiße Grundfarbe und Abzeichen am Kopf hatten. Als Reverend Russell 1883 starb, drohte der Jack Russell Terrier in Vergessenheit zu geraten., aber die Rasse wurde innerhalb kurzer Zeit bei europäischen Jägern und Reitern beliebt. 1990 legte der Kennel Club die Standards für diese Rasse fest, gefolgt von der FCI, die provisorische Standards festlegte. Der amerikanische Kennel Club hat keine Standards für diese Rasse.

Wichtige Merkmale

Der Jack Russell Terrier hat einen langen Brustkorb, einen geraden, recht kurzen, leicht geschwungenen Rücken, einen flachen, mäßig breiten Kopf mit einem angedeuteten Stirnansatz und leicht tief sitzende, dunkle Mandelaugen. Außerdem hat er kleine, hoch sitzende, v-förmige Schlappohren, die noch vorne geneigt sind, sowie eine schwarze Nase und einen kräftigen Kiefer mit Scherenbiss. Seine allgemeine Erscheinung ähnelt der des Foxterriers, obwohl der Jack Russell Terrier kürzere Beine hat.

Das Fell kommt in drei Varianten vor: glatt, gebrochen und rau. Die möglichen Farben sind tricolor und vorzugsweise weiß mit zitrone, loh oder mit schwarzen Abzeichen am Kopf, an der Schnauze und den Lenden. Der Parson Jack Russell Terrier hat kürzere Beine. Er wurde kürzlich offiziell anerkannt.

Pflege und Auslauf

Das Fell muss regelmäßig gebürstet werden und an den langen Stellen vorsichtig gekämmt werden. Dieser Hund braucht täglich Auslauf. Er läuft gerne frei auf einem großen Gelände.

♂: 23-28 cm
5-6 kg

♀: 23-28 cm
5-6 kg

M 4 Jahre, gebrochen

Welpen und Erziehung

Die Würfe mit 4 bis 8 Welpen kommen ohne Komplikationen zur Welt. Die Welpen sind stark und leicht aufzuziehen.

♂: 30-36 cm
5-6 kg

♀: 30-36 cm
5-6 kg

Parson Jack Russell Terrier, F 4 Jahre

Kerry Blue Terrier

Der auch als "Irish Blue" bekannte, irische Nationalhund ist ein viel geschätzter Jagd-, Schäfer-, Polizei- und Wachhund für Privathäuser. Im Gesicht hat er zahlreiche lange Haare und ein lockiges, graues Fell.

M 3 Jahre

Hintergrundinformationen

Der Kerry Blue Terrier stammt aus der Grafschaft Kerry im Südwesten Irlands. Er wurde im 19. Jahrhundert beliebt, als einige Bewunderer diese Rasse förderten, indem sie ihn so trimmten, dass er besonders gut aussah, und seine besonderen Talente hervorhoben.

Wichtige Merkmale

Er ist quadratisch gebaut und sieht dem Foxterrier ähnlich. Außerdem hat er Knickohren, kleine, dunkle Augen, einen starken, harmonisch gebauten Körper und einen Schwanz, der aufrecht getragen wird. Im Gegensatz zu den meisten anderen Terriern hat er nur ein einfaches Fell. Das weiche, seidige Fell ist dicht und gewellt. Es kann hellsil-

♂: 45-51 cm
15-18 kg

♀: 43-48 cm
13-16 kg

M 2 Jahre

bergrau und in allen Blauschattierungen von nachtblau bis schieferfarben vorkommen. Dunklere Flecken sind am Kopf, an den Beinen und am Schwanz zu sehen.

Diese gesellige, menschenfreundliche Rasse bleibt im Herzen jung und benimmt sich wie ein Welpe, selbst wenn er schon ziemlich alt ist. Dank seines großen Beschützerinstinkts ist er ein ausgezeichneter Wachhund, der bei einem Kampf nie aufgibt. Rüden sollte man besser getrennt halten.

Pflege und Auslauf

Das Fell muss mit einem Stahlkamm und einer Bürste mindestens jeden zweiten Tag frisiert werden. Er sollte mit der Schere und einer Schneidemaschine geschoren werden. Außerdem sollte man den Hund einmal im Monat baden. Diese Rasse verliert keine Haare und hat keinen Körpergeruch. Lange Spaziergänge an der Leine und schnelle Spiele sorgen dafür, dass er stark und geistig fit bleibt. Wenn er von der Leine gelassen wird, muss man ihn im Auge behalten.

Welpen und Erziehung

Pro Wurf kommen vier bis acht Welpen zur Welt. Neugeborene sind schwarz und werden dann rot, braun oder grau. Wenn sie 1 1/2 Jahre alt sind, werden sie 'kerry blue'. Es ist sehr wichtig, dass man beim Gehorsamstraining das richtige Maß findet. Der Besitzer muss mit seinem Hund gleichzeitig konsequent und geduldig sein, aber wenn die Erziehung zu streng ist, wird der Hund entmutigt.

M 3 Jahre

Lakeland Terrier

Diese Rasse hat eine jahrhundertelange Geschichte, aber ihr derzeitiges Aussehen wurde erst Anfang dieses Jahrhunderts festgelegt. Er hat entzückende, v-förmige Ohren und ist ein selbstbewusster, furchtloser Hund.

Hintergrundinformationen

Der Lakeland Terrier, der eng mit dem Border, dem Bedlington und dem Dandie Dinmont Terrier verwandt ist, kommt aus dem Lake District in Nordengland, wo er über eine lange Zeit hinweg zum Grabe- und Jagdhund verändert wurde. Im Gegensatz zu anderen Terriern jagte er Füchse und andere Tiere, die in Viehherden wilderten. Der Mut des Lakeland Terriers hat ihm den Ruf eingebracht, ein unbeherrschbarer Hund zu sein. Anfang dieses Jahrhunderts wurde von Bewunderern dieser Rasse ein Club gegründet. Der Lakeland Terrier wurde 1921 in England und 1934 in Amerika offiziell anerkannt. Zu dieser Zeit bekam er den Spitznamen "Lakie" und wurde als Ausstellungshund perfektioniert.

Wichtige Merkmale

Der kleine und quadratisch gebaute Lakeland Terrier ähnelt dem drahthaarigen Foxterrier. Er hat einen kleinen, kurzen Kopf, dunkle Augen und kurze, aufrechte Knickohren. Das Fell ist doppelt, mit einem weichen Unterfell und dichtem, lockigem Deckhaar. Es ist blau, schwarz, leberfarben, schwarz mit loh, blau mit loh, rot, grau mit loh und weizenfarben. Der aktive, gut gelaunte und extrem energievolle Hund liebt es, mit seinem Herren herumzutoben, weshalb er vor allem zu jungen Leuten passt. Der zu allen Menschen freundliche Hund ist intelligent und wachsam. Da er oft bellt, ist er ein guter Wachhund. Rüden sollte man getrennt halten, da sie zum Kämpfen neigen.

Pflege und Auslauf

Das weiche Unterfell und das drahtige Deckhaar muss mindestens dreimal pro Woche gebürstet werden. Gele-

♂: 36-38 cm
8 kg

♀: 36 cm
7,5 kg

M 11 Monate

F 10 Monate

gentliches Baden verhindert, dass das Fell zu trocken wird. Dieser Hund muss lange an der Leine ausgeführt werden oder ohne Leine auf eingezäuntem Gelände laufen. Man muss ihn im Auge behalten, da er dazu neigt, mit anderen Hunden zu raufen.

Welpen und Erziehung

Pro Wurf kommen drei bis fünf Welpen zur Welt. Neugeborene haben weiches, lockiges Fell, das später ausfällt und durch das Fell des erwachsenen Hundes ersetzt wird. Die Farbe ändert sich von dunkel zu hell und dann zu sehr hell. Dieser Farbwechsel beginnt um den Sattel herum und geht weiter, bis der Welpe ausgewachsen ist.

F 2 Jahre

Manchester Terrier

Der Manchester Terrier ist ein Hund mit einer sehr alten Abstammung und wurde für die Jagd auf Hasen und Ungeziefer gezüchtet. Sein glänzendes, glattes Fell sieht dem eines Terriers nicht besonders ähnlich.

Hintergrundinformationen

Dieser Terrier ist einer der ältesten, denn seine Geschichte geht zurück bis vor dem 16. Jahrhundert. Er wurde im 19. Jahrhundert wahrscheinlich mit einem Sportterrier, mit dem Whippet und dem Greyhound gekreuzt. Benannt ist er nach der englischen Stadt Manchester, die ein Zuchtzentrum zur Erhaltung dieser Rasse errichtete.

♂: 41cm
8 kg

♀: 38 cm
7 kg

F 2 Jahre

F 9 Monate

Wichtige Merkmale

Diese Rasse kommt in zwei verschiedenen Größen vor: dem Standard Manchester Terrier aus der Terriergruppe und dem Manchester Terrier aus der Toy-Gruppe. Ihr Rücken ist an der Lende leicht gebogen, ihr langer, schmaler Kopf hat keinen Stirnansatz. Die Ohren werden mittlerweile nicht mehr kupiert und der peitschenähnliche Schwanz ist mäßig lang. Das Fell ist dick, dicht, glänzend und glatt. Seine Farbe ist schwarz mit loh. Die Trennlinien zwischen den Farben sollten genau zu sehen sein, weiß ist nicht erwünscht. Wenn mehr als die Hälfte der Körperoberfläche weiß ist, so ist dies bei einer Ausstellung ein Grund zur Disqualifikation. Dieser Hund ist gut gelaunt, brav und sauber. Da er warmherzig ist und sensibel auf die Stimmungen seines Herrn reagiert, ist er ein guter Wach- und Haushund. Obwohl er anpassungsfähig und freundlich zu Menschen ist, möchte er nicht mit anderen Tieren zusammenleben.

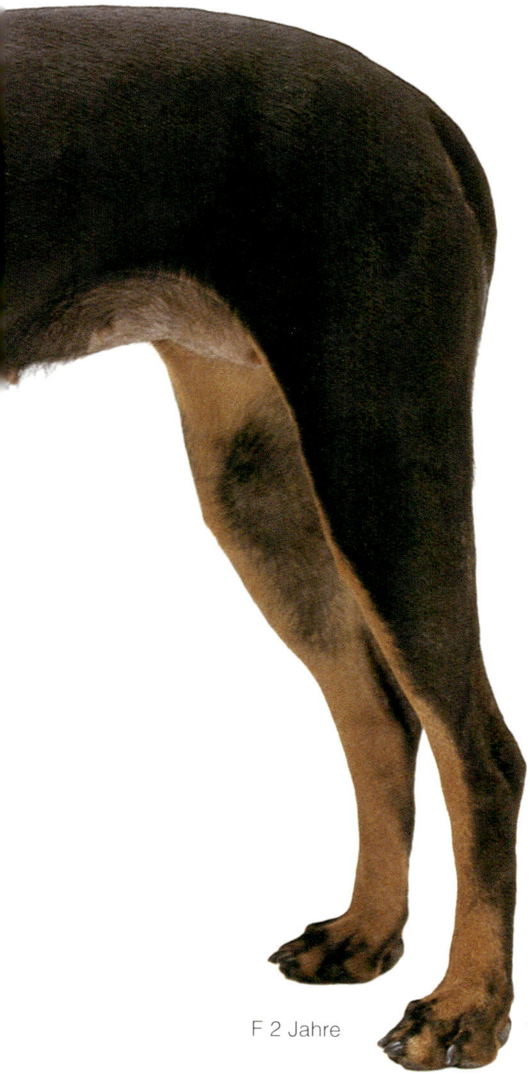
F 2 Jahre

Pflege und Auslauf

Der Manchester Terrier möchte sauber gehalten werden und muss mindestens dreimal pro Woche gebürstet werden. Er sollte gelegentlich gebadet werden. Ein einstündiger Spaziergang pro Tag an der Leine ist ratsam.

Welpen und Erziehung

Die zwei bis vier Welpen pro Wurf werden schon mit ihrer endgültigen Farbe geboren.

F 1 Jahr

Norfolk Terrier

Die mittelgroßen Schlappohren des Norfolk Terriers sind an den Spitzen abgerundet. Dieser Hund ist sehr selbstständig, mag aber dennoch menschliche Gesellschaft. Er mag Kinder und andere Haustiere.

M 5 Jahre

Hintergrundinformationen

Die Norfolk Terrier wurden im frühen 19. Jahrhundert in Cambridge, Market Harborough und Norwich in England gezüchtet. Ursprünglich ein Jäger, wurde er 1932 offiziell anerkannt. Die Norwich und Norfolk Terrier wurden bis 1964 als eine Rasse angesehen, bis der Kennel Club sie 1964 wegen ihrer unterschiedlichen Ohren als zwei verschiedene Rassen einstufte. Diese Unterteilung wurde 1979 in den USA akzeptiert.

Wichtige Merkmale

Der kompakte und niedrige Norfolk Terrier hat eine kurzen Rücken, kurze Beine, kleine Hängeohren mit abgerundeten Enden, die die Wangen berühren, sowie dunkle Augen mit schwarzen Rändern. Er hat ein hartes, doppeltes, lockiges Fell. Augenbrauen, Barthaare und eine Mähne um den Hals sind erwünscht. Das Fell kann rot, weizenfarben, schwarz mit loh und rotbraun in allen Schattierungen sein. Weiße Flecken sind nicht erwünscht.

M 5 Jahre

Pflege und Auslauf

Diese Rasse hat oft unter Hautallergien zu leiden, die man durch häufiges Bürsten verhindern kann.

Welpen und Erziehung

Ein Wurf besteht im Schnitt aus 3 Welpen. Sie sollten schon früh Umgang mit Menschen haben.

♂: 25 cm
5-6 kg

♀: 24 cm
4-5 kg

M 5 Jahre

Norwich Terrier

Dieser zur Jagd auf Ungeziefer gezüchtete Terrier ist sehr beliebt, weil er treu und pflegeleicht ist. Kürzlich wurde festgelegt, dass der Norwich Terrier eine eigenständige Rasse darstellt. Sein Cousin, der Norfolk Terrier, sieht abgesehen von den Ohren genauso aus wie er.

M 4 Jahre

M 4 Jahre

♂: 25 cm
5-6 kg

♀: 24 cm
4-5 kg

Hintergrundinformationen

Der Norwich Terrier und der Norfolk Terrier haben dieselben Vorfahren, kommen aus derselben Gegend und wurden für denselben Zweck gezüchtet. Sie wurden erstmals 1964 vom Kennel Club und dann 1979 vom amerikanischen Kennel Club als getrennte Rassen anerkannt. Seitdem haben sie getrennt Karriere gemacht. Der Norwich Terrier gewann bei kürzlich veranstalteten Hundeausstellungen in Amerika und England viele Preise. Obwohl er nun sehr beliebt ist, behält er die unverfälschten Merkmale seiner Vorfahren.

Wichtige Merkmale

Der kompakte und kurzbeinige Norwich Terrier hat schwarze oder dunkelgrüne Augen. Seine spitzen, aufgerichteten Ohren unterscheiden ihn vom Norfolk Terrier. Das harte Fell ist doppelt, kurz und drahtig. Das Fell ist am Kopf länger. Außerdem hat der Norwich Terrier Barthaare, Augenbrauen und eine breite Brust und Hals. Das Fell kann rot, weizenfarben, schwarz mit loh und rotbraun sein. Weiße Abzeichen auf der Brust sind nicht erwünscht.

Der Norwich Terrier ist eine der schönsten Rassen, passt in jede Umgebung und kommt sowohl mit Menschen als auch mit anderen Tieren gut aus.

Pflege und Auslauf

Um diesen Hund sauber zu halten, muss man das lange Haar an Ohren, Beinen und Schwanz trimmen. Es sollte 2-3 x pro Woche gebürstet werden. Man sollte täglich einen langen Spaziergang machen. Diese Rasse ist manchmal jedoch etwas zu abenteuerlustig und neigt zum Weglaufen. Halten Sie den Hund in einer eingezäunten Umgebung und passen Sie auf, dass er sich nicht unter dem Zaun durchgräbt.

Welpen und Erziehung

Der durchschnittliche Wurf hat drei Welpen. Die Ohren stellen sich sechs bis acht Wochen nach der Geburt auf.

M 3 Jahre

Scottish Terrier

Der auch als "Scottie" bekannte Scottish Terrier kommt aus Aberdeen in Schottland und hieß früher Aberdeen Terrier. Der stolze und eigenwillige Hund ist ein unabhängiger Hund, der nur seinem Herrn treu ergeben ist.

F 1 Jahr

Hintergrundinformationen

Man sagt, dass die Geschichte des Scottish Terriers einige Jahrhunderte weit zurückreicht. Obwohl es viele Theorien über seine Herkunft gibt, ist es wahrscheinlich, dass unter seinen Vorfahren u.a. Highland Terrier (Dandie Dinmont, Skye, Cairn, West Highland u.s.w.) sind, da es in der Vergangenheit viele Kreuzungen unter diesen Rassen gab. Der Scottish Terrier kommt aus der felsigen Gegend um Aberdeen und wurde zur Jagd auf Füchse und Wiesel gezüchtet, die sich in ihren Bauen versteckt hielten.

M 2 Jahre

Viel von seinem Ruhm geht auf 'Fala', den geliebten Scottish Terrier von Franklin D. Roosevelt zurück.

Wichtige Merkmale

Der Scottish Terrier hat einen kompakten, starken Körper, kurze Beine, einen mäßig langen Kopf, Stehohren in braun oder schwarz und einen von Natur aus aufgerichteten Schwanz. Das doppelte Fell ist drahtig und der Hund hat dicke Barthaare und Augenbrauen. Das Fell ist getigert, schwarz oder weizenfarben. Kleine Abzeichen auf der Brust sind erlaubt.

Diese Rasse kann extrem eigensinnig und stolz sein als handele es sich hier um einen viel größeren Hund. Aus diesem Grund kann der Scottish Terrier nur mit jemanden zusammenleben, der ihn wirklich liebt und der seine Fehler toleriert.

♂: 25 cm
8-10 kg

♀: 25 cm
8-9 kg

Pflege und Auslauf

Damit es gut aussieht, muss das Fell dieser Rasse von Hand verlesen und ausgezogen werden. Eine harte Bürste mit Naturborsten oder eine mit Metallborsten sowie ein Stahlkamm sind empfehlenswert. Dieser Hund muss mindestens 3x pro Woche gekämmt werden. Ausstellungshunde sollten professionell frisiert werden, während Haustiere nur geschoren werden müssen. Dieser Hund sollte an der Leine ausgeführt

oder auf eingezäuntem Gelände, wo er nicht graben und davonlaufen kann, laufen gelassen werden.

Welpen und Erziehung

Pro Wurf kommen drei bis fünf Welpen zur Welt. Die Ohren richten sich normalerweise bis zur achten Woche auf, aber es kann auch sein, dass sie abgeknickt bleiben, bis die zweiten Zähne gewachsen sind. Die Farbe ändert sich manchmal, bevor sie erwachsen sind. Gehorsamstraining ist notwendig, man sollte aber darauf achten, dass keine harten Worte fallen. Ein gut erzogener Hund wird sich aus Ärger heraushalten.

M 2 Jahre

Skye Terrier

Das lange Fell dieses Hundes bedeckt nicht nur sein Gesicht, sondern auch seinen ganzen Körper. Seit Jahrhunderten ist der Skye Terrier wegen seines Aussehens und seiner liebenswerten Natur sehr beliebt.

Hintergrundinformationen

Der Skye Terrier ist einer der ältesten Terrier und tauchte erstmals in dem Buch "Of Englishe Dogges" von Dr. Cairns auf. Diesem Buch zufolge wurde er, "der wegen der Länge seiner Haare weder sein Gesicht noch seinen Körper zeigt", an der "barbarischen Grenze der nördlichsten Länder" geboren. Seit dieser Zeit war er als beharrlicher Ungezieferfeind bekannt. Dieser Hund, der ursprünglich von der Insel Skye kommt, wurde von dort nach England gebracht, wo man der Ansicht war, er sei sowohl ein einzigartiges Haustier als auch ein attraktiver Ausstellungshund. Einer seiner glühenden Bewunderer war Königin Victoria. 'Boss', ihr Lieblings-Skye Terrier, wurde von Sir Edwin Landseer gemalt. Sie wurden in allen Klassen beliebt und haben während der letzten zweihundert Jahre ständig an Beliebtheit gewonnen.

M 5 Jahre

♂: 25 cm
11 kg

♀: 23 cm
10 kg

F 10 Monate

Wichtige Merkmale

Der kleine Skye Terrier hat einen recht langen Körper, kurze Beine, einen Kiefer, der kräftig genug als Waffe ist, sowie braune Augen und einen langen Schwanz. Die meisten Skye Terrier haben Stehohren, manche auch Schlappohren. Das doppelte Fell ist etwa 30 cm lang und berührt oft den Boden. Es hängt auf beiden Seiten am Körper herunter und von der Nase bis zum Schwanzansatz ist ein Scheitel zu sehen. Das Unterfell ist weich und wollig, das Deckhaar hart und glatt. Es kann schwarz, blau, cremefarben, rehbraun in Grauschattierungen sein oder ist silber-platinfarben. Schwarze Punkte an Ohren, Schnauze und Schwanzspitze sind wünschenswert. Der flinke, reservierte, introvertierte, bei Fremden wachsame Skye beschützt seine Familie und ist ein guter Wachhund. Obwohl er manchmal eigensinnig ist, ist er für seine Familie und seinen Herren ein freundliches, liebenswertes Haustier.

F 4 Jahre

F 10 Monate

Pflege und Auslauf

Diese Rasse braucht kaum getrimmt zu werden, aber muss täglich gebürstet und gekämmt werden, und zwar mit einer Metallbürste. Manche Leute verwenden Stricknadeln, um das Fell ordentlich zu trennen. Die Innenseite der Ohren und die Haut muss sauber gehalten werden, ebenso die Unterseite des Schwanzes. Der ordentlich frisierte Hund braucht nicht oft gebadet zu werden. Er sollte lange ausgeführt werden oder auf eingezäuntem Gelände zu laufen bis er müde ist. Man sollte den Skye bei seinem Auslauf immer im Auge behalten, damit er nicht weglaufen kann. Es ist absolut notwendig, diesen Terrier sowohl in der Seele aus auch am Körper gesund zu halten.

Welpen und Erziehung

Pro Wurf kommen durchschnittlich 3-6 Welpen zur Welt, es sind niemals mehr als 9. Die Ohren richten sich normalerweise innerhalb der ersten 3 Monate auf. Es kommt oft vor, dass das Fell die Farbe wechselt.

Soft Coated Wheaten Terrier

Dieser mittelgroße Allround-Terrier, der seit mehr als 200 Jahre lang in Irland lebt, ist freundlich, gut gelaunt und mittlerweile in den USA sehr beliebt.

Hintergrundinformationen

Wie andere irische Terrier auch wurde der Soft Coated Wheaten Terrier als Allround-Schäferhund gezüchtet und ist wahrscheinlich ein Nachfahre des Kerry Blue Terriers. Nachdem er 1937 in Irland und 1943 in England anerkannt wurde, kam er 1946 in die Vereinigten Staaten, wurde dort aber erst 1973 vom amerikanischen Kennel Club anerkannt.

Wichtige Merkmale

Der stämmige und dem Kerry Blue Terrier ähnliche Soft Coated Wheaten hat einen breiteren und kleineren Kopf als der Kerry Blue, Knickohren und kleine, haselnussfarbene oder braune Augen. Das Fell ist weich und gewellt. Der Rand um die Ohren sollte entfernt werden, aber es ist nur dann notwendig, den ganzen Körper zu trimmen, wenn man einen Ausstellungshund hat. Das Fell ist hell weizenfarben. Dunklere Schattierungen an den Ohren und der Schnauze sind erlaubt.

Dieser Hund ist freundlich und weniger aggressiv als andere Terrier. Der Wheaten ist ein guter Kamerad von Kindern, Erwachsenen und anderen Tieren. Er ist immer gut gelaunt, energievoll und wachsam. Da er immer darauf bedacht ist, Menschen zu gefallen, lässt er sich leicht erziehen.

Pflege und Auslauf

Das Fell dieser Rasse bleibt sauber und verfilzt nicht, wenn es dreimal pro Woche mit einem langzahnigen Kamm und einer Metallbürste gebürstet und gekämmt wird. Sie brauchen an den Ohren keine Haare auszuzupfen, aber trimmen Sie sie mit einer Spezialschere. Sehen Sie nach, ob zwischen den

M 3 Jahre

M 2 Jahre

Welpen und Erziehung

Pro Wurf kommen fünf bis sechs Welpen zur Welt. Ihre Farbe variiert von rot bis hin zu weizenfarben mit einer schwarzen Maske. Die Welpen sind bei der Geburt dunkler und werden nach und nach heller.

Ballen und den Zehen verklebte Haare oder verfilzte Stellen sind und halten Sie das Fell an der Unterseite des Schwanzes sauber. Ein langer Spaziergang an der Leine ist für diese Rasse ideal und wird hält ihn fit. Außerdem entwickelt er ein enges Verhältnis zu seinem Herrn. Wenn Sie nicht mit dem Hund rausgehen können, lassen Sie ihn auf einem eingezäunten Grundstück laufen. Der Wheaten liebt Apportierübungen.

♂: 46 cm
18 kg

♀: 46 cm
15 kg

M 8 Monate

M 3 Jahre

Sealyham Terrier

M 6 Monate

Das Geheimnis der Beliebtheit des Sealyham Terriers in den Vereinigten Staaten und in England liegt in seiner kultivierten Erscheinung und seinem edlen Gesicht, verstärkt durch sein schönes, weißes Fell. Dieser relativ neue Arbeitshund wurde vor hundert Jahren für die Jagd gezüchtet.

M 6 Monate

Hintergrundinformationen

Diese Rasse wurde im 19. Jahrhundert von Kapitän Edwards geschaffen und nach seinen Ländereien in Sealyham / Wales benannt. Er ist mutig beim Angriff und erschreckt gern andere Hunde, was seinen Stammbaum von Fox-, Bull- und Dandie Dinmont Terriern zeigt.

Wichtige Merkmale

Obwohl er dem drahthaarigen Foxterrier ähnlich sieht, ist er schwerer und hat kürzere Beine. Der kompakte, muskulöse Hund hat einen rechteckigen Kopf, Knickohren, lange Barthaare, nicht voneinander getrennte Augenbrauen und dunkle Augen. Das derbe, drahtige Fell ist normalerweise weiß mit loh-, zitronen- und dachsfarbenen Abzeichen. Obwohl er verspielt ist, gefallen will und gesellig ist, ist der Sealyham ein ausgezeichneter Wachhund.

Pflege und Auslauf

Wenn man ihn mindestens zweimal wöchentlich frisiert, verfilzt das Fell nicht. Wenn man den Hund lange an der Leine ausführt, wird dies zu einem gesunden Charakter beitragen.

Welpen und Erziehung

Die 3 bis 6 Welpen pro Wurf haben dieselben Abzeichen wie Erwachsenen.

M 6 Monate

♂: 28 cm
9 kg

♀: 25 cm
8 kg

Staffordshire Bull Terrier

Der Staffordshire Bull Terrier wurde ursprünglich als Kampfhund gezüchtet. Obwohl Hundekämpfe in England vor mehr als 150 Jahren verboten wurden, hat dieser Hund noch immer die Charakterzüge des Kampfhundes wie Mut, Geduld und Ausdauer.

Hintergrundinformationen

Diese Rasse war im frühen 19. Jahrhundert in England recht beliebt. Nach dem Verbot von Hundekämpfen appellierte die britische Regierung an deren Fans, diesen Hund stattdessen in Ausstellungen zu genießen.

Wichtige Merkmale

Der Hund hat einen starken, muskulösen Rücken, schwer gebaute Beine, einen keilförmigen Kopf mit einem deutlichen Stirnansatz, Rosenohren oder halb stehende Ohren, dunklen Augen und einen mittellangen Schwanz. Das glatte Fell ist weiß, blau oder getigert, mit oder ohne weiß. Wenn mehr als 80% des Fells schwarz und loh, leberfarben oder weiß sind, so ist dies nicht erwünscht. Der freundliche und vor allem zu Kindern gutmütige Hund muss in der Gegenwart von Fremden oder anderen Tieren im Auge behalten werden.

♂: 35-41 cm
11-17 kg

♀: 35-41 cm
11-17 kg

M 4 Jahre

Pflege und Auslauf

Wenn man das Fell mit einer rauen Naturbürste bürstet und es mit einem Wildledertuch abreibt, wird es schimmern und glänzen. Der amerikanische Kennel Club verbietet das Trimmen und das Entfernen der Barthaare. Wenn man diesen Hund viel an der Leine ausführt, bleibt er muskulös. Wegen der Sicherheit anderer sollte er nur auf eingezäuntem Gelände frei laufen.

Welpen und Erziehung

Pro Wurf kommen 4-6 Welpen zur Welt. Sie sollten getrennt gehalten werden, damit sie nicht kämpfen.

F 3 Jahre

M 4 Jahre

West Highland White Terrier

Dieser elegante Terrier mit einem glänzenden, weißen Fell ist flink, sehr charmant und geistreich und rauft gerne mit anderen Hunden.

Hintergrundinformationen

Der auch als 'Westie' bekannte West Highland White Terrier kommt aus der Terrierfamilie, die auch die Cairn und die Scottish Terrier umfasst. Diese Hunde waren einmal Varianten einer einzigen Rasse, bei weiterer Züchtung trennten sich die Rassen. In der Vergangenheit wurden weiße Cairn Terrier Welpen disqualifiziert, aber später oft als Westies anerkannt. Der West Highland White Terrier wurde 1908 offiziell in den USA anerkannt und wurde in den 60er-Jahren sehr beliebt. Heute ist er einer der beliebtesten Terrier. Der West Highland White Terrier ist der beste Jäger auf kleine Tiere.

Wichtige Merkmale

Der West Highland White Terrier hat einen kompakten Körper, einen kurzen, breiten Kopf, nicht allzu kurze Beine im Vergleich zum Scottish und zum Dandie

F 5 Jahre

♂: 28 cm
9 kg

♀: 25 cm
8 kg

F 4 Jahre

F 3 Jahre

Dinmont Terrier, sowie fest aufgerichtete, kleine spitze Ohren, mittelgroße, dunkle glänzende Augen und einen Schwanz, der aufrecht getragen wird. Das harte, doppelte Fell ist 5 cm lang. Das Fell ist auf dem Kopf und im Gesicht dick und am Hals und den Schultern kurz. Nur ein schneeweißes Fell ist erlaubt.

Dieser Hund ist der vergnügteste, optimistischste und geselligste aller schottischen Terrier und fühlt sich in jeder Umgebung wohl. Er ist ein wundervolles Haustier, obwohl er nicht gut mit anderen Tieren auskommt. Da er gehorsam und wachsam ist, ist er ein ausgezeichneter Wachhund.

Pflege und Auslauf

Diese Rasse muss drei bis viermal pro Woche frisiert werden und auch in regelmäßigen Abständen vorsichtig getrimmt werden. Bei einem Ausstellungshund muss das Fell auch von Hand ausgezupft und ausgezogen werden. Ein Haushund muss lediglich mit einer Schere geschoren und getrimmt werden, falls der Besitzer das so möchte. Das Fell an der Unterseite des Schwanzes sollte aus Gründen der Hygiene ebenfalls geschnitten werden. Einmal im Monat sollte der Hund gebadet werden. Der Hund sollte an der Leine ausgeführt werden oder auf eingezäuntem Gelände Apportierspiele spielen. Wenn man den West Highland White Terrier frei laufen lässt, sollte man ihn genau im Auge behalten und dies nur auf ausbruchssicherem Gelände tun. Die Leine direkt über dem Kopf des Hundes kürzer zu nehmen, macht ihn wütend und er wird ausgiebig bellen.

Welpen und Erziehung

Pro Wurf kommen zwei bis fünf Welpen zur Welt. Ihre Größe variiert stark zwischen klein und mittelgroß. Die Nase und die Fußballen sind bei der Geburt rosa, werden aber schnell dunkel. Die Ohren stellen sich vor der achten Woche auf.

M 3 Jahre

Welsh Terrier

M 4,5 Jahre

Dieser Hund sieht wie ein kleiner Airedale Terrier aus und liebt Gesellschaft. Er ist komisch und immer darauf bedacht, zu gefallen. Außerdem ist er nicht nur ein charmantes Haustier, sondern auch ein flinker, mutiger Wachhund.

Hintergrundinformationen

Diese Rasse wurde in Wales dazu gezüchtet, Viehherden und die Ernte vor Füchsen, Wieseln, Hasen und Ratten zu schützen. Sie krabbelten unter die Erde und fingen sie in ihren Bauten. Vor 100 Jahren tauchten sie erstmals auf einer amerikanischen Hundeausstellung auf.

Wichtige Merkmale

Der Welsh Terrier hat einen langen Schädel, dunkelhaselnussbraune Augen, die weit auseinander stehen, Knickohren und einen aufgerichteten Schwanz. Das harte, dicke Fell ist drahtig. Bei den Farben ist ein rötliches loh dominierend, wobei die Rückseite der Ohren, der untere Teil des Halses, die Lende und die Oberseite des Schwanzes entweder schwarz oder grau sind.

Pflege und Auslauf

Ein Haustier muss nur geschoren werden, während das Fell eines Ausstellungshundes von Hand ausgezogen werden muss. Wenn man ihn dreimal pro Woche sorgfältig bürstet, wird der Welsh Terrier sein maßgeschneidertes Aussehen behalten. Ein Bad pro Monat ist ausreichend. Diese Rasse liebt es, mit Menschen zusammen zu sein und genießt lange Spaziergänge an der Leine, sowie Apportierspiele.

Welpen und Erziehung

Die 3-6 Welpen kommen meist schwarz zur Welt, was jedoch schnell verschwindet. Die typischen Abzeichen kommen 3-4 Monate später.

M 4,5 Jahre

♂: 38 cm
9 kg

♀: 36 cm
8 kg

Zwergspitz

Die Gruppe der Toy - Hunde

Affenpinscher .266
(Australian) Silky Terier .267
Bichon Frisé .268
Brüsseler Griffon .270
Cavalier King Charles Spaniel .272
Chihuahua .274
Coton de Tulear .277
Chinesischer Schopfhund .278
Italienisches Windspiel .280
Japan Chin .282
Japanischer Terrier .284
King Charles Spaniel .285
Löwchen .286
Mexikanischer Nackthund .287
Malteser .288
Zwergpinscher .290
Papillon .290
Peruanischer Nackthund .298
Pekingese .296
Zwergspitz .298
Mops .300
Shih Tzu .302
Toy Manchester Terrier .304
Yorkshire Terrier .305

Affenpinscher

Der Affenpinscher ist eine alte Rasse aus Deutschland und hat ein lustiges Gesicht, das ein bisschen wie das eines Affen aussieht. Der extrem intelligente und sehr anhängliche Hund ist als Haustier sehr beliebt.

M 1 Jahr

Hintergrundinformationen

Der Affenpinscher war bis zum 17. Jahrhundert in ganz Europa sehr bekannt. Man vermutet, dass er ein Nachkommen des Brüsseler Griffon ist. Der Affenpinscher war einmal hoch geschätzter Besitz des Adels.

Wichtige Merkmale

Große, schwarze Augen, Barthaare und ein Bart verleihen diesem Hund ein affenähnliches Aussehen. Er hat außerdem eine kurze Stirn und einen leichten Überbiss. Das raue und harte Fell ist an den Lenden kurz und länger am Kopf und an den Beinen. Schwarz ist als Fellfarbe wünschenswert, aber schwarz mit loh, rot, grau oder andere Farben sind erlaubt. Der verspielte, liebevolle, intelligente und gelehrige Affenpinscher ist ein guter Wachhund.

M 7 Monate

M 1 Jahr

Pflege und Auslauf

Dieser Hund sollte zwei bis dreimal pro Woche gebürstet werden. Der Auslauf sollte aus einem Spaziergang an der Leine (zwei oder dreimal pro Tag) oder Freilauf auf eingezäuntem Gelände bestehen. Man sollte bei Regen oder Kälte jedoch nach Möglichkeit drinnen bleiben.

Welpen und Erziehung

Ein Wurf mit zwei bis drei Welpen kommt etwa 36 Tage nach der Paarung zur Welt. Die Welpen, die sehr klein und schwarz zur Welt kommen, ändern ihre Farbe wenn sie heranwachsen.

♂: 25 cm
3 kg

♀: 25 cm
3 kg

(Australian) Silky Terrier

Der aktive und mit Kindern geduldige Hund ist ein ideales Haustier für einen Stadtmenschen. Dieser Hund sieht wie der Yorkshire Terrier aus, ist aber etwas größer und hat kürzeres Fell.

M 2 Jahre

Hintergrundinformationen

Diese Rasse wurde in Sidney in Australien aus dem Australian Terrier und dem Yorkshire Terrier gezüchtet und früher Sidney Terrier genannt. Er war sowohl Haustier als auch Jäger auf Hühner, Enten, Gänse und Truthähne. 1950 wurde er in die USA gebracht und dort 1959 vom Kennel Club anerkannt.

Wichtige Merkmale

Der Australian Silky Terrier hat einen niedrigen Körper, der länger als hoch ist, einen geraden Rücken, einen v-förmigen, mäßig langen Kopf, einen flachen Schädel, v-förmige Stehohren, die etwas auseinander stehen und kleine, intelligent blickende Augen. Sein prächtiges, seidiges Fell ist recht lang mit vielen Haaren auf dem Kopf und kurzen Haaren im Gesicht, an den Ohren, den Knien und unterhalb der Sprunggelenke. Das Fell sollte so geteilt werden, dass es auf beiden Seiten des Körpers herunterhängt, und zwar vom Kopf bis zum Schwanzansatz. Die Färbung ist loh und alle Blauschattierungen.

Ein starkes Revierverhalten macht diesen Terrier oft aggressiv gegenüber Fremden und anderen Tieren.

Pflege und Auslauf

Das Haar verfilzt, wenn es nicht täglich gebürstet und wöchentlich shampooniert wird. Da dieser Terrier aktiver als andere Hunde ist, muss er ausreichend an der Leine ausgeführt werden oder auf eingezäuntem Gelände frei laufen können. Gehorsamsübungen sind notwendig.

Welpen und Erziehung

Die drei bis fünf Welpen pro Wurf wachsen innerhalb von 1,5 Jahren heran und leben 10 - 12 Jahre lang.

♂: 25 cm
4 kg

♀: 24 cm
3-4 kg

M 2 Jahre

Bichon Frisée

Der Bichon Frisée, der oft in Goyas Gemälden dargestellt wurde, war wegen seines anmaßenden Ganges und seines weichen, weißen Fells einmal ein vielgeliebter Besitz von adeligen Frauen. Bichon Frisée heißt übersetzt "Welpe mit lockigem Fell".

Hintergrundinformationen

Hunde des Bichon Typs sind in den Mittelmeerländern schon seit dem Mittelalter bekannt und der Vorfahre dieser Rasse war entweder der Barbet oder der Wasserspaniel. Der freundliche und anziehende Charakter des Bichon Frisée wurde sehr geschätzt und der Hund wurde oft von Seeleuten als Handelsgut mitgenommen. Man sagt, dass diese Rasse von Teneriffa im 14. Jahrhundert von einem italienischen Touristen nach Europa gebracht wurde. Im 16. Jahrhundert wurde er in Frankreich kleiner gezüchtet und genoss als knuddeliger, kleiner Hund das Wohlwollen von französischen und italienischen adeligen Damen. Während der Regentschaft von König Heinrich II. wurde er in englischen Palästen beliebt. Gegen Ende des 19. Jahrhunderts war er jedoch schon ein normaler Dorfhund. Nach dem 1. Weltkrieg belebte eine Gruppe fanatischer Anhänger diesen Hund in Frankreich wieder, indem sie klare Richtlinien für die Zucht festlegten. 1933 wurde er offiziell Bichon Frisée genannt und im folgenden Jahr vom französischen Kennel Club anerkannt. 1956 wurde er in die Vereinigten Staaten gebracht und vom amerikanischen Kennel Club als Nicht-Sporthunde Rasse anerkannt.

♂: 23-28 cm
3-5 kg

♀: 23-28 cm
3-5 kg

F 2 Jahre

M 1 Jahr

Wichtige Merkmale

Der Bichon Frisée ist eine kleine Rasse, die dem Pudel ähnlich sieht. Er hat eine Körper, der länger als groß ist, einen Kopf, der von den Proportionen her zu seiner Körpergröße passt, große braune oder schwarze Augen und einen vorstehende, runde schwarze Nase. Das doppelte Fell ist üppig und seidig. Das gekräuselte und lockige Fell muss mindestens 5 cm lang sein. Das Unterfell ist kurz und weich. Von den Ohren und vom Schwanz hängen glatte, fließende Haare herab. Die Farbe des Fells ist weiß oder weiß mit creme, apricot oder grau. Klar erkennbare Abzeichen und schwarzes Fell sind nicht erwünscht.

Der liebevolle, verspielte und seiner Familie gehorsame Hund ist zu Kindern und anderen Tieren gutmütig und ein wunderbarer, sehr braver Gefährte.

Pflege und Auslauf

Man sollte das Fell täglich mindestens eine halbe Stunde lang bürsten. Bei einem Ausstellungshund sollte es auch mit einer Puderquaste gepflegt werden. Was das erforderliche Maß an Bewegung anbelangt, so ist der Hund zufrieden, wenn er drinnen spielen kann.

Welpen und Erziehung

Die 3 - 5 Welpen pro Wurf erhalten erst ab dem 6. Monat ihre endgültige Farbe und brauchen mehr Zeit zum Heranwachsen als andere Rassen. Zeitiger Umgang mit ihnen ist empfehlenswert.

F 2 Jahre

M 4 Jahre

Brüsseler Griffon

Diese alte belgische Rasse arbeitete als Rattenfänger auf Bauernhöfen und wurde ursprünglich als Stallgriffon bezeichnet. 1880 kam er nach England und Amerika. Der vorstehende Kiefer und die dichten Barthaare verleihen ihm ein lustiges, charmantes Aussehen.

♂: 20 cm
3-5 kg

♀: 20 cm
3-5 kg

M 9 Monate, rauhaarig

F 2 Jahre, rauhaarig

M 2 Jahre, rauhaarig

Hintergrundinformationen

Der Brüsseler Griffon ist in Belgien seit dem fünfzehnten Jahrhundert als energiegeladener, kleiner Hund bekannt. Manche Leute glauben, dass der Affenpinscher, der Yorkshireterrier, der Mops, der Manchester Terrier und der Cocker Spaniel seine Vorfahren seien. Details sind jedoch nicht bekannt. Heute ist dieser Hund sowohl ein Begleiter als auch ein Wachhund. Er wurde 1883 vom belgischen Kennel Club anerkannt und etwa 1885 nach England und Amerika exportiert.

Wichtige Merkmale

Der Brüsseler Griffon hat einen kleinen, festen, starken Körper, einen langen Brustkorb, einen kurzen Rücken, sowie gut ausgebildete Hinterbeine, gerade Vorderbeine, starke Hinterbeine, einen leicht gebogenen, kräftigen Hals, eine extrem kurze Nase und eine breite Schnauze, die sich leicht nach oben biegt. Außerdem hat er einen leichten Unterbiss, was ihm ein selbstbewusstes Aussehen verleiht und schwarz umrahmte schwarze Augen mit einem scharfen Ausdruck. Die hoch sitzenden Ohren werden naturbelassen. Das Fell kommt in zwei Varianten vor: einmal ist es glatt, hart und glatt, andernfalls ist es lang, hart, drahtig und rau, ähnlich wie das des Affenpinschers. Seine Farbe ist entweder rötlich braun oder schwarz mit rötlich braun. Ganz schwarzes Fell ist ebenfalls erlaubt.

Der vergnügte, unabhängige und beharrliche Hund blufft gerne, denn er bellt furchtbar laut, wenn er einen Hund sieht, der zehnmal größer ist als er.

M 3 Jahre, glatthaarig

Pflege und Auslauf

Das glatte Fell braucht nur wenig Pflege, es muss höchstens zweimal pro Woche gebürstet werden. Das raue Fell muss von einem Hundefriseur von Hand ausgezogen werden. Es kann auch geschoren werden, aber dadurch kann seine raue Beschaffenheit verloren gehen. Dieser Hund will nicht in einem engen Raum eingeschlossen sein. Er möchte frei und unbeobachtet sein und sollte Gelegenheit haben, auf einem großen, eingezäunten Gelände zu laufen.

Welpen und Erziehung

Die Hündinnen werden in unregelmäßigen Abständen schwanger. Ein Wurf mit einem bis drei Welpen kommt nur unter Schwierigkeiten zur Welt, weil sie große Köpfe haben. Die Neugeborenen sind klein und nur 60% von ihnen überleben die ersten zwei bis vier Wochen. Diese Rasse wird acht bis zehn Jahre alt. Der Brüsseler Griffon ist oft eigensinnig und nur schwer zu erziehen. Ein potenzieller Besitzer sollte liebevoll und tolerant sein.

Cavalier King Charles Spaniel

Der Ursprung dieses Hundes liegt beim King Charles Spaniel, dem viel geliebten Besitz der englischen Könige im 17. Jahrhundert. Er wurde hauptsächlich im Haus als "Teppichhund" gehalten. Diese Rasse wurde jedoch im 19. Jahrhundert als Zwingerhund gezüchtet.

F 4 Jahre

Wichtige Merkmale

Der Cavalier ist stämmig und etwas größer als der King Charles Spaniel. Er hat eine edle Haltung, weit zurückliegende Schultern, einen geraden Rücken, feste, starke Lenden, eine hörnchenförmige Schnauze, einen flachen Schädel und große, dunkle, runde, aber nicht hervortretende Augen, die weit auseinander stehen. Außerdem hat er einen klar erkennbaren Stirnansatz, große, weit geöffnete Nasenlöcher, hoch sitzende, lange Hängeohren, gerade Vorderbeine und muskulöse Hinterbeine. Er hat einen eleganten, kraftvollen Gang. Das lange, seidige Fell kann wellig sein, aber Fransen und Locken sind nicht erwünscht. Üppiges, langes Fell ist an den Ohren, der Brust und den Beinen zu finden. Wie beim King Charles Spaniel kann das Fell schwarz-loh, rubinrot, bleinheim (golden) und tricolor sein. Dieser Hund ist extrem fröhlich, aktiv und furchtlos. Da er zu seiner Familie, insbesondere zu Kindern liebevoll ist, ist er ein guter Kamerad für Kinder und ältere Menschen.

Hintergrundinformationen

Bis zum 18. Jahrhundert hatte der King Charles Spaniel, eine alte Rasse, das meiste von seinem ursprünglichen Charakter verloren, so war beispielsweise seine Schnauze viel kürzer. Er hat zudem an Beliebtheit eingebüßt. Dies brachte eine Gruppe begeisterter Bewunderer dazu, den ursprünglichen widerstandsfähigen Spaniel wiederzubeleben. Der King Charles Spaniel war früher einmal ein sehr beliebter Hund, sowohl von König Charles I. und Charles II. Charles II. war so begeistert von dem Tier, dass der damalige Marineoffizier Pepys sagte, dass alles, was er im Palast gesehen habe "die närrische Verliebtheit des Königs in diesen Hund" gewesen sei und dass er sich um seine Arbeit nicht gekümmert habe.

Der Name Cavalier - die Bezeichnung für einen mittelalterlichen Ritter - bezieht sich auf die Hoffnung, den King Charles Spaniel wiederzubeleben, der im Mittelalter existiert hatte. Trotz seiner Popularität in England, wo er in der Toygruppe Platz zwei hinter dem Yorkshire Terrer einnimmt, ist er bis jetzt noch nicht vom amerikanischen Kennel Club anerkannt worden.

Pflege und Auslauf

Das lange Fell muss besonders an den Ohren gekämmt und der Rest des Körpers gebürstet werden. Dieser Hund liebt Auslauf, aber nur kurze Spaziergänge.

Welpen und Erziehung

Die zwei bis sechs Welpen pro Wurf sind stark und verspielt.

M 5 Jahre

M 10 Monate

♂: 30-33 cm
4-9 kg

♀: 30-33 cm
4-9 kg

Chihuahua

Der Chihuahua ist der kleinste Hund der Welt, hat einen apfelförmigen, d. h. sehr runden Kopf und zauberhafte, große Ohren. Obwohl man darüber streiten kann, wurde er wahrscheinlich in Mexiko und anderen südamerikanischen Ländern in religiösen Ritualen als heiliges Tier verwendet.

M 1 Jahr, langhaarig

Hintergrundinformationen

Der Chihuahua wurde 1850 in Mexiko entdeckt. Experten behaupten, dass die Azteken, die die Tolteken eroberten, den Chinesischen Schopfhund und den Techichi, einen kleinen, haarlosen, asiatischen Hund miteinander kreuzten, um den Chinuahua zu züchten. Andere Leute sagen, dass sein Vorfahre ein spanischer Hund gewesen sei, der Hernando Cortez während seiner Invasion in Mexiko 1519 begleitet hat. Eine Legende mexikanischer Indianer lautet, dass dieser kleine Hund ein sehr wichtiger Kultgegenstand gewesen sei. Archäologen haben in Mexiko und Südamerika Knochen ähnlicher Hunden gefunden, die mit ihrem Herrn begraben wurden. Der Chihuahua mit blauem Fell galt als heilig, während die mit rotem Fell auf der Totenbahre bei der Verbrennung ihres Herrn geopfert wurden. Man glaubte, dass die Seelen dieser Hunde ins Jenseits reisen und die Sünden ihres Herrn mitnehmen würden. Der Chihuahua wurde vom amerikanischen Kennel Club 1904 anerkannt.

Wichtige Merkmale

Der Chihuahua hat einen festen, kompakten Körper, der etwas länger als hoch ist. Außerdem hat er einen kurzen, geraden Rücken, eine gut ausgebildete Brust und einen sehr runden, apfelförmigen Kopf mit oder ohne Moleren. Das sind kleine Öffnungen in der Schädeldecke, die auf einen Fehler bei der Verknöcherung des Schädels zurückzuführen sind. Zudem hat er große dunkle oder rubinfarbene Augen, eine kleine, spitze Nase mit einem deutlichen Nasenrücken, sowie große Ohren, die

M (links) F (rechts)
1 Jahr, langhaarig

F 1 Jahr, kurzhaarig

M 5 Jahre, langhaarig

♂: 12 cm
1-2 kg

♀: 12 cm
1-2 kg

aufgerichtet sind, wenn der Hund aufmerksam ist und normalerweise in einem Winkel von 45° gehalten werden, und einen sichelförmigen, mäßig langen Schwanz. Es gibt zwei Fellvarianten: glatt, also mit einem weichen Fell und Fransen am Hals, und langhaarig (rau), mit weichem Fell und Fransen an den Ohren, sowie langen Haaren an Hals und Schwanz. Bei beiden Varianten ist auch ein Unterfell vorhanden. Die Fellfarbe variiert von sandweiß bis blau in allen Kombinationen. Schwarz mit loh ist ebenfalls erlaubt. Die Farbe der Nase sollte mit der des Fells harmonie-

M 2 Jahre, langhaarig

M 10 Monate, kurzhaarig

ren, außer bei blonden Hunden. Je dunkler sie ist, desto besser. Dieser Hund liebt andere seiner Art und Familien, bei Fremden ist er jedoch reserviert. Er steht gern im Zentrum der Aufmerksamkeit. Der Chihuahua ist neugierig, etwas seltsam und neigt zur Nervosität. Er will immer sauber sein.

Pflege und Auslauf

Sowohl der langhaarige als auch der glatte Chihuahua müssen mindestens zweimal pro Woche gebürstet werden. Die Ohren, die Krallen und die Zähne müssen einmal pro Woche gepflegt werden, außerdem muss der Hund einmal wöchentlich gebadet werden. Dieser Hund braucht nur ein Minimum an Auslauf. Der Chihuahua ist glücklich, so lange er sich im Haus frei bewegen kann. Extreme Kälte und extreme Hitze sollten gemieden werden.

Welpen und Erziehung

Die 1-4 Welpen pro Wurf kommen oft nur unter großen Schwierigkeiten zur Welt. Sie müssen warm gehalten werden. Sie brauchen nur kurze Zeit, bis sie ausgewachsen sind.

M 3 Jahre, langhaarig

M 4 Jahre, kurzhaarig

Coton de Tulear

Der Coton de Tulear begleitet seine Familie überall hin, sogar ans Meer, wo er seine Schwimmkünste unter Beweis stellen kann. Der kleine, aber mit großer Ausdauer ausgestattete Hund kann auch einen Herren zu Pferd über lange Strecken hinweg begleiten.

M 4 Jahre

Hintergrundinformationen

Die Geschichte dieser Rasse geht einige Jahrhunderte weit zurück, als sie als Haustier in Tulear, einer Stadt auf Madagaskar, lebte. Die FCI erkannte sie 1970 an und im Jahr darauf wurde sie in die Vereinigten Staaten gebracht, wo sie in letzter Zeit viele Bewunderer gefunden hat.

Wichtige Merkmale

Wie sein Name schon sagt, hat der kleine und kompakte Coton de Tulear ein Fell, das sich wie Baumwolle anfühlt.

M 4 Jahre

Das einfache Fell ist lang, üppig und meistens weiß mit leicht gelblichen Abzeichen an Kopf, Ohren und Lenden. Er ist liebevoll und freundlich zu seiner Familie, Fremden gegenüber jedoch wachsam und ein ausgezeichnetes Haustier. Obwohl er treu und gehorsam ist, hat er eine fröhliche, unbekümmerte Natur.

Pflege und Auslauf

Das weiche Fell verfilzt leicht und muss zwei bis dreimal pro Woche gekämmt werden. Trotzdem benötigt er weniger Fellpflege als der Malteser. Die einzige Bewegung, die er braucht, ist ein Spaziergang.

Welpen und Erziehung

Ein Wurf besteht aus zwei bis vier Welpen pro Wurf. Das Fell auf dem Brustkorb der Mutter muss vor dem Werfen kurz geschnitten werden.

♂: 30 cm
4 kg

♀: 30 cm
4 kg

Chinesischer Schopfhund

Außer dem unbehaarten Körper und einem Haarschopf, der an den Schwanz eines chinesischen Schweines erinnert, hat dieser Hund noch andere seltsame Eigenheiten. So haben einige zum Beispiel kein komplettes Gebiss. Er soll einer der Vorfahren des Chihuahua sein.

F 1 Jahr

♂: 30 cm
5 kg

♀: 30 cm
5 kg

Hintergrundinformationen

Alle unbehaarten Rassen haben eine beachtlich lange Geschichte und über ihre Ursprünge lässt sich streiten. Einige Leute sagen, dass sie aus China oder der Türkei kommen und andere wiederum sagen, dass sie aus Afrika oder Mexiko stammen.

Diese Rasse passt sich nicht an eine kalte Umgebung an, weshalb man seine Ursprünge in Zentralafrika oder Mexiko vermutet. Allerdings können unbehaarte Mutationen auch anderswo auf der Welt auftauchen. Diese Rasse wurde 1883 offiziell anerkannt, aber die Anerkennung wurde später wieder zurückgezogen, da niemand diesen Hund registrieren ließ. Sie ist weltweit immer noch selten.

Wichtige Merkmale

Der kleine Chinesische Schopfhund hat weit hinten liegende Schulter, einen geraden Rücken, eine mäßig langen, leicht abgerundeten Schädel mit einem kaum erkennbaren Stirnansatz und einer recht langen Schnauze. Außerdem hat er auseinanderstehende, dunkle Augen, große Stehohren, entweder mit oder ohne Fransen, Hasenfüße und einen Schwanz, der oberhalb vom Rücken getragen wird. Einigen Hunden dieser Rasse fehlen ein paar Zähne, den Grund dafür kennt man nicht. Das Fell kommt in zwei Varianten vor: unbehaart und powderpuff, also mit sehr viel langem Fell. Der unbehaarte Chinesische Schopfhund hat kein Fell außer den für ihn charakteristischen Schopf, Socken und eine Quaste am Schwanz. Die Haut ist geschmeidig und glatt. Das

M 2 Jahre

Poder Puff, M 2 Jahre (links),
M 11 Monate (rechts)

Fell kann jede Farbe oder eine Kombination von Farben haben, obwohl etwas dunklere Haut wünschenswert ist. Der fröhliche, zu seiner Familie liebevolle und Kindern oder anderen Tieren gegenüber niemals aggressive Hund ist nicht laut, ein gutes Haustier und ein guter Gefährte, wenn er auch etwas stolz und reserviert sein kann.

Pflege und Auslauf

Offensichtlich braucht dieser Hund keine Fellpflege, wohl aber Hautpflege, da die Haut ziemlich empfindlich ist. Wenn sie trocken ist, muss man sie mit Creme einreiben. Draußen sollte der Hund sich nur aufhalten wenn es warm ist, wenn es kalt ist, sollte man ihn drinnen behalten.

Welpen und Erziehung

Pro Wurf kommen 2-4 Welpen zur Welt, entweder mit oder ohne Fell. Sie können schwächlich und anfällig gegen Kälte sein.

Poder Puff, M 11 Monate

Italienisches Windspiel

Dies ist eine alte Rasse und war in Italien im 16. Jahrhundert sehr beliebt wie Renaissance-Gemälde zeigen. Dieser Hund ist der kleinste Jagdhund und wird von Königsfamilien und Adel sehr geschätzt.

♂: 30-38 cm
3-5 kg

♀: 30-38 cm
3-5 kg

M 2 Jahre

F 2 Jahre

F 4 Jahre

Pflege und Auslauf

Das Fell muss zweimal pro Woche gebürstet und dann mit einem feuchten Tuch abgerieben werden. Dieser Hund sollte nur gelegentlich gebadet werden. Er braucht nicht viel intensiven Auslauf, aber man sollte zweimal täglich mit ihm spazieren gehen. Wie andere Jagdhunde auch wird er mit voller Geschwindigkeit losrennen, wenn man ihm die Gelegenheit dazu gibt. Achten Sie immer darauf, den Hund an der Leine auszuführen.

Welpen und Erziehung

Die Würfe mit 3 bis 5 Welpen kommen ohne Komplikationen zur Welt. Sie sind sehr klein und schwach. Weiße Welpen behalten diese Farbe auch als Erwachsene, andere ändern ihre Farbe.

F 2 Jahre

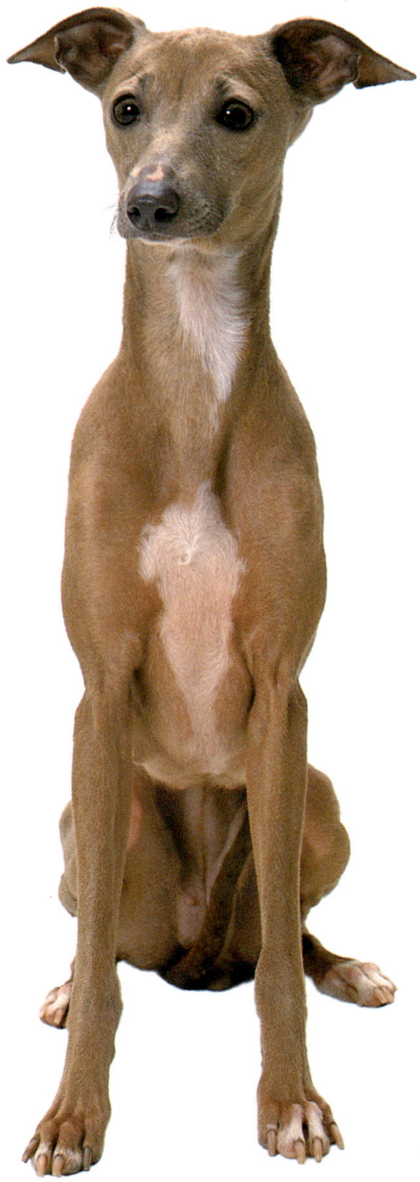

Hintergrundinformationen

Ebenso wie der Greyhound scheint auch das Italienische Windspiel aus Ägypten zu stammen, und zwar aus einer Zeit vor Christus. In den Ruinen von Pompei in Italien hat man ein angekettetes Skelett dieser Rasse gefunden. Im Mittelalter war dieser Hund beim Adel sehr beliebt. Den Höhepunkt der Beliebtheit erreichte er während der Renaissance in Italien. Viele Aristokraten wurden in dieser Zeit von berühmten Künstlern zusammen mit ihren geliebten Italienischen Windspielen porträtiert.

Wichtige Merkmale

Das Italienische Windspiel hat einen kleinen, schönen, schlanken Körper, einen nach unten gebogenen Rücken, eine lange, enge Brust, einen klar abgesetzten Bauch, lange, gerade Beine, sowie einen langen, schmalen Kopf, einen elegant geschwungenen Hals und dunkle, glänzende Augen. Außerdem hat er kleine Rosenohren, eine extrem schlanke, lange Schnauze mit einem angedeuteten Stirnansatz und einen recht langen Schwanz, der tief getragen wird. Das Fell ist kurz, dünn, glatt und glänzend. Es kann rehbraun, rot, grau, blau oder cremefarben sein, wobei es auch weiße Stellen haben kann. Es sind alle Abzeichen erlaubt, außer getigert, schwarz, loh und blau mit loh.

Der bei seiner Familie liebevolle und verspielte Hund ist Fremden gegenüber reserviert. Der Besitzer sollte freundlich sein, weil dieser Hund auf harsche Worte und Benehmen sensibel reagiert. Er zieht es vor, an einem warmen, bequemen Ort zu bleiben und braucht nicht viel körperliche Zuwendung.

Japan Chin

Dieser exotische Hund aus dem alten Korea wurde von der japanischen Herrscherfamilie und den dort lebenden Adeligen hoch geschätzt. Die großen, hervortretenden, auseinanderstehenden Auge sind die bezauberndste Eigenschaft dieser Rasse.

M 3 Jahre

Hintergrundinformationen

Der Japanische Chin ist der erste japanische Hund, der weltweit anerkannt wurde. Er wurde 730 n. Chr. in der Nara-Periode, als Geschenk für den Herrscher Seimu nach Japan gebracht. Die Kentoshi (japanische Regierungsbeamte, die zu Forschungszwecken nach China reisten) brachten ebenfalls einige Chins mit. Diese Rasse wurde dann verändert und bis zur Edo-Periode war sie ein hoch geschätzter Besitz der Daimyos (regionale Herrscher) und der Frauen des Shogun. Später wurde er auch beim gemeinen Volk beliebt. Der damals als japanischer Spaniel bekannte Hund wurde von Admiral Perry in der Mitte des 18. Jahrhunderts nach England und in die USA gebracht. Später wurde der Export dieser Rasse nach Amerika eingeschränkt, weshalb sie in England schließlich beliebter wurde als dort. Erst kürzlich ist sie wieder Japanischer Chin genannt worden, weil sie überhaupt nicht mit der Spanielfamilie verwandt ist.

M 2 Jahre

♂: 23 cm
3 kg

♀: 23 cm
3 kg

Wichtige Merkmale

Der japanische Chin hat einen kompakten, festen, quadratischen Körperbau, einen großen, breiten Kopf, eine kurze Schnauze, große, runde, schwarze Augen, die weit auseinander stehen, sowie kleine, v-förmige Schlappohren und einen hoch sitzenden Schwanz, den er oberhalb vom Rücken trägt. Das lange Fell ist glatt und seidig. Der ganze Körper außer das Gesicht ist mit dichtem, üppigem Fell bedeckt; um

M 2 Jahre

den Hals herum sind viele lange Haare. Ohren, Schenkel und Schwanz sind ebenfalls mit langen Haaren bedeckt. Dieser Hund hat Hasenfüße und vorzugsweise lange, wie Bürsten aussehende Haare zwischen den Zehen. Die Fellfarbe ist schwarzweiß und rotweiß. Die Nase sollte dieselbe Farbe wie die Abzeichen haben. Dieser freundliche, nervöse, eigensinnige und stolze Hund mag Kinder gern, aber er mag es nicht, wenn man ihn derb behandelt. Da er nicht besonders aktiv ist, passt er in jede Umgebung; zudem ist er brav und will sauber gehalten werden.

Pflege und Auslauf

Das Fell muss etwas gebürstet und gepflegt werden, um Verfilzen zu verhindern; man muss es außerdem shampoonieren. Der Chin läuft gern herum und spielt, aber er braucht keine besondere Bewegung im Freien.

Welpen und Erziehung

Die Würfe mit 1-3 Welpen, die oft verschiedene Farben haben, kommen in vielen Fällen mit Komplikationen zur Welt. Neugeborene brauchen viel Pflege, bis sie zwei oder drei Wochen alt sind, dann wachsen sie schnell heran.

M 2 Jahre

Japanischer Terrier

Dieser quadratisch gebaute Hund war früher als Mikado Terrier oder Kurzhaarterrier bekannt. Sein fester Körper und sein schwarzes Gesicht sind ein charakteristisches Merkmal dieser Rasse. Er bewegt sich sehr flink.

Hintergrundinformationen

Dieser Terrier ist eine Kreuzung zwischen einen kleinen in Japan beheimateten Hund und einem glatthaarigen Foxterrier, der im 18. Jahrhundert von Holland nach Japan gebracht wurde. Er wurde zu einem knuddeligen Hund verändert und wanderte von der Gegend Kushu, in der Nagasaki liegt, nach Kansai. In der frühen Showa-Periode wurde der Japan Terrier Club gegründet, der Standards festlegte und mit der Registrierung dieser Rasse begann.

Wichtige Merkmale

Neben seinem eleganten, kompakten Körperbau hat der Japanische Terrier einen mäßig schmalen, flachen Schädel, der etwa dieselbe Länge wie die Schnauze hat, sowie einen nicht klar erkennbaren Stirnansatz und Wangen, die nur dünn mit Fleisch bedeckt sind und keine deutlichen Wangenknochen haben. Außerdem hat er lappige oder rosenförmige Ohren, einen Scherenbiss, dunkle Augen und eine schwarze Nase. Das Fell ist extrem kurz, glatt und glänzend. Seine Farbe ist weiß mit schwarzen und lohfarbenen Abzeichen. Da er flink, vergnügt und wachsam ist, ist er ein ausgezeichneter Wachhund.

Pflege und Auslauf

Das sehr kurze Fell benötigt nur Abreiben mit einer weichen Bürste oder einem Handtuch. Der Hund wird im Haus glücklich sein, so lange er frei herumlaufen darf. Er ist kälteempfindlich.

Welpen und Erziehung

Pro Wurf gibt es zwei bis vier Welpen. Sie sollten warm gehalten werden und zunächste keinen Kontakt mit Fremden haben, da sie sehr scheu sind.

♂: 30-33 cm
5 kg

♀: 30-33 cm
5 kg

F 2 Jahre

F 3 Monate

F 3 Monate

King Charles Spaniel

Der liebenswerte, vergnügte und freundliche King Charles Spaniel ist zu Kindern und anderen Hunden freundlich. Er ist flink, mutig und gibt einen ausgezeichneten Wachhund ab. Er passt in jede Umgebung.

F 3 Jahre

Hintergrundinformationen

Dieser Hund war mehr als 300 Jahre lang ein wertvoller Besitz der englischen Königsfamilie. Er war der Lieblingshund von Charles I. und ganz besonders von Charles II., der im 17. Jahrhundert ein Gesetz veranlasste, dass für seinen Hund keine Transitsteuer erhoben werden dürfe. Die Ursprünge dieser Rasse sind ungewiss. Einige Leute sagen, dass das Blut kurzschnäuziger Hunde aus Japan und China in seinen Adern fließt und dass er ursprünglich gar nicht aus England kommt. Man glaubt, dass diese Hunde mit der kurzen Schnauze eine Kreuzung zwischen dem Springer Spaniel und anderen kleinen Cockern ist. Obwohl seine Vorfahren Jäger waren, wur de er zu einem hoch geschätzten Haushund.

Wichtige Merkmale

Der King Charles Spaniel ist ein großes Mitglied der Toyhundegruppe und hat einen kompakten, kurzen Körper, gut ausgebildete Brust und Lenden, einen großen, runden Kopf, eine Nase, die nach oben zeigt, sowie große dunkle Augen, die weit auseinanderstehen und zwischen denen sich ein klar erkennbarer Stirnansatz befindet. Außerdem hat er eine eckige Schnauze, aus der die Zunge nicht herausschaut, tief sitzende Ohren und viele Fransen. Das lange Fell ist weich und wellig. Es ist schwarz mit loh, dreifarbig, kastanienbraun, rubinrot, blenheim und so weiter.

Pflege und Auslauf

Der King Charles sollte täglich gebürstet werden, damit sein Fell sich nicht ineinander verhakt. Baden Sie ihn jede Woche und achten Sie darauf, dass das Shampoo nicht in seine Augen kommt. Dieser Hund braucht nicht viel Auslauf. Gebüsch und Sträucher sollte man meiden, weil das Fell dann schmutzig wird und verfilzt.

Welpen und Erziehung

Die Würfe mit zwei bis vier Welpen kommen mit Schwierigkeiten zur Welt. Die Welpen wachsen schnell und sind nach zwei Jahren erwachsen.

♂: 20-31 cm
2-5 kg

♀: 23-28 cm
2-5 kg

M 2 Jahre

Löwchen

Das Löwchen hat einen einzigartig herausgeputzten Körper und sieht ein bisschen wie ein kleiner Löwe aus. Er wurde in Frankreich lange Jahre lang als Wachhund verwendet und wird heute international immer beliebter. Dieser extrem liebevolle Hund beschützt seine Familie.

Hintergrundinformationen

Diese aus Südeuropa stammende kleine Rasse hat eine mehrere Jahrhunderte lange Geschichte. Auf einem Gemälde Goyas von einer arabischen Herzogin taucht das Löwchen auf dem Wandteppich hinter ihr auf. Heutzutage findet man diesen Hund in ganz Europa und er zieht auch viele amerikanische Bewunderer an.

Wichtige Merkmale

Das Löwchen hat einen kleinen, kurzen Körper, einen kleinen Kopf und einen breiten Schädel, Hängeohren, runde, dunkle Augen, sowie eine dunkle Nase und einen mittellangen Schwanz. Das lange, wellige Fell wird wie das eines Toypudels getrimmt. Einfarbige Färbungen wie weiß, schwarz und zitrone sind wünschenswert, Abzeichen sind erlaubt. Der vergnügte, liebevolle und gehorsame Hund ist trotz seiner geringen Größe ein guter Wachhund. Das Löwchen ist intelligent und gelehrig.

Pflege und Auslauf

Das Fell sollte jeden Tag gekämmt werden, damit es nicht verfilzt. Außerdem muss es regelmäßig getrimmt werden. Wenn man lange mit ihm spazieren geht, ist dieser Hund auch in einer kleinen Wohnung glücklich.

Welpen und Erziehung

Die drei bis sechs Welpen pro Wurf sind relativ leicht aufzuziehen.

♂: 20-36 cm
2-4 kg

♀: 20-36 cm
2-4 kg

M 3 Jahre

Mexikanischer Nackthund

Dieser alte, in Mexiko heimische Hund ist haarlos und anfällig gegen Kälte. Er sieht stärker aus als er ist. Da er keine Fellpflege benötigt, ist er ein gutes Haustier und ein Wachhund.

Standard, M 6 Jahre

♂: 30-51 cm
9-14 kg

♀: 23-28 cm
25 kg

Hintergrundinformationen

Der Mexikanische Nackthund soll vor der spanischen Invasion bei Mexikanischen Indianern ein sehr beliebtes Essen gewesen sein. Da er von Natur aus eine Körpertemperatur von 40°C hat, war er auch als lebende Heizung beliebt.

♂: 25-30cm
5 kg

♀: 25-30 cm
4,5 kg

Toy, M 7 Jahre

Diese Rasse gelangte von Mexiko in andere südamerikanische Länder und wurde später weltweit bekannt. Im 19. Jahrhundert wurde er oft als Wachhund verwendet. 1959 wurde er vom amerikanischen Kennel Club offiziell anerkannt.

Wichtige Merkmale

Dieser Hund hat einen elastischen, geraden Rücken, einen leicht geschwungenen Hals, einen breiten Schädel, etwa 10 cm lange Fledermausohren, sowie mittelgroße Mandelaugen, die von schwarz bis gelb alle Farben haben können, eine lange, spitz zulaufende Schnauze und einen langen, glatten Schwanz. Auf dem Kopf ist etwas Fell, aber der Rest des Körpers ist unbehaart. Die Haut ist weich, glatt und rötlich grau. Hunde mit einer dunkleren Haut müssen eine schwarze Nase haben, bei anderen sollte sie rosa oder braun sein. Der gut gelaunte und zu seiner Familie freundliche Hund ist nicht aggressiv, gibt aber trotzdem einen guten Wachhund ab.

Pflege und Auslauf

Der Mexikanische Nackthund muss nur mit einem Handtuch abgerieben werden. Er braucht mäßig viel Auslauf. Wenn Sie mit ihm rausgehen, müssen Sie beachten, dass er kälteempfindlich ist.

Welpen und Erziehung

Die 3-6 Welpen pro Wurf werden rosa geboren und erhalten ihre endgültige Farbe mit einem Jahr. Die Geburt verläuft relativ einfach, aber man muss spezielle Maßnahmen ergreifen, um sie gegen Kälte zu schützen.

Malteser

Diese alte, seit 1.500 v. Chr. bekannte Rasse hat glänzende, lebhafte, große Augen und ein prächtiges Fell. Da er ein Prinz in der Hundewelt ist, hat es ihm nie an Bewunderung gefehlt.

M 5 Jahre

Hintergrundinformationen

Man behauptet, dass der Malteser 1.500 v. Chr. von phönizischen Immigranten von Kleinasien nach Malta gebracht wurde. Es ist wahrscheinlich, dass seine Zeitgenossen von ihm begeistert waren, da in der Griechischen und Römischen Kunst, sowie in Dokumenten sehr ähnliche weiße Hunde beschrieben werden. Außerdem hat der Malteser Seeleute als Haustier auf Reisen begleitet. Während der Regentschaft von Königin Elisabeth I. genoss er bei den Damen am Königshof große Beliebtheit und war sehr teuer. Man glaubt, dass der Malteser mit der Spanielfamilie, aber nicht mit den Terriern verwandt ist.

Wichtige Merkmale

Der extrem kleine Malteser hat einen waagrechten Rücken, einen kurzen Körper, einen rundlichen Kopf, schwarz umrandete, dunkle Augen, die eng zusammenstehen, sowie dicht bewachsene Hängeohren, eine schwarze Nase und einen hoch sitzenden Schwanz, der mit viel langem Fell bedeckt ist und über dem Rücken getragen wird. Das seidige, lange, einfache Fell reicht bis auf den Boden. Die Farbe ist schneeweiß und hellrehbraune oder zitronenfarbene Ohren sind nicht wünschenswert.

Dieser gut gelaunte, aktive , fröhliche und extrovertierte Hund liebt Gesellschaft. Obwohl er es hasst, zu etwas gezwungen zu werden, ist er geduldig und niemals aufbrausend.

Pflege und Auslauf

Diese Rasse braucht intensive Fellpflege. Er muss mindestens einmal pro Woche shampooniert werden. insbesondere um die Augen und das Maul herum. Regelmäßiges, tägliches Bürsten ist absolut notwendig. Wenn man das Fell bürstet, wenn es noch schmutzig ist, wird es beschädigt. Ein Ausstellungshund kann auf dem Kopf einen Haarknoten mit oder ohne Bänder haben. Ein Haustier kann getrimmt werden, wenn der Hund dann auch nicht so gut aussieht wie er könnte. Um sich auszutoben braucht dieser Hund nur drinnen zu spielen. Wenn es extrem heiß oder kalt ist, muss er drinnen bleiben und sollte niemals bei schlechtem Wetter draußen spielen dürfen. Alle Toyhunde werden schnell vom Wetter in Mitleidenschaft gezogen.

Welpen und Erziehung

Pro Wurf kommen 2-4 Welpen zur Welt. Einige haben hellrehbraune Abzeichen an den Ohren, die mit 2-4 Monaten verschwinden werden. Die Ränder um die Augen und die Nase werden dunkler, wenn die Welpen heranwachsen. Malteser werden neun bis zehn Jahre alt.

F 1 Jahr

♂: 20-25 cm
2-3 kg

♀: 20-25 cm
2-3 kg

F 2 Jahre

Zwergpinscher

Der auch als 'kleine Stecknadel' bekannte Hund war bis 1920 außerhalb Deutschlands kaum bekannt. Der Vorfahr ist der Kleine Pinscher aus Skandinavien, der vor einigen hundert Jahren kleiner gezüchtet wurde. Der Zwergpinscher ist als Wachhund und Haustier sehr bekannt.

F 4 Jahre

♂: 25-30 cm
4,5 kg

♀: 25-30 cm
4 kg

F 8 Monate

M 3 Jahre

Hintergrundinformationen

Diese Rasse stammt aus Deutschland und war ein Rattenfänger und gut bellender Wachhund. Seine Ähnlichkeit mit dem Dobermann veranlasste viele Leute dazu zu glauben, dass der Zwergdobermann sein Vorfahr sei, dem ist aber nicht so. Der Zwergpinscher ist einige hundert Jahre älter als der Zwergdobermann und sie sind überhaupt nicht miteinander verwandt. Der Zwergpinscher kam 1920 nach Amerika und wurde schnell als Haustier und als Wachhund sehr beliebt, weil er eine schöne Körperform und einen intelligenten, furchtlosen Charakter hat. 1925 wurde ein Club gegründet und der heutige Name festgelegt.

F 4 Jahre

Wichtige Merkmale

Der Zwergpinscher hat einen sehr harmonischen, quadratischen Körperbau, einen langen Brustkorb, einen festen, nach hinten hin abfallenden Rücken und gerade, mäßig lange Vorderbeine. Außerdem hat er muskulöse Hinterbeine, einen v-förmigen Kopf, kleine, straffe Wangen und Lefzen, dunkelbraune oder schwarze Mandelaugen, die weit auseinanderstehen, sowie Stehohren und einen hoch sitzenden Schwanz. Das Fell ist glatt und glänzend. Die Färbung ist rot, schwarz mit lohfarbenen Abzeichen, oder schokolade mit rostfarbenen Abzeichen. Diese Rasse hebt ihre Vorderbeine beim Gehen so an, dass sie einen exakten Pferdegang hat.

Der aktive, gut gelaunte und geistreiche Hund ist ein guter Spielkamerad für Kinder. Er liebt seine Familie, ist aber selbstbeherrscht und hasst Unruhe. Da er furchtlos und selbstbewusst ist, ist er ein guter Wachhund und passt in jede Umgebung.

Pflege und Auslauf

Das Fell sollte gebürstet und mit einem feuchten Tuch ein oder zweimal pro Woche abgerieben werden. Die Krallen und die Ohren müssen jede Woche kontrolliert werden. Diese energievolle Rasse muss täglich an der Leine ausgeführt werden, oder sie muss die Gelegenheit haben, ein paar Stunden auf eingezäuntem Gelände frei zu laufen.

Welpen und Erziehung

Pro Wurf kommen zwei bis vier Welpen zur Welt. Mit drei bis vier Wochen werden sie sehr aktiv und brauchen zwei Jahre, bis sie ausgewachsen sind. Diese Rasse lebt zehn bis elf Jahre lang.

Papillon

Das gemusterte Gesicht dieses Hundes und die Ohren, die wie die ausgebreiteten Flügel eines Schmetterlings aussehen, gaben ihm seinen Namen (Papillon = Schmetterling, franz.). Der Papillon passt in jede Umgebung und liebt es, mit seinem Herrn oder anderen Tieren zu spielen. Obwohl er sensibel ist, wedelt er gerne.

Hintergrundinformationen

Der Vorfahr dieses Hundes war einer der Zwergspaniel, die im 16. Jahrhundert in der französischen Aristokratie so beliebt waren. Die Geschichte besagt, dass Madame Pompadour und Marie Antoinette diesen kleinen aber eleganten Hund ebenfalls liebten. Der Papillon, der auch als Schmetterlingsspaniel bekannt ist, kam von Frankreich nach England und dann in die USA, wo er 1935 vom amerikanischen Kennel Club anerkannt wurde.

Wichtige Merkmale

Bei der Länge dieses Hundes ist eine größere Höhe wünschenswert. Der Rücken sollte gerade sein. Der Papillon hat gerade, schlanke Beine, einen kleinen, runden Schädel, sowie große dunkle Mandelaugen mit schwarzen Rändern und eine runde Nase, die an der Spitze abgeflacht ist. Außerdem hat er eine spitze Schnauze, die sehr viel schmaler als der Schädel ist und einen hoch sitzenden Schwanz mit vielen langen Haaren, der sich über dem Rücken wie der eines Eichhörnchens biegt. Die Ohren sind zweifelsohne das charakte-

M 3 Jahre

♂: 20-28 cm
4,5 kg

♀: 23-28 cm
3,5 kg

ristische Merkmal dieser Rasse. Sie sind breit, groß und werden wie die ausgebreiteten Flügel eines Schmetterlings getragen. An den Rändern haben sie Fransen. Die Ohren kommen in zwei Varianten vor: als Stehohren oder Schmetterlingsohren, und als Hängeohren, bzw. Phalenen. Das seidige, glänzende Fell ist auf der Brust, an den Hinterseiten der Vorderbeine und am Schwanz lang. Das Fell an den Hinterbeinen ist schön, so als hätte der Hund Reithosen an. Es gibt kein Unterfell, trotz des üppigen Deckhaars. Die einzige anerkannte Färbung ist zweifarbig: idealerweise mit einer weißen Grundfarbe und schwarzen oder braunen Abzeichen auf dem Kopf, an den Ohren und um die Augen herum. Ganz weiße Hund und solche, bei denen überhaupt kein Weiß im Fell vorkommt werden bei Ausstellungen disqualifiziert. Der fröhliche, gut gelaunte und flinke Papillon ist immer neugierig und trotz seiner Größe selbstbewusst und mutig.

M 3 Jahre

Pflege und Auslauf

Das Fell muss 2 x pro Woche gebürstet werden. Trimmen ist nicht nötig. Der Hund sollte 2-3 x pro Monat gebadet werden, wobei man ein Babyshampoo verwenden und das Fell anschließend schnell und gründlich trocknen sollte. Um sich auszutoben, muss er sich lediglich drinnen bewegen können. Er spielt viel mit anderen Tieren.

Welpen und Erziehung

Die 2-4 Welpen pro Wurf sollten die ersten 2-4 Wochen warm gehalten werden. Sie haben normalerweise die gleichen gemusterten Ohren wie ihre Eltern. Von Geburt an ist klar, ob sie Schmetterlinge oder Phalenen sein werden. Sie leben 10-12 Jahre lang.

F 8 Monate

Phalene, M 3 Jahre

Peruanischer Nackthund

Diese seltene, unbehaarte Rasse ist ihrer Familie und anderen Tieren gegenüber liebevoll und nett. Der Peruanische Nackthund ist ein gutes Haustier und auch ein guter Wachhund, da er bei Fremden wachsam und nervös ist.

Hintergrundinformationen

Diese sehr alte Rasse geht zurück auf das Imperium der Inka in Peru. Im heutigen Peru werden jedoch nur noch sehr wenige Peruanische Nackthunde gezüchtet. Dieser Hund wurde 1985 von der FCI anerkannt, nachdem er von deutschen Hundeliebhabern begeistert gezüchtet worden war und diese für ihn geworben hatten.

mittelgroß, M 2 Jahre

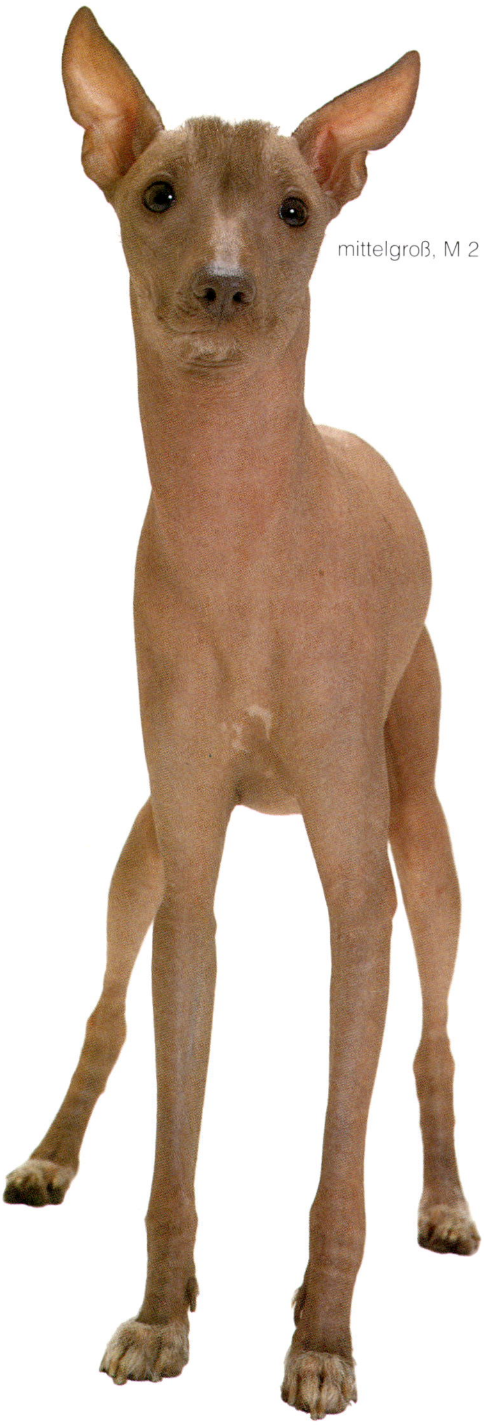

mittelgroß, M 2 Jahre

♂: 40-51 cm
8-12 kg

♀: 40-51 cm
8-12 kg

Wichtige Merkmale

Der Peruanische Nackthund kommt in drei Größen vor: klein, mittel und groß. Alle haben einen starken Körper, einen breiten Schädel, eine lange Schnauze, große, abgeknickte Ohren und kleine Mandelaugen. Einigen Hunden fehlen ein paar Zähne, weshalb die Zungenspitze aus dem Maul herausschaut. Der Hund ist vollkommen unbehaart, nur auf dem Kopf, an den Rändern der Ohren, an den Füßen und der Schwanzspitze sind einige wenige Haare. Er hat eine dunkle Haut und Nase.

Pflege und Auslauf

Diese Rasse muss mit einem Handtuch gut abgerieben werden. Er ist anfällig gegen Kälte.

Welpen und Erziehung

Pro Wurf kommen zwei bis fünf Welpen zur Welt. Die Mutter und die Welpen haben eine empfindliche Haut und benötigen eine spezielle Hautpflege.

mittelgroß, M 2 Jahre

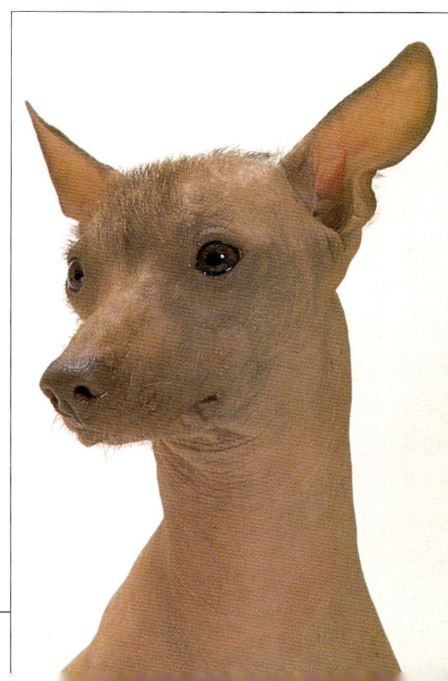

Pekinese

Wegen seiner glänzenden, goldenen Mähne und seines stämmigen Körperbaus war dieser Hund früher unter dem Namen Löwenhund bekannt. Er wurde aber auch Ärmelhund genannt, weil seine Besitzer ihn in den Ärmeln ihrer Kleider trugen. In der Tang-Dynastie war er ein heiliger Hund. Obwohl er klein ist, wirkt er edel und aristokratisch.

M 2 Jahre

Hintergrundinformationen

Der Ursprung dieser Rasse kann bis zu den Aufzeichnungen aus der Tang Dynastie (618 - 906 v. Chr.) zurückverfolgt werden, vielleicht ist er sogar noch älter. Der Pekinese wurde als heiliger Hund so geschätzt, dass jeder, der versuchte, ihn aus dem Palast zu stehlen, hingerichtet wurde. Mitte des 19. Jahrhunderts brachte ein britischer Offizier fünf bis sechs Pekinesen mit nach Hause, die während des Opiumkrieges

♂: 23 cm
6 kg

♀: 20 cm
4,5 kg

F 11 Monate

F 7 Monate

im Palast von Hsi Tai Hou zurückgelassen worden waren. Der Pekinese wurde 1909 vom amerkanischen Kennel Club offiziell anerkannt.

Wichtige Merkmale

Der untersetzte Pekinese hat leicht gebogene Vorderbeine, einen großen, breiten Kopf, herzförmige, weit auseinanderstehende Ohren, deren Fransen bis unterhalb vom Maul reichen, sowie einen hoch sitzenden Schwanz, der oberhalb vom Rücken getragen wird. Das Fell ist lang und glatt mit einem Unterfell, dichten langen Haaren am Hals, an den Beinen, am Schwanz und an den Zehen und eine üppigen, wallenden, löwenähnlichen Mähne am Hals. Es kann alle Farben haben, so zum Beispiel schwarz, getigert und zweifarbig. Eine schwarze Maske, die sich bis zu den Ohren und den Augen erstreckt, ist wünschenswert. Obwohl er reizend aussieht, ist dieser Hund unabhängig, selbstbewusst und stur. Er ist beherrscht und hat ein starkes Revierverhalten. Bei Leuten, die er nicht kennt, verhält er sich gleichgültig.

Pflege und Auslauf

Der Pekinese muss mindestens dreimal pro Woche gebürstet werden. Ein Einseifen des Fell sollte vermieden werden, weil es das Fell schädigt. Reinigen Sie das Fell mit Maismehl oder Babypuder und feuchten sie es dann mit etwas Wasser an. Diese Rasse braucht nicht getrimmt zu werden, aber seine Augen müssen täglich gepflegt werden, und zwar wenn nötig mit einer Augenflüssigkeit. Der Pekinese ist glücklich, solange er sich drinnen frei bewegen kann. Er braucht keine zusätzliche Bewegung. Junge Hunde sollten jedoch auch draußen laufen dürfen.

Welpen und Erziehung

Die Würfe mit 2 bis 4 Welpen werden oft mit schweren Komplikationen geboren. Sie leben zehn bis zwölf Jahre lang.

M 8 Monate

Zwergspitz

Die Vorfahren dieses teuren aber beliebten Toyhundes waren große, nordische Schlitten- und Hütehunde. Seine Größe wurde in England reduziert und sein Stil wurde in den USA festgelegt.

Hintergrundinformationen

Die Verkleinerung dieses Hundes begann in Pommern, in Osteuropa. Unter seinen Vorfahren sollen der Samoyede, der Norwegische Elchhund, der Chow Chow und arktische Hunde aus der Spitzfamilie gewesen sein. Die Beliebtheit kleiner Hunde im England des 18. Jahrhunderts förderte das Züchten kleiner Hunde und das Gewicht dieses Hundes wurde von 12 auf 2 kg verringert. Der Zwergspitz wurde von Königin Victoria sehr geliebt. 1900 wurde er in den Vereinigten Staaten offiziell anerkannt.

Wichtige Merkmale

Der winzige Zwergspitz hat einen kurzen Körper, einen geraden Rücken, eine lange, breite Brust, einen v-förmigen Kopf, eine breite, leicht vorstehende Stirn, sowie dunkle Mandelaugen, Stehohren und einen klar erkennbaren Stirnansatz. Außerdem hat er eine feste Schnauze und einen hoch sitzenden Schwanz, der sich über dem Rücken zusammenrollt. Er hat ein doppeltes Fell. Das Deckhaar ist rau, das Unterfell weich und wallend. Die Beine und der Schwanz sind dicht mit langen Haaren besetzt und das Fell auf der Brust

♂: 18 cm
1-3 kg

♀: 18 cm
1-3 kg

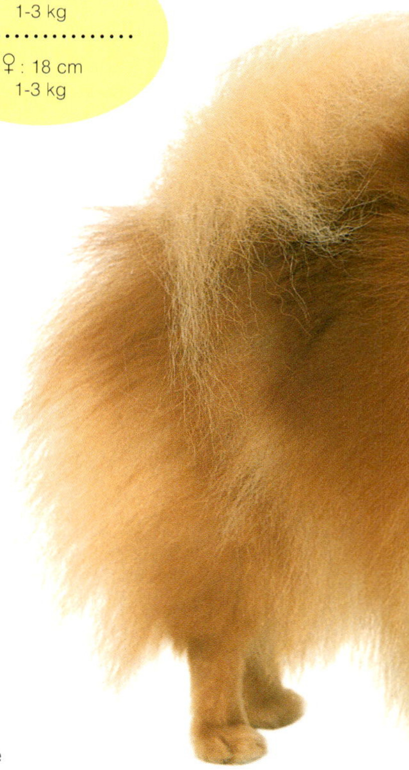

M 10 Monate

F 10 Monate

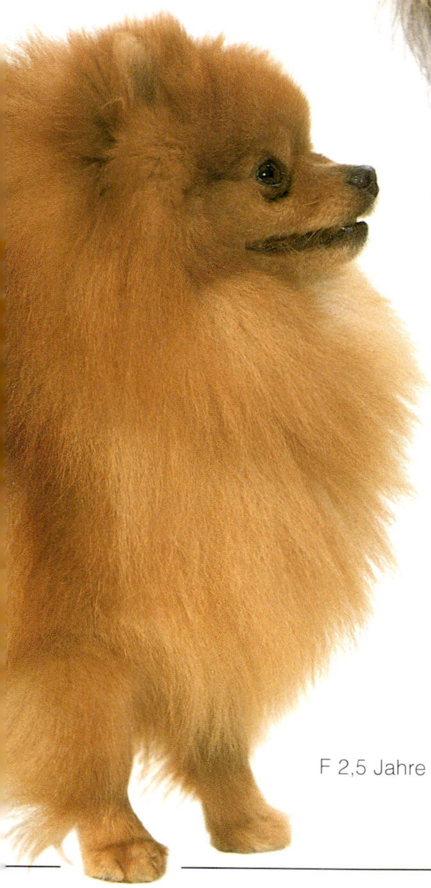

F 2,5 Jahre

ist gekräuselt. Das Fell kann alle Unifarben haben, wie zum Beispiel schwarz, braun, schokolade, rot, orange, creme und weiß.

Schattierungen in Rotbraun oder getigert sind möglich. Die Nase ist schwarz.

Pflege und Auslauf

Ausstellungshunde brauchen sehr viel Pflege. Wenn man das Fell täglich bürstet, bleibt es lang und üppig. Streuen Sie ein wenig Babypuder ins Fell und sprühen Sie etwas Wasser drauf, bevor Sie es bürsten. Wenn das Fell im Sommer wechselt, sollte man Einseifen vermeiden, damit es nicht geschädigt wird. Kontrollieren Sie die Zähne wöchentlich und die Augen täglich. Diese Rasse braucht ein Minimum an Bewegung.

Welpen und Erziehung

Pro Wurf kommen ein bis drei Welpen zur Welt. Die Farbe ihres Fells verändert sich, bevor sie mit 1 bis 1 1/2 Jahren ausgewachsen sind. Das komplette Fell haben sie mit 2 Jahren. Der Zwergspitz hat eine Lebenserwartung von neun bis elf Jahren. Diese Rasse ist geduldig, wodurch sie leicht zu erziehen ist.

Mops

Das tief gerunzelte Gesicht gab dem Mops, der im Englischen 'pug' heißt, seinen Namen. Im Wort 'pug' steckt noch das lateinische Wort 'pugna' = Faust. Der stämmige Körper ist harmonisch gebaut und hat einen großen, derben Kopf. Der gut gelaunte und schadenfrohe Mops gilt als Clown der Toygruppe.

Hintergrundinformationen

Der Mops war früher einmal das Haustier tibetanischer Mönche und wurde im 16. Jahrhundert das Maskottchen des Hauses Oranien in den Niederlanden, nachdem ein Mops den holländischen Prinz von Oranien vor den nahenden spanischen Invasoren gewarnt hatte. Obwohl er im späten 19. Jahrhundert in ganz Europa sehr beliebt war, starb er im 19. Jahrhundert fast aus. Später erlangte er seine Beliebtheit in den USA wieder zurück.

Wichtige Merkmale

Der muskulöse Mops hat eine breite Brust, gerade, sehr starke Vorderbeine, muskulöse Hinterbeine und einen großen, würdevollen Kopf. Außerdem hat er einen leicht gebogenen, dicken Hals, eine schwarze Maske, sowie eine gerunzelte Stirn, große, runde Augen, einen kurzen, schwarzen Nasenrücken und eine kurze, eckige Schnauze. Dazu hat er kleine, hoch sitzende, dünne Knick- oder Rosenohren hat und einen Schwanz, der sich zweimal ringelt. Das Fell ist kurz, weich und dicht. Es kann schwarz, silber, rehbraun und apricot mit rehbraun sein. Wenn es rehbraun ist, sollte er eine angedeutete schwarze Linie haben, die sich vom Kopf zum Schwanz erstreckt. Der Mops gibt einen grunzenden, nasalen Laut von sich, ähnlich wie ein Schwein, um sich mit Menschen zu unterhalten. Er schnarcht auch, wenn er schläft. Dieser Hund ist

F 2 Jahre

M 3,5 Jahre

immer gesellig und spielt freudig mit seinen menschlichen Freunden. Obwohl er schnell lernt, ist er ein selbstsicherer Hund, der auf die Kommandos seines Herren reagiert, sofern er es für richtig hält.

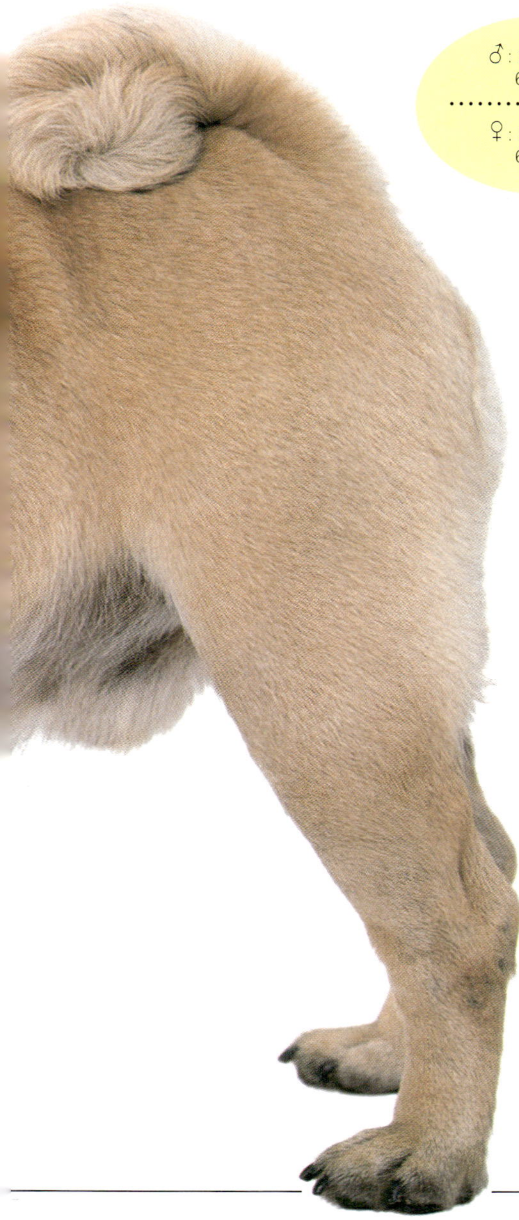

♂: 25-28 cm
6-8 kg

♀: 25-28 cm
6-8 kg

M 1 Jahr

Pflege und Auslauf

Diese Rasse verliert sehr viele Haare und muss mindestens zweimal wöchentlich gebürstet werden. Shampoo ist ebenfalls notwendig. Der Ansatz an der Schnauze muss immer sauber und trocken sein. Die Augen sollten jeden zweiten Tag ausgewaschen werden. Wenn man ihn nicht zum Essen zwingt, ist der Mops ein wählerischer Esser. Er braucht sehr viel mehr Bewegung als andere Toyhunde. Während der heißen Jahreszeit sollte man seine Atmung kontrollieren, um sich zu vergewissern, dass sie normal ist.

Welpen und Erziehung

Die Geburt der zwei bis fünf Welpen pro Wurf kann schwierig verlaufen. Es dauert 2-3 Jahre, bis die Welpen ausgewachsen sind und sie leben neun bis elf Jahre.

Shih Tzu

Shih Tzu bedeutet 'Löwe' auf chinesisch und bezieht sich auf das mähnenartige Fell des Hundes. Der Shih Tzu wirkt wie ein Aristokrat mit seinem hoch getragenen Schwanz und dem stolzen Gang.

M 1 Jahr

Hintergrundinformationen

Man glaubt, dass der Shih Tzu aus Tibet kommt und mit dem Pekinesen verwandt ist, obwohl viel von seiner Vorgeschichte unbekannt bleibt. Durch seine geringe Größe und sein langes Fell hat er im 7. Jahrhundert am chinesischen Hof Hunderte von Bewunderern angezogen. Dort tauchte er in vielen Gemälden und Skulpturen auf und war eines der beliebtesten Haustiere. In den 1930ern kam er nach England und nach dem 2. Weltkrieg wurde er von heimkehrenden Offizieren, in die USA. Er wurde 1969 vom amerikanischen Kennel Club anerkannt. Seitdem ist er sehr beliebt.

♂: 20-28 cm
3-6 kg

♀: 20-28 cm
3-6 kg

M 1 Jahr

Wichtige Merkmale

Der kleine Shih Tzu ist etwas länger als hoch. Er hat einen breiten Körper, einen geraden Rücken, einen langen Brustkorb, mäßig große Füße, sowie einen breiten, runden Kopf, eine eckige, nicht runzelige Schnauze mit einem klar erkennbaren Stirnansatz und große, runde, ausdrucksstarke Augen. Außerdem hat er große Schlappohren und einen hoch sitzenden Schwanz, der über dem Rücken getragen wird. Das üppige Fell ist dicht und reicht bis auf den Boden. Ein welliges Unterfell ist erlaubt. Alle Fellfarben sind erlaubt. Die Nase ist schwarz, aber leberfarbene Hunde dürfen auch eine leberfarbene Nase haben. Dieser Hund ist freundlich und kommt gut mit Kindern aus, so lange er vorsichtig behandelt wird. Die Größe und das Temperament dieser Rasse machen einen idealen Haushund aus ihm, sogar in Hochhaussiedlungen.

Pflege und Auslauf

Ein Ausstellungshund sollte einmal wöchentlich gebürstet werden. Nach dem Baden sollte er geföhnt werden. Die Haare auf dem Kopf sollten mit einem Band oder einem Gummiring zusammengebunden werden, sodass die Augen nicht gereizt werden. Die Ohren müssen einmal wöchentlich kontrolliert werden. Diese Rasse braucht ein Minimum an Bewegung. Sie liebt es, draußen zu spielen. Um die bestmögliche Präsentation bei einer Ausstellung zu erhalten, wird ein ausgewachsenes Fell am besten geschützt, indem man die Haarspitzen in Papier einwickelt.

Welpen und Erziehung

Die zwei bis vier Welpen kommen manchmal unter großen Schwierigkeiten zur Welt. Ihre Farbe verändert sich nach der Geburt. Innerhalb von 2 1/2 Jahren sind sie ausgewachsen.

M 1 Jahr

Toy Manchester Terrier

Wie sein Name schon andeutet, ist der Vorfahr des Toy Manchester Terriers der Manchester Terrier. Im 19. Jahrhundert wurde der Manchester Terrier durch selektive Zucht verkleinert, um diese Rasse zu schaffen, die sich schnell an Etagenwohnungen gewöhnt, entweder alleine oder mit einem anderen Hund.

M 4 Jahre

Pflege und Auslauf

Das Fell muss zweimal pro Woche mit einer harten Naturbürste gebürstet werden. Bewegung auf einem kleinen Grundstück oder lange Spaziergänge sind gut, aber Freilauf ist einfach ideal.

Welpen und Erziehung

Die 3-5 Welpen wachsen schnell und sind nach einem Jahr erwachsen.

F 4 Jahre

♂: 25-30 cm
3-5 kg

♀: 25-30 cm
3-5 kg

Hintergrundinformationen

Der Manchester Terrier, der auch als Black and Tan Terrier bekannt ist, lebt seit Jahrhunderten in England. Der Toy Manchester Terrier, der in England unter dem Namen English Toy Terrier bekannt ist, wurde aus dieser Rasse gezüchtet, nachdem kleine Terrier, die im Haus gehalten wurden, in Mode kamen.

Wichtige Merkmale

Dieser Hund hat einen kleinen, mittellangen Körper, einen leicht gebogenen Rücken, einen schmalen, langen Brustkorb, einen schmalen, v-förmigen Kopf, sowie Stehohren mit spitzen Enden und einen gleichmäßigen Scherenbiss. Außerdem hat er einen peitschenähnlichen Schwanz, der zur Spitze hin spitz zuläuft und gerade nach unten getragen wird. Das kurze Fell ist dick, glatt und glänzend. Seine Farbe ist schwarz mit mahagonifarbenen und lohfarbenen Abzeichen. Weiß ist nicht wünschenswert.

Der intelligente, vorwitzige, aktive und anderen Tieren gegenüber oft aggressive Manchester ist auch ein guter Wachhund.

M 4 Jahre

Yorkshire Terrier

Der Yorkshire gilt mit seinem wallenden, langen Fell als lebendes Juwel und erfreut sich großer internationaler Popularität. Durch seine verwöhnten Augen und seinen aktiven Charakter war er schon immer ein beliebter Hund, obwohl er nur eine etwa hundert Jahre alte Geschichte hat.

Hintergrundinformationen

Dieser in viktorianischer Zeit in Yorkshire, England, geschaffene Hund wurde aus dem Manchester Terrier, dem Skye Terrier, dem Malteser und anderen Rassen als Rattenfänger gezüchtet. Der Yorkshire Terrier kam 1878 in die USA. Die kompakte Größe, die reizende Ausstrahlung und der vergnügte Charakter hatten eine große Anziehungskraft und der "Yorkie" ist nun in der Gruppe der Toyhunde die beliebteste Rasse.

Wichtige Merkmale

Der kompakte und harmonisch gebaute Yorkshire Terrier hat einen gerade Rücken, einen kleinen Kopf mit einem recht flachen Schädel, kleinen, v-förmigen Stehohren, glänzenden, mittelgroßen, dunklen Augen mit schwarzen Rändern und einer schwarzen Nase. Das glänzende, üppige Fell, das eng am Körper anliegt, ist glatt und reicht auf den Boden. Es teilt sich vom Kopf bis zum Schwanz. Seine Farbe ist stahlblau auf dem Rücken und am Schwanz, gold am Kopf, auf der Brust und an den Füßen. Der Yorkshire ist sehr anhänglich und liebt die Gesellschaft seines Herren; wenn man ihn jedoch alleine zu Hause lässt, zerstört er möglicherweise aus Einsamkeit Sachen. Dieser Hund ist am besten für jemanden geeignet, der einen dauerhaften Gefährten haben will. Wenn man ihn vorsichtig behandelt, ist er Kindern und anderen Tieren gegenüber gutmütig. Der intelligente, gelehrige und sehr leicht zu erziehende Yorkshire ist trotz seiner geringen Größe ein guter Wachhund.

M 4 Jahre

F 11 Jahre

♂: 15-18 cm
1-3 kg

♀: 15-18 cm
1-3 kg

F 11 Jahre

Pflege und Auslauf

Wenn man ihn täglich bürstet und ihn regelmäßig von einem Profi frisieren lässt, bleibt das Fell in gutem Zustand. Der lange Haarschopf am Kopf wird normalerweise zusammengebunden. Seifen Sie diesen Hund vorsichtig ein, achten Sie darauf, dass ihm nicht kalt wird und trocknen Sie ihn schnell mit einem Föhn. Der Yorkshire braucht keinen besonderen Auslauf, so lange er sich drinnen frei bewegen kann. Er ist gegen Kälte und schlechtes Wetter anfällig.

Welpen und Erziehung

Normalerweise kommen 3 Welpen in einem Wurf zur Welt. Wenn die Mutter klein ist, könnte sie beim Werfen Schwierigkeiten haben. Neugeborene sind schwarz mit lohfarbenem Fell an den Augenbrauen, am Rand des Kiefers, auf Brust und Füßen. Sie sind nach zwei Jahren ausgewachsen.

Zwergpudel

Gruppe der Nicht-Sporthunde

Bulldogge .308
Boston Terrier .310
Kanaan Hund .311
Chow Chow .312
Dalmatiner .314
Eurasier .316
Französische Bulldogge .317
Finnischer Spitz .318
Deutscher Spitz .319
Italienischer Spitz .320
Japanischer Spitz .321
Wolfsspitz .322
Kromfohrländer .322
Lhasa Apso .324
Pudel .326
Schipperke .329
Schnauzer .330
Shar Pei .332
Tibet Spaniel .334
Tibet Terrier .335

Bulldogge

Dieses Nationalsymbol Großbritanniens ist ein recht stämmiger, wuchtiger Hund und wurde ursprünglich dazu gezüchtet, Bullen zu beißen. Die Bulldogge hat in Bezug auf ihre Popularität und Bekanntheit viele Aufs und Abs mitgemacht, aber sie hat sich zu einem liebevollen, fast schon netten Haustier entwickelt, obwohl sie manchmal stur ist.

M 2 Jahre

Hintergrundinformationen

Wenn man die Größe in Betracht zieht, war diese Rasse einmal recht wild, weil sie in die Nasen angeketteter Bullen biss, um sie zum Kampf anzuheizen. Es waren wahrscheinlich viele Kampfhunde an ihrer Entstehung in Großbritannien beteiligt, inklusive der Dogge. Die Bulldogge wurde später bei Hundekämpfen eingesetzt, als man Bullenkämpfe für inhuman hielt und verbot. Nachdem 1835 auch Hundekämpfe verboten worden waren, wurde die Wildheit dieses Hundes durch selektive Zucht eliminiert, obwohl er sein Aussehen beibehielt.

Wichtige Merkmale

Der schwere, mit derben Beinen ausgestattete Hund, der gleichzeitig niedrig und stark ist, kann sehr schnell sein. Er hat breite Schultern, ein besonders muskulöses Hinterteil, einen sehr großen Kopf, ein sehr kurzes Mopsgesicht, sowie einen großen, vorstehenden Unterkiefer mit Unterbiss, runde Wangen, und dicke, breite Lefzen, die bis weit unter dem Kiefer herunterhängen. Außerdem hat er vom Kopf bis zum Brustkorb eine Wamme, die dicke Falten wirft, kleine, rosenförmige, hoch sitzende Ohren, mittelgroße, runde, sehr dunkle Augen und eine große,

M 5 Jahre

♂: 30-41 cm
25 kg

♀: 30-41 cm
23 kg

M 1 Jahr

M 2 Jahre

breite, tief liegende Nase. Sein kurzer Schwanz, der am Schwanzansatz dick ist, dann spitz zuläuft und herunterhängt, ist entweder gerade oder geringelt.

Das Fell sollte einheitlich sein, getigert, ganz weiß, rot rehbraun oder gescheckt. Braun und Leber sind nicht erwünscht.

Pflege und Auslauf

Dieser Hund braucht nur gelegentlich mit einem rauen Tuch abgerieben zu werden und wenig Bewegung. Da er auf zu viel Bewegung und Hitze sensibel reagiert, ist eine kühle, gut durchlüftete Umgebung für ihn am besten. Er sollte alleine fressen, denn er neigt zum Futterneid und wird schnell anderen Hunden und Tieren gegenüber aggressiv.

Welpen und Erziehung

Die vier Welpen pro Wurf haben vergleichsweise große Köpfe und werden normalerweise mit Kaiserschnitt auf die Welt gebracht. Die Farbe bei der Geburt ist gleichzeitig ihre endgültige Farbe. Bulldoggenwelpen sind vergleichsweise einfach aufzuziehen und zu erziehen.

Boston Terrier

Der Boston Terrier, der von der Bulldogge und dem Bullterrier abstammt, ist eine der wenigen amerikanischen Rassen.

Wichtige Merkmale

Der kompakte, eckige Boston Terrier hat einen quadratischen, flachen, faltenlosen Kopf, eine kurze, breite Schnauze, sowie große, dunkle, runde Augen, die weit auseinanderstehen, kleine Stehohren und einen kurzen, geraden oder gedrehten Schwanz. Das kurze, glänzende Fell ist vorzugsweise getigert mit weiß, aber schwarz-weiß ist erlaubt. Ein breites Nasenband und eine Blesse zwischen den Augen und auf der Brust, sowie weiß an den Vorderbeinen und unterhalb der Sprunggelenke sind wünschenswert.

F 2 Jahre

♂: 25-41 cm
5-11 kg

♀: 25-41 cm
5-11 kg

Der fröhliche, intelligente und lebhafte Hund wird schnell zum Familienmitglied und ist gutmütig zu anderen Tieren und Kindern.

Pflege und Auslauf

Diese pflegeleichte Rasse benötigt nur eine intensive Massage mit einem rauen Tuch, ein gelegentliches Bad und ein wenig Auslauf.

Welpen und Erziehung

Das Herausrutschen der drei bis vier Welpen aus dem Geburtskanal ist bestenfalls als schwierig zu bezeichnen, sodass sie normalerweise durch Kaiserschnitt zur Welt kommen.

M 3 Jahre

Kanaanhund

Der als israelischer Nationalhund bekannte Hund ist eine mittelgroße, sehr alte Rasse, die einen starken Beschützerinstinkt hat.

M 8 Jahre

Hintergrundinformationen

Diese in Kanaan heimischen Hunde wurden von dort ansässigen Stämmen dazu gezüchtet, Schafherden und Gänse vor Dieben zu schützen. Heute wird er als Wach- und Schäferhund verwendet und hat auch für das israelische Militär als Wachhund und Nachrichtenübermittler gearbeitet.

Wichtige Merkmale

Der Kanaanhund ist mittelgroß, hat einen stämmigen Körper, einen gerade Rücken, runde, katzenähnliche Füße mit dicken Ballen und einen klaren, keilförmigen Kopf, einen Scherenbiss, sowie tief sitzende Stehohren, wodurch der Kopf breiter aussieht. Außerdem hat er einen hoch sitzenden, buschigen Schwanz, der sich über dem Rücken zusammenringelt. Diese Rasse hat mittellanges Deckhaar und ein Unterfell, das mit der Jahreszeit variiert. Das lange Fell ist üppig und ein Rüde sollte eine Mähne haben. Der flinke, wachsame Hund ist Fremden gegenüber sehr aggressiv und misstrauisch.

Pflege und Auslauf

Diese Rasse muss nur einmal pro Woche gebürstet werden. Viel anstrengende Bewegung an der Leine ist notwendig, aber Geschwindigkeit spielt dabei nicht unbedingt eine Rolle.

Welpen und Auslauf

Ein Wurf besteht aus 4-6 starken Welpen, die eine gewisse Wildheit und Distanz bewahren und deshalb von Anfang an erzogen werden müssen.

M 9 Jahre

♂: 50-61 cm
20-30 kg

♀: 48-58 cm
18-24 kg

Chow Chow

Dieser etwas entrückt wirkende, schöne Hund war wegen seiner blau-schwarzen Zunge und seines ungewöhnlich steifen Ganges einmal der beliebteste Sporthund der chinesischen Herrscher. Seine Geschichte geht zweitausend Jahre weit zurück, obwohl seine Ursprünge ungeklärt sind.

F 2 Monate

Hintergrundinformationen

Vermutlich geht der Chow Chow - eine der ältesten Haushunderassen - auf das Jahr 150 v. Chr. zurück. Manche Leute sagen, dass er auf den Akita und den Samoyeden zurückgeht. Wegen seines schweren Fells hat er sehr wahrscheinlich nordische, vielleicht sogar

F 1 Jahr

♂: 48-56 cm
20-30 kg

♀: 46-51 cm
16-25 kg

F 1,5 Jahre

Der Chow Chow ist von Natur aus ein Wachhund, der intelligent ist und seine Familie liebt, aber er kann auch arrogant und eigensinnig sein. Außerdem ist er unberechenbar gegenüber anderen Tieren.

Welpen und Erziehung

Die normalerweise drei bis sechs Welpen haben dicke Köpfe, weshalb eine natürliche Geburt schwierig ist, sodass sie normalerweise per Kaiserschnitt geboren werden. Die Erziehung zur Stubenreinheit sollte um die achte Wochen beginnen und das Gehorsamstraining sollte so früh wie möglich anfangen, um die Welpen an Menschen zu gewöhnen und um ihre unabhängige Natur zu zügeln.

arktische Ursprünge und dass er in die Mongolei, Sibirien und nach China gebracht wurde, wo er als Schlittenhund verwendet wurde.

Über Jahrhunderte hinweg wurde der Chow Chow in China als Sport- und Wachhund genauso eingesetzt wie als Pelztier oder als Delikatesse für den Esstisch. Man sagt, dass der Tang-Herrscher aus dem 17. Jahrhundert einen Zwinger mit mehr als 2.500 Chow Chow-Pärchen hatte. In den frühen 1880er Jahren wurden die ersten Chow Chows nach England exportiert. In den USA tauchte er 1890 erstmals als Ausstellungshund auf und ist dort heute eine sehr beliebte Rasse. Der Name der Rasse ist eigentlich englisch und kommt von einem Begriff, den britische Seeleute für ihre chinesische Fracht an Krimskrams verwendeten.

Wichtige Merkmale

Der kompakte, starke und quadratisch gebaute Chow Chow hat sehr muskulöse Schultern, einen langen, breiten Brustkorb, einen fülligen, starken Hals, sowie einen großen, breiten Kopf, der oben flach ist, und eine kurze, breite Schnauze. Außerdem hat er eine große schwarze Nase, eiförmige, dunkle Augen und kleine, abgerundete Stehohren. Er hat ein doppeltes Fell. Für das borstige Fell ist jede Farbe erlaubt.

M 7 Monate

Dalmatiner

Obwohl man über seine Ursprünge diskutieren kann, ist der Dalmatiner eine alte Rasse. Dieser Hund hat einen rhythmischen Gang und sieht sehr schick aus, denn er hat schwarze und leberfarbene Flecken. Im 19. Jahrhundert war er beim Adel sehr beliebt.

M 2 Jahre

Hintergrundinformationen

Ort und Datum des Ursprungs des Dalmatiners sind heftig umstritten, aber der derzeitige Name und die derzeitige Rasse kommen aus Dalmatien, einer Region an der Adria, nördlich von Albanien. Er hat seine Pflicht als militärischer Beobachter, als Schäferhund, als Apportierhund, als Rattenfänger, Vogelfänger und in Rudeln als Wildschwein- und Hirschjäger getan. Diese Rasse ist schnell, stark, und intelligent. Sie ist am bekanntesten als Kutschenhund, der neben Pferdefuhrwerken und Feuerwehrwagen herlief. Er hatte auch bewundernswerte Auftritte auf der Bühne und im Zirkus, sowie als Maskottchen von Feuerwachen.

Wichtige Merkmale

Der Dalmatiner hat einen starken Rücken mit einer gleichmäßigen, leicht gebogenen Rückenlinie, muskulöse Schultern, einen langen, aber nicht allzu breiten Brustkorb, einen elegant langen Hals, sowie einen mäßig langen, flachen Schädel und runde Augen, die dunkelschwarz, braun, blau oder hellbraun, golden oder dunkelblau sein können. Außerdem hat er mäßig große Hängeohren und einen langen, nach und nach schmaler werdenden

♂: 58-61 cm
22-25 kg

♀: 56-58 cm
22-25 kg

M 5 Jahre

F 2 Jahre

Schwanz, der bis zu den Sprunggelenken reicht. Das Fell sollte kurz, hart, dicht und glänzend sein. Der Untergrund sollte weiß sein und die Flecken sollten rund, deutlich abgegrenzt und von der Farbe her schwarz oder leberfarben sein und in etwa die Größe eines Fünf-Mark-Stücks haben. Der Dalmatiner, der ein guter Begleithund und ein gutes Haustier ist, ist offen und freundlich, aber von Fremden hält er sich manchmal fern und ist anderen Hunden gegenüber etwas unberechenbar.

Pflege und Auslauf

Dieser Hund braucht nur wenig frisiert zu werden, aber tägliches Bürsten trägt dazu bei, die ausfallenden Haare unter Kontrolle zu halten. Diese extrem aktive Rasse braucht und liebt viel Auslauf; ausgedehntes Laufen ist ideal.

Welpen und Erziehung

Wenn die 8-10 Welpen zur Welt kommen, sind sie weiß und die Flecken kommen nach 10 bis 14 Tagen zum Vorschein. Den Welpen muss man beibringen, dass sie ruhig und Fremden gegenüber nicht scheu sein sollen. Sie sind gelehrig und nehmen gerne am Training teil, wenn sie heranwachsen.

Eurasier

F 8 Monate

Der Eurasier gehört zu den neuesten Spitzrassen und ist ein sehr starker, mutiger, verantwortungsvoller und dennoch geselliger Hund. Er ist in seiner Heimat Deutschland sowohl ein ausgezeichneter Wachhund als auch ein sehr beliebtes Haustier.

Hintergrundinformationen:

Er wurde ca. 1960 von Julius Wipfel aus Weinheim geschaffen. Die Nachkommenschaft einer Kreuzung zwischen einem männlichen Chow Chow und einem weiblichen Wolfsspitz wurde mit einem Samoyeden gekreuzt, um den Grundstock für die Züchtung zu legen.

Wichtige Merkmale

Der Eurasier ist ein spitzähnlicher Hund, da er wie der Spitz vom Chow Chow abstammt. Er hat einen festen Körper mit einer geraden, gleichmäßigen Rückenlinie, geraden Vorderbeinen und einen keilförmigen Kopf mit einem flachen Schädel und klar erkennbaren Stirnansatz, mandelförmige, dunkle Augen, kleine, dreieckige Stehohren und einen hoch sitzenden Ringelschwanz. Sein dichtes Fell ist um den Hals herum und am Schwanz und an den Hüften länger und sollte rot, orange, wolfsgrau oder schwarz sein. Der Eurasier kann leicht zum Begleithund erzogen werden. Er ist gesellig und nett, gehorcht seiner Familie und kann als furchtloser Wächter und sogar als Jäger dienen.

Pflege und Auslauf

Das dichte Unterfell muss gelegentlich mit einer mittelharten Bürste gebürstet werden und das Deckhaar muss man kämmen. Ein Spaziergang pro Tag reicht aus.

Welpen und Erziehung

Die Mutter ist liebevoll und die 3-6 kräftigen Welpen pro Wurf kommen wahrscheinlich ohne fremde Hilfe zur Welt und wachsen problemlos heran. Damit sie möglichst gut gehorchen, sollte das Gehorsamstraining früh beginnen.

♂: 50-61 cm
18-32 kg

♀: 50-61 cm
18-32 kg

F 8 Monate

Französische Bulldogge

Diese Rasse mit ihren Fledermausohren und dem flachen Schädel war ursprünglich ein Bullenbeißer, kam aber als ergebener Haushund in Mode.

M 4 Jahre

Hintergrundinformationen

Laut auseinandergehenden Expertenmeinungen stammt sie entweder aus England oder aus Frankreich. Die Wahrheit könnte auch in der Mitte liegen: ihr Vorfahr war wahrscheinlich die französische Bulldogge, die im 17. Jahrhundert nach England kam, wo sie wegen ihrer Kampfkünste beliebt war.

Wichtige Merkmale

Der Hund hat einen kurzen Körper, einen zum Schwanz hin spitz zulaufenden Rücken, einen breiten, langen Brustkorb, gerade, muskulöse Vorderbeine, die etwas kürzer sind als die Hinterbeine, sowie einen großen, quadratischen Kopf, der zwischen den weit auseinanderstehenden Ohren flach ist und eine gewölbte Stirn. Außerdem hat sie eine breite, lange Schnauze, eine extrem breite, schwarze Nase und einen quadratischen, überstehenden Unterkiefer und mäßig große, runde Augen, die weit auseinanderstehen und tief liegen. Das Fell sollte kurz, glatt, fein strukturiert und glänzend sein. Es kann in allen Farben getigert sein, oder weiß, rehbraun und weiß getigert. Dieses sehr anpassungsfähige Haustier ist ein hingebungsvoller Einpersonenhund.

Pflege und Auslauf

Es ist lediglich notwendig, das Fell einmal täglich mit einem rauen Tuch abzureiben und obwohl der Hund recht aktiv ist, braucht er nur wenig Auslauf. Der kleine und ruhige Hund kann drinnen gehalten werden, wenn man darauf achtet, dass der Raum immer gut durchlüftet und niemals zu heiß ist.

Welpen und Erziehung

Wie bei anderen Bulldoggen kommen die Welpen normalerweise per Kaiserschnitt zur Welt, aber die 2-5 Welpen pro Wurf sind sehr kräftig.

M 2 Jahre

♂: 30 cm
8-10 kg

♀: 30 cm
8-10 kg

M 2 Jahre (links), F 2 Jahre (rechts)

Finnischer Spitz

Das Fell dieser Rasse wirkt wie eine Mischung aus Chow Chow und Fuchs. Wegen seiner einzigartigen Erscheinung und seiner Fähigkeit zu jagen hat der Finnische Spitz große Popularität gewonnen.

M 3 Jahre

Hintergrundinformationen

Die Rassenstandards für diesen Hund wurden 1812 in Finnland festgelegt. Sie wurde einmal von den Lappen dazu verwendet, Bären und Elche zu jagen; heute wird er als Vogelhund verwendet. Weil diese Rasse eine erfahrene Hand braucht, ist die Zahl der registrierten Hunde dieser Rasse in den letzten Jahren zurückgegangen.

F 4 Jahre

♂: 43-50 cm
23-27 kg

♀: 40-46 cm
20-25 kg

Wichtige Merkmale

Des Finnische Spitz hat einen langen Brustkorb, einen deutlich abgesetzten Bauch, eine spitze Schnauze, aufrechte Ohren, einen kurzen, muskulösen Kiefer und dunkle Augen mit einem charmanten Ausdruck, sowie einen locker zusammengeringelten Schwanz, der über dem Rücken getragen wird. Das kurze, glatte Fell ist bräunlich rot oder gelblich rot mit weißen Abzeichen auf der Brust und den Zehen. Dieser aktive, freundliche, nette, verlässliche und mutige Hund, der sich munter bewegt, ist seinem Herrn sehr treu, aber er kann anderen Hunden und Tieren gegenüber aggressiv sein.

Pflege und Auslauf

Diese Rasse braucht keine besondere Pflege außer gründliches Bürsten alle 4-5 Tage. Er ist mit einem kurzen Spaziergang täglich zufrieden, aber er läuft gerne im Gebirge oder auf Feldern.

Welpen und Erziehung

Die 3-6 Welpen pro Wurf kommen normalerweise ohne Komplikationen zur Welt. Die Welpen sollte so viel Kontakt wie möglich zu Menschen haben.

F 2 Jahre

Deutscher Spitz

Dieser Spitz ist in drei Größen zu haben und in seiner Heimat Deutschland sehr beliebt, aber anderswo noch immer kaum bekannt. Heutzutage wird er als Schäferhund verwendet.

M 4 Jahre

Hintergrundinformationen

Der Deutsche Spitz soll von den Samoyeden abstammen, die die Wikinger bei ihrer Europawanderung begleiteten. Diese Hunde waren der Grundstock für viele Spitzarten, die auf dem Kontinent Schäferhunde wurden. Der Deutsche Spitz wurde im Mittelalter in Norddeutschland und den Niederlanden entwickelt. Die drei Arten unterscheiden sich nur in der Größe: groß (50 cm), mittel (37 cm) und klein (28 cm).

Wichtige Merkmale

Der Deutsche Spitz hat einen keilförmigen Kopf, dreieckige Stehohren mit spitzen Enden und einen Schwanz, der sich über dem Rücken zusammenrollt. Das dicke, doppelte Fell ist lang und seidig, das Unterfell dick und dicht. Es ist schwarz, braun, schokolade, rotorange, creme, orange mit rotbraun, wolffarben mit rotbraun, biber, blau, weiß, zweifarbig, schwarz und loh und so weiter.

Dieser Hund ist fröhlich, unabhängig, intelligent, aktiv und immer wachsam, aber er kann bei Fremden auch kläffen und misstrauisch sein.

Pflege und Auslauf

Damit das lange Fell dieses Hundes erhalten bleibt, muss es gründlich gebürstet werden. Das Deckhaar sollte mit einem groben Kamm gekämmt werden und man sollte dabei darauf achten, das Haar nicht auszureißen und das Unterfell sollte lediglich gebürstet werden. Solange der Hund drinnen frei spielen kann, ist nicht viel Auslauf notwendig.

Welpen und Erziehung

Die zwei bis vier Welpen pro Wurf wachsen schnell heran und die Ohren, die eng am Kopf anliegen, stellen sich zwischen der achten und zwölften Woche auf.

F 1 Jahr

♂: 28-50 cm
10-20 kg

♀: 28-50 cm
10-20 kg

F 10 Monate

Volpino

Diese in ihrer Heimat sehr beliebte Spitzart ist attraktiv und empfindlich, aber mutig und sieht verwöhnt aus, benimmt sich edel und gibt einen guten Wachhund ab.

♂: 28-31 cm
5 kg

♀: 23-28 cm
4,5 kg

Hintergrundinformationen

Wie bei vielen andere Spitzrassen auch verlieren sich die Ursprünge dieser Rasse in der Geschichte. Trotz seiner Ähnlichkeit mit dem Deutschen Spitz und dem Zwergspitz hat diese Rasse etwas größere Ohren und Augen und einen runden Schädel.

F 1 Jahr

F 1 Jahr

Er ist in der Toskana als Florentiner Spitz bekannt und in Rom als Cane de Quirinale.

Wichtige Merkmale

Der kompakte, fuchsähnliche Volpino hat einen v-förmigen Kopf und kleine, dunkle Augen, dreieckige Stehohren und einen buschigen Schwanz, der sich über dem Rücken zusammenrollt. Sein dickes, etwas derbes, langes Deckhaar sollte spitzig und am Hals, an den Lenden und am Schwanz am längsten sein. Es kann weiß, rot oder honigfarben sein.

Der intelligente, fröhliche, flinke und furchtlose Hund ist sehr gehorsam, treu und anhänglich.

Pflege und Auslauf

Obwohl es lang ist, muss das Fell nur gelegentlich mit einer mäßig harten Bürste gebürstet werden. Kurze, tägliche Spaziergänge sind alles, was er an Bewegung braucht.

Welpen und Erziehung

Die Mutter ist gut in der Lage für die zwei bis fünf Welpen pro Wurf ohne fremde Hilfe zu sorgen. Er ist auch leicht zu erziehen.

Japanischer Spitz

Der vollkommen schneeweiße und als japanische Spitzrasse einzigartige Hund hat eine charakteristische, spitze Schnauze, ist ein sehr beliebter Begleithund und gewinnt weltweit an Gefolgschaft.

M 4,5 Jahre

♂: 28-31 cm
7-10 kg

♀: 28-31 cm
6-9 kg

Hintergrundinformationen

Diese Hund ist eine relativ neue Rasse. Man sagt, dass schneeweiße Samoyedenhündinnen, die von einem Tokyoter Züchter im frühen 20. Jahrhundert aus Kanada importiert wurden, mit den Nachkommen von schneeweißen Hunden, die auch zu einer importierten Rasse gehörten, gekreuzt und in Nagoya gezüchtet wurden. Bis etwa 1955 wurde der Japanische Spitz die beliebteste Rasse im Land. Er war der erste Hund, der in Japan offiziell als reinrassig anerkannt wurde.

Wichtige Merkmale

Der harmonisch gebaute, edle Japanische Spitz hat eine spitze Schnauze, einen kleine, runde, schwarze Nase, feste, verschlossene, schwarze Lefzen und einen Scherenbiss. Er hat außerdem dunkle Mandelaugen mit schwarzen Rändern und kleine, dreieckige, Stehohren. Außer den kurzen Haaren im Gesicht, an den Ohren, an der Schnauze, an den Zehen der Vorderbeine und unterhalb der Sprunggelenke hat er ein doppeltes Fell und vom Hals bis zur Brust und am Schwanz hat er lange Haare. Dieser Hund verfügt über scharfe Sinne und ist intelligent, fröhlich und freundlich im Umgang mit Kindern und außerdem seinem Herrn treu.

Pflege und Auslauf

Gelegentliches Bürsten ist alles, was außerhalb des Fellwechsels, wenn abgestorbene Haare ausgekämmt werden sollten, notwendig ist. Ein Spaziergang täglich wird sehr geschätzt.

Welpen und Erziehung

Die 3-6 Welpen pro Wurf sind kräftig und lassen sich leicht erziehen.

M 6 Jahre

Wolfsspitz

Der auch als der Holländischer Schifferspitz oder Keeshund bekannte Hund ist ein idealer Familien- und Wachhund und in seiner Heimat während der letzten 200 Jahre sehr beliebt.

M 10 Monate

Hintergrundinformationen

Die wahrscheinlich aus nordischen Schlittenhunden entwickelte Rasse war bis zum späten 18. Jahrhundert in den ganzen Niederlanden sehr verbreitet. Kees de Gyselaer aus Dordrecht, der Führer der Patrioten, besaß einen Hund namens Kees, der das Maskottchen der Partei und der Hund des Volkes wurde. Als die Patrioten verloren, verringerte sich die Beliebtheit der Rasse dramatisch. Sie wurde nie als Arbeitshund gezüchtet und diente einzig und allein als treu ergebener Begleithund.

Wichtige Merkmale

Der fuchsähnliche Wolfsspitz hat einen kurzen, kompakten Körper, der ungefähr so groß wie lang ist, einen keilförmigen Kopf, dunkelbraune, mandelfarbene Augen, kleine, hoch sitzende dreieckige Stehohren und einen fest zusammengeringelten Schwanz, der über dem Rücken getragen wird. Das Deckhaar sollte üppig, spitzig, lang und glatt sein und das Unterfell muss dick und weich wie Daunen sein. Das Unterfell ist hellgrau oder cremefarben, das Deckhaar schwarz und grau mit schwarzen Spitzen. Um die Augen herum sind brillenähnliche Ränder. Der nette, anhängliche und vor allem bei Kindern immer freundliche Hund wird von vielen Menschen als ideales Haustier angesehen.

♂: 46 cm
18 kg

♀: 43 cm
16 kg

F 4 Jahre

Pflege und Auslauf

Man sollte das Fell zweimal pro Woche etwa 45 Minuten lang bürsten, um das üppige Fell von verfilzten Stellen frei zu halten. Außer wenn es notwendig ist, sollte man vermeiden, diesen Hund zu baden, da das Fell dadurch weich werden kann. Diese Rasse passt sich gut an das Leben in der Stadt an.

Welpen und Erziehung

Die 3-8 Welpen sind schwarz oder seehundbraun und werden innerhalb von 4 Monaten weiß oder cremefarben. Die Abzeichen tauchen zwischen dem fünften Monat und 1 1/2 Jahren nach der Geburt auf.

F 4 Jahre

Kromfohrländer

Dieser Hund ist ein intelligenter, gehorsamer Begleithund mit einer fröhlichen Ausstrahlung und einem mäßig langen Fell. Er passt in jede Umgebung und ist sogar für kleine Etagenwohnungen geeignet.

Hintergrundinformationen

Man glaubt, dass der Kromfohrländer im 19. Jahrhundert als eine Kreuzung zwischen einem Englischen Griffon und einem Foxterrier aus Deutschland kam. Er ist ein wachsamer, anhänglicher Wachhund und Begleiter und kommt mit in drei Fellvarianten vor, wie hier gezeigt wird. Der ansprechende Ausdruck dieses Hundes macht es jedem schwer, ihn nicht zu knuddeln.

Drahthaar M 4 Jahre

Langhaar, M 4 Jahre

♂: 38-46 cm
12 kg

♀: 38-46 cm
12 kg

Wichtige Merkmale

Der kleine und kompakte Kromfohrländer hat gerade Vorderbeine, einen schlanken, v-förmigen Kopf, eine große, schwarze Nase, einen Scherenbiss oder gleichmäßigen Biss, sowie dunkle, ovale Augen, dreieckige, abgerundete Hängeohren, die dicht am Kopf anliegen, einen geschwungenen Hals und einen leicht gebogenen, mäßig langen Schwanz, der hoch getragen wird. Das Fell kommt in drei Varianten vor: lang, drahthaar kurz (etwas hartes, kurzes Haar) und drahthaar (mittellanges Fell). Alle haben eine weiße Grundfarbe mit hellen, kastanienbraunen Abzeichen; schwarze Abzeichen sind nicht wünschenswert. Der seinem Herrn gegenüber treue und liebevolle Kromfohrländer nimmt alle Herausforderungen mit Begeisterung an.

Pflege und Auslauf

Diese pflegeleichte Rasse braucht nur einmal pro Woche gebürstet und einmal täglich ausgeführt werden.

Welpen und Erziehung

Die drei bis fünf kräftigen Welpen kommen ohne große Schwierigkeiten zur Welt und können leicht aufgezogen werden. Die natürliche Neugier macht es recht einfach, sie zu erziehen.

Drahthaar F 1,5 Jahre

Lhasa Apso

Der Lhasa Apso blickt auf eine mehr als 1300 Jahre alte Geschichte als Wachhund für die Gemächer tibetanischer Klöster zurück. Mit seinem luxuriösen, langen Fell hatte er eine gute Isolierung gegen das harsche Klima im Himalaya. Dieser mutige, sehr wachsame Hund ist ein ergebener Gefährte.

F 3 Jahre

Hintergrundinformationen

Die älteste und beliebteste der in vier Tibet beheimateten Rassen hat eine unbekannte Herkunft. Dieser Hund wurde oft als Haustier und Wächter gehalten, nicht nur in Lamaklöstern, sondern auch in den Häusern normaler Menschen, da man glaubte, sie würden die Seelen toter Menschen aufnehmen und sie deshalb sehr respektierte. Sie wurden auch wegen ihres sehr gut entwickelten Gehörs gelobt und vom Dalai Lama als besonderes Geschenk überreicht. Außerdem wurden sie vielen chinesischen Herrschern geschenkt. 1929 wurden sie in London auf einer Hundeausstellung erstmals gezeigt, gewannen dann eine gewisse Gefolgschaft und wurden 1933 vom Kennel Club offiziell anerkannt. Der amerikanische Kennel Club erkannte sie 1935 an.

Wichtige Merkmale

Der Lhasa Apso hat einen kompakten Körper, länger als hoch. Er hat einen schmalen Schädel, eine mittellange Schnauze, eine schwarze Nase, mittelgroße, dunkelbraune, ovale Augen, sowie einen dicht mit langen Haaren besetzten, hoch sitzenden Schwanz, der wie ein Korkenzieher hoch über dem Rücken getragen wird. Das Fell ist sehr üppig, lang und schwer und glattes Fell sollte weder seidig noch weich sein. Kopf, Körper und Beine sind mit Fell bedeckt und das Fell im Gesicht ergibt einen Bart. Das Fell kann golden, sandfarben, honigfarben, dunkelgrau, schieferfarben, rauchfarben, schwarz und zweifarbig sein. Gold oder löwenfarben mit dunklen Spitzen an den Ohren und am Bart wird am liebsten gesehen. Dieser bei seinem Herrn liebevolle Hund ist Fremden gegenüber wachsam und hält sich von ihnen fern. Kindern gegenüber ist er nicht gerade großzügig und er mag es nicht, wenn man ihn missbraucht oder respektlos behandelt, zudem ist er aufbrausend.

♂: 25-28 cm
7 kg

♀: 23-25 cm
6 kg

Pflege und Auslauf

Dieser Hund braucht sehr viel Fellpflege, die tägliches Bürsten und zweimal wöchentlich gründliches, mindestens zweistündiges Frisieren beinhaltet. Damit beginnt man, sobald der Hund acht bis zehn Wochen alt ist. Diese sehr aktive Rasse braucht auch ein gewisses Maß an regelmäßiger, täglicher Bewegung, entweder drinnen oder draußen.

Welpen und Erziehung

Die vier bis fünf Welpen pro Wurf werden normalerweise etwas dunkler geboren als sie später als Erwachsene sind. Sie lassen sich leicht erziehen und Gehorsamsübungen sollten mit sechs Wochen beginnen.

M 4 Monate

M 3 Jahre

Pudel

Diese elegante Rasse, die lange als französischer Nationalhund angesehen wurde, kommt in drei Größen vor und hat weltweit eine Beliebtheit erlangt, die von keiner anderen Rasse erreicht wurde.

Hintergrundinformationen

Der Standardpudel, der entweder aus Deutschland oder Russland kommt, wurde hauptsächlich als Wasser-Apportierhund verwendet. Das Wort Pudel kommt vom alt-deutschen Wort 'pudeln', das für das platschende Geräusch eines ins Wasser tauchenden Ruders steht. In Russland zog der Hund außerdem Milchwagen. Der Standardpudel kam nach Frankreich, wo man ihn herunterzüchtete, um den Toypudel zu entwickeln, der im 18. Jahrhundert rasch ein beliebtes Haustier

♂: 28-38 cm
3-6 kg

♀: 28-38 cm
3-6 kg

Standard, M 2 Jahre

♂: 38 cm
6-10 kg

♀: 38 cm
6-10 kg

der europäischen Aristokratie wurde. Die sportliche Art das Fell zu scheren wurde ursprünglich dazu verwendet, das Schwimmen zu erleichtern, aber modernere Schuren wie die Löwenschur kamen schnell in Mode. Die extrem intelligente, mit ihrer Mimik schnelle und gelehrige Rasse wurde zu einem der Hauptakteure in den Kabaretts und in Wanderzirkussen.

Zwerg, M 3 Jahre

Wichtige Merkmale

Die drei Pudelarten, die sich nur durch ihre Größe unterscheiden, sind quadratisch gebaut, bewegen sich sehr stolz und haben eine kurzen Rücken, einen langen Brustkorb, breite, muskulöse Lenden und einen mäßig runden Schädel. Außerdem hat der Pudel eine lange, gerade Schnauze mit einem klar erkennbaren Stirnansatz, lange, breite Schlappohren, die dicht am Gesicht hängen und einen hoch sitzenden Schwanz, der gerade und aufrecht getragen wird. Das dichte, harsche Fell kann einfarbig schwarz, weiß, café au lait, braun, silbern, grau oder blau sein. Die für Ausstellungen geeigneten Variationen, das Fell zu scheren, sind der Babyschnitt (für Hunde unter einem Jahr), der sportliche englische Sattelschnitt und der Kontinentalschnitt. Alle Pudel sind treu, verspielt und manchmal überschwänglich, aber der Standard ist außerdem auch mutig und kümmert sich nicht um triviale Dinge, während der Zwerg- und der Toypudel eher wählerisch und erregbar sind und sich deshalb für Kinder nicht gut eignen.

Pflege und Auslauf

Das Fell wächst schnell, muss eingeseift und pro Woche zwei bis fünf Stunden gebürstet werden. Außerdem muss man es trimmen und rasieren. Sobald der Hund 3 1/2 Jahre alt ist, muss er alle

Toy, F 8 Jahre

♂: 25 cm
2-3 kg

♀: 25 cm
2-3 kg

Standard, F 5 Jahre

M 2 Jahre

F 3 Jahre

drei bis sechs Wochen geschoren werden. Die Ohren und Zähne müssen regelmäßig kontrolliert und gesäubert werden. Alle Pudelgrößen passen sich gut an das Leben in der Stadt an. Diese Rasse ist unabhängig vom Ort aktiv, aber sie sollte sich größtenteils drinnen bewegen.

Welpen und Erziehung

Die Würfe bestehen bei Standard- und Zwergpudeln aus drei bis acht Welpen und bei Toypudeln aus zwei bis fünf Welpen, bei denen das Fell seine Farbe verändert, bis es mit zwei Jahren seine endgültige Farbe hat. Das Gehorsamstraining sollte mit sechs Monaten anfangen.

Schipperke

Trotz seiner geringen Größe ist dieser widerstandsfähige, schnelle und normalerweise langlebige belgische Hund ein großartiger Familienhund, weil er extrem gut zu Kindern ist und oft als deren Wächter fungiert.

Hintergrundinformationen

Dieser winzige Hund wurde in Flandern entwickelt, indem man den Leauvenaar Schäferhund herunterzüchtete. Früher einmal war er in erster Linie ein Schiffswachhund und in der Tat bedeutet der Name Schipperke 'kleiner Kapitän'. Er war bis 1885 ein Begleiter der Arbeiter, als die belgische Königin einen auf einer Ausstellung in Brüssel kaufte. Er kam 1888 erstmals in den Vereinigten Staaten an.

Wichtige Merkmale

Der Schipperke hat einen kurzen, geraden, starken Rücken, einen leicht gebogenen Kiefer, eine runde Lende, einen langen, breiten Hals, ein breites Fuchsgesicht, verengte runde Augen und hoch sitzende, dreieckige Stehohren. Außerdem hat er dunkelbraune, ovale Augen, eine kleine schwarze Nase und eine mittelgroße Schnauze. Er hat ein doppeltes Fell mit einem kurzen, dichten Unterfell und leicht rauem Deckhaar. Der auf alles in seiner Umgebung neugierige Schipperke ist lebhaft, wachsam und manchmal unabhängig. Er ist Fremden gegenüber reserviert und wachsam. Er ist ein mutiger, ergebener Wachhund und ein aggressiver Rattenfänger.

M 5 Jahre

Pflege und Auslauf

Diese Rasse ist pflegeleicht, denn sie muss zweimal pro Woche schnell gebürstet werden und einmal täglich ausgeführt werden.

Welpen und Erziehung

Die drei bis sieben Welpen pro Wurf müssen sich innerhalb der ersten sechs Monate an Gehorsamsbefehle gewöhnen und mit Menschen zusammen sein.

♂: 30 cm
8 kg

♀: 30 cm
8 kg

F 7 Monate

Schnauzer

Obwohl sich diese drei beliebten Rassen in Größe und Verwendung sehr unterscheiden, haben sie denselben Namen, den im Grunde den gleichen Körperbau, charakteristische, lange, buschige Augenbrauen und einen kennzeichnenden Backenbart, sowie derbes, drahtiges Fell.

Hintergrundinformationen

Der in Deutschland gezüchtete Mittelschnauzer ist der älteste Schnauzertyp und der Ursprung der anderen. Dieser Hund wurde als Jäger auf Ratten und Wiesel gezüchtet, aber seine Allroundfähigkeiten machten ihn zu einem geschätzten Jäger auf Wasservögel, Wachhund und Haustier. Der Zwergschnauzer war auf Bauernhöfen und in Stallungen Wachhund. Der mit einem ausgezeichneten Geruchssinn ausgestattete Riesenschnauzer wurde als Treibhund gezüchtet und arbeitete später auch als Polizeihund.

Wichtige Merkmale

Die robusten, quadratisch gebauten, starken und muskulösen Schnauzer haben hoch sitzende, v-förmige Schlappohren, sowie üppige Augenbrauen, Barthaare und einen hoch sitzenden Schwanz. Der Zwergschnauzer hat einen kompakten, starken Körper, der Mittelschnauzer hat einen stämmigen, schwer gebauten, quadratischen Körper und der Riesenschnauzer hat einen großen, starken Körper. Das dichte, derbe Fell ist doppelt und besteht aus einem drahtigen Deckhaar und einem weichen, kurzen Unterfell. Der Mittelschnauzer und der Riesenschnauzer sollten entweder pfefferfarben oder schwarz sein. Der Zwergschnauzer sollte entweder schwarz mit silbern, schwarz mit loh oder einfarbig sein.

Zwergschnauzer, M 1 Jahr

Zwergschnauzer, M 3 Jahre

♂: 30-36 cm
5-8 kg

♀: 30-36 cm
5-8 kg

Mittelschnauzer, M 3 Jahre

Lohfarbene Schattierungen sind erlaubt. Der Zwergschnauzer ist zu Menschen freundlich, aber wachsam und bellt gut. Der Mittelschnauzer ist mutig, gehorsam, flink, aktiv und sehr gelehrig.

Rüden können anderen Tieren gegenüber aggressiv sein. Der Riesenschnauzer hat scharfe Sinne, ist freundlich bei seiner Familie und bei Kindern und furchtlos.

Pflege und Auslauf

Die Fellpflege besteht aus täglichem Bürsten und Kämmen und dass man abgestorbene und gespaltene Haare herauszieht, wobei man den Partien, an denen das Fell lang ist, besondere Aufmerksamkeit schenkt. Alle drei Schnauzerarten lieben es, schnell an der Leine zu laufen und sollten gelegentlich die Gelegenheit haben, auf einem großen Gelände frei laufen zu können.

Welpen und Erziehung

Obwohl die Mutter recht nervös ist, zieht sie ihre Welpen gut auf. Normalerweise besteht ein Wurf bei Zwergschnauzern aus 3-6 Welpen, bei Mittelschnauzern aus 4-9 und bei Riesenschnauzern aus 4-8.

♂: 46-50 cm
12-18 kg

♀: 43-48 cm
10-15 kg

♂: 63-69 cm
34-43 kg

♀: 58-64 cm
30-40 kg

Riesenschnauzer, F 3 Jahre

Shar Pei

Grob übersetzt bedeutet der Name des Hundes 'faltige, sandpapierähnliche Haut' und bezieht sich auf ein einzigartiges Fell, das diesem fröhlichen, unabhängigen, liebevollen Hund fälschlicherweise ein trauriges Aussehen verleiht.

M 5 Jahre

Hintergrundinformationen

Obwohl man glaubt, dass dieser Hund aus China kommt, weiß man nur wenig über seinen Stammbaum. Einige Leute halten die Tibetdogge zu seinen wahrscheinlichen Vorfahren, weil er einmal bis zu 63 kg wog. Einen gemeinsamen Stammbaum mit dem Chow Chow sagt man ihm nach, weil nur diese Rassen eine schwarzblaue Zunge haben. Dieser Hund hütete Schafe und andere Viehherden und wurde auch für Hundekämpfe verwendet. Außerdem diente er früher als Nahrungsmittel. Dass er 1978 im Guinness Buch der Rekorde als die seltenste Hunderasse aufgeführt wurde, hat ihn weltweit bekannt gemacht. Heute ist diese Rasse ein einzigartiges Haustier.

Wichtige Merkmale

Der kompakte, sehr aktive und quadratisch gebaute Shar Pei hat einen kurzen Rücken, der leicht konkav gebogen ist, sowie einen breiten, langen Brustkorb, schwere, gerade Vorderbeine, ein muskulöses, eckiges Hinterteil und Afterkrallen an den Hinterbeinen, die jedoch entfernt werden. Außerdem hat er Hasenfüße mit dicken, beweglichen Ballen, feinen Falten im Gesicht, die in eine Wamme münden, sowie einen großen Kopf mit einem breiten, flachen Schädel und einem angedeuteten Stirnansatz, eine charakteristische, recht lange, breite, quadratische Schnauze, eine große, breite Nase, die vorzugsweise schwarz sein sollte und einen Scherenbiss. Abgesehen davon hat er mittelgroße, dunkle Mandelaugen, die etwas hervorstehen und kleine, hoch sitzende, dreieckige Ohren. Die lose, sehr faltige Haut sollte mit einem rauen, glatten, bürstenähnlichen Fell bedeckt sein, das jede Unifarbe haben kann, z.B. schwarz, rot, rehbraun, creme und so

M 1 Jahr

♂: 46-51 cm
18-23 kg

♀: 40-46 cm
16-20 kg

weiter. Weiße Abzeichen sind nicht wünschenswert. Der sehr anhängliche, aber ruhige Shar Pei liebt es, mit Kindern zu spielen und ist ein gutes Haustier und ein guter Wachhund.

Pflege und Auslauf

Wegen der losen Haut dieser Rasse muss das Fell, inklusive Gesicht, vom Welpenalter an mit einer festen Bürste gebürstet und gut mit einem Handtuch abgerieben werden. Regelmäßige, tägliche Bewegung an der Leine sollte die Betonung auf das Ziehen legen, nicht auf Schnelligkeit.

Welpen und Erziehung

Jeder Wurf besteht aus 4-6 kräftigen Welpen, die so früh wie möglich mit Menschen Kontakt haben sollten.

F 5 Jahre

M 7 Monate

Tibetspaniel

Durch seine reizende, liebevolle Natur hat diese alte Rasse, die im Himalaya heimisch ist, weltweit einen bevorzugten Platz als Begleithund und Haustier in den Häusern von Menschen.

M 7 Monate

M 3 Jahre

Etwa 1800 wurde er nach England gebracht, wo er durch selektive Zucht verändert wurde, damit seine Schnauze länger wurde und man ihn so besser vom Pekinesen unterscheiden konnte.

Wichtige Merkmale

Die Körperlänge des Tibetspaniels übertrifft seine Höhe etwas. Er hat einen relativ kleinen Kopf, eine mittellange Schnauze, einen leichten Überbiss, sowie einen hoch sitzenden, mit vielen langen Haaren besetzten Schwanz, der sich über dem Rücken zusammenrollt. Sein seidiges Fell ist an den Ohren und an den Rückseiten der Hinterbeine lang. Alle Farben sind möglich. Dieser gut gelaunte, gesellige Hund, der sich von Fremden fernhält, kann trotz seiner geringen Größe vollkommen furchtlos und selbstbewusst sein.

♂: 25 cm
4-7 kg

♀: 25-27 cm
4-7 kg

Hintergrundinformationen

Der Ursprung dieser Rasse kann mindestens tausend Jahre weit zurückverfolgt werden. Er war ein Gebetshund, der Schicksalsräder in Lamaklostern drehte, mit denen ein kleiner Pergamentzettel ausgewählt wurde, auf dem jemandes Schicksal geschrieben war.

Pflege und Auslauf

Der Tibetspaniel muss zwei- oder dreimal pro Woche gebürstet werden. Er ist sehr aktiv und tägliche Spaziergänge und Laufen sind notwendig.

Welpen und Erziehung

Ein Wurf besteht aus 2-4 Welpen.

F, M, M, F, M, (von links) 6 Monate

Tibetterrier

Diese Rasse wurde von tibtanischen Lamas und Dorfbewohnern fast zweitausend Jahre lang gezüchtet. Der deutsche Name des Hundes ist etwas irreführend, weil in seinen Adern kein Terrierblut fließt. Dieser ausnehmend widerstandsfähige, sehr kompakte, schäferhundähnliche Hund ist sehr anhänglich und ein Gefährte, der immer gefallen will und gerne reist.

Hintergrundinformationen

Diese Rasse wurde lange von tibetanischen Lamas und Mönchen geschätzt. Der Hund wurde oft verschenkt, um Freunden Respekt zu erweisen und als Glücksbringer zu dienen. Er wurde nie verkauft, da das Schicksal beim Verkauf von Glück schlecht gestimmt würde. Außerdem wurde diese Rasse nie mit anderen gekreuzt, weil man glaubte, dies könnte das Glück verwässern.

Wichtige Merkmale

Der Tibetterrier hat einen kompakten, starken Körper, einen deutlichen Stirnansatz und einen mittellangen, hoch sitzenden Schwanz, der sich über dem Rücken zusammenrollt. Das dicke, doppelte Fell ist an Kopf und Beinen lang und unter dem Kinn hat er einen kurzen Bart. Der sehr intelligente und anpassungsfähige, manchmal jedoch etwas scheue und reservierte Hund ist ein ergebener Gefolgsmann, der gerne an Familienaktivitäten teilnimmt.

Pflege und Auslauf

Verhindern Sie, dass das Fell sich verhakt, indem sie es 2x pro Woche 1 Stunde lang bürsten und den Hund regelmäßig baden. Obwohl diese Rasse sich gut an das Leben in der Stadt anpasst, brauchen sie viel Bewegung.

Welpen und Erziehung

Pro Wurf kommen 5-8 Welpen zur Welt. Die weiß geborenen bleiben auch so, aber solche mit hellem Fell werden schließlich golden, rotbraun oder silbern sein.

M 2 Jahre

♂: 35-41 cm
8-14 kg

♀: 35-41 cm
7-13 kg

M 2 Jahre

Glossar

Abgeknipstes Gesicht Gesicht mit einer spitzen, schwachen Schnauze, das weder tief noch breit ist.

Abzeichen Ein kleiner Fleck mit Haaren, deren Farbe mit dem restlichen Fell kontrastiert. Sie befinden sich normalerweise am Kopf oder am Rumpf.

Afterkralle Einen funktionslose fünfte Zehe an der Innenseite des Hundebeins.

Aka Das Wort bedeutet im Japanischen 'rot' und dieser Fachausdruck des japanischen Kennel Clubs bezieht sich auf Fellfarben von heimischen Rassen, die von hellem loh bis zu tosabraun reichen.

Aka-goma Dieser Fachbegriff des japanischen Kennel Clubs bedeutet rötlichsesam, und steht für das Fell japanischer Rassen, das schwarz auf rotem Untergrund ist.

Aka-tora Dieser Begriff bedeutet im Japanischen 'roter Tiger' und ist ein Fachausdruck des japanischen Kennel Clubs für ein schwarzes Tigermuster auf rotem Untergrund.

Albino Ein Hund, der ein ungewöhnliches rezessives Gen hat, das die Bildung von Melanin verhindert und so bewirkt, dass dieser Hund ein weißes oder elfenbeinfarbenes Fell und rosa oder blaue Augen hat.

Apfelkopf Eine sehr runde, kuppelförmige Schädeldecke (vgl. S. 29); zum Beispiel beim Chihuahua.

Apricot Der Fachbegriff des japanischen Kennel Clubs für ein rötlich gelbes Fell. (vgl. S. 31)

ASCOB Dies ist eine englische Abkürzung für "Any solid color other than black". Ein Hund kann jede Unifarbe als Fellfarbe haben außer schwarz. Dennoch ist ein bisschen weiß auf der Brust oder am Hals, sowie lohfarbene Flecken erlaubt.

Ballen Eine zähe, dicke Verlängerung der Haut, die sich an der Unterseite der Pfoten befindet und als Stoßdämpfer wirkt.

Bambusblattohr Der Fachbegriff des japanischen Kennel Clubs für ein leicht gefaltetes, einem Bambusblatt ähnliches Ohr, das weit hinten am Kopf sitzt. (vgl. S. 30)

Barthaare Recht lange Tastorgane, die als Haare an den Seiten der Schnauze und manchmal auch am Unterkiefer auftauchen, z.B. beim Brüsseler Griffon.

Befederung Stellen, an denen das Fell länger ist, beispielsweise an den Rändern der Ohren, den Beinen, dem Schwanz und dem Körper.

Begleithund Ein Hund, der bei mehreren vom Kennel Club lizenzierten Gehorsamswettbewerben eine bestimmte Punktzahl erreicht hat und der deshalb das CD-Zeichen hinter seinem Namen tragen darf.

Belton Dies ist ein Fachbegriff des Kennel Clubs für das Muster von farbigen Flecken auf weißem Untergrund, wie man es beim English Setter findet. Der Name kommt von einem Dorf in Northumberland. Die Varianten sind blau (schwarz-weiß), tricolor (blau mit loh), orange, zitrone und leber-Belton (vgl. S. 32).

Biber Ein Fachbegriff des japanischen Kennel Clubs für ein Fell, das etwas dunkler als rehbraun ist.

Biscuit Der Fachbegriff des japanischen Kennel Clubs für ein fast cremefarbenes, hell rehbraunes Fell.

Biss Die relative Position der oberen und unteren Zahnreihen zueinander bei geschlossenem Maul. Die Typen sind: Scherenbiss, gleichmäßiger Biss, Unterbiss, Überbiss.

Bleistiftstriche Schwarze Linien, die die lohfarbene Färbung an den Zehen unterteilen, wie man sie z.B. beim Manchester Terrier findet.

Blue Merle Eine angeborene Verwässerung des schwarzen Fells, die durch ein rezessives Gen verursacht wird, das phänotypisch als blau vorkommt (vgl. S. 31).

Blauschwarz Blaues Fell mit schwarzen Spitzen (vgl. S. 31).

Blenheim Der Fachbegriff des Kennel Clubs für gleichmäßig auf einem perlmuttweißen Untergrund verteilte, kastanienrote Flecken, wie man sie z.B. bei Cavalier und King Charles Spaniels, sowie dem Japanischen Chin findet.

Blesse Ein weißer Streifen, der in der Mitte des Gesichts normalerweise zwischen den Augen verläuft (vgl. S. 32).

Blockkopf Ein quadratischer, wie ein Würfel aussehender Kopf wie beim Boston Terrier (vgl. S. 29).

Bobtail Dieser Begriff wird sowohl als Bezeichnung für die gleichnamige Rasse als auch für einen Hund gebraucht, der von Natur aus keinen Schwanz hat (vgl. S. 30).

Brille Eine Schattierung oder ein dunkles Abzeichen, das die Form einer Brille hat und auch an der entsprechenden Stelle auftaucht. Sie kommt beispielsweise beim Keeshund vor.

Bronze Ein kupferfarbenes Fell (vgl. S. 32).

Bunt Ein Fell, das sich aus relativ großen, ungleich geformten Flecken in zwei oder mehr Farben zusammensetzt, wobei eine dieser Farben normalerweise weiß ist.

Café au lait Der Fachbegriff des japanischen Kennel Clubs für ein kaffee- mit cremefarbenem Fell.

Camel Fachbegriff des japanischen Kennel Clubs für die Fellfarbe eines Wüstentieres.

Creme Ein hellgelbes Fell

Daumenabzeichen Schwarze Flecken auf oder in der Nähe der Fessel, wie beim Manchester Terrier.

Decke Eine einfarbige Fellfärbung vom Hals bis zum Schwanz und den Rücken entlang, sowie über einen Teil der Seiten des Körpers.

Deckhaar Normalerweise starre Haare, die länger und glatter als die des Unterfells sind, innerhalb dessen sie wachsen und das sie verbergen.

Dishface Gesicht, bei dem der vordere Teil von der Nasenspitze bis zum Stirnansatz eine konkave Linie bildet.

Doppeltes Fell Ein Fell, das sowohl eine äußere Schicht mit wetterfesten Haaren und eine innere Schicht mit weicheren Haaren hat, damit es warm hält und wasserdicht ist.

Drahthaar Ein derbes, gekräuseltes, drahtiges Fell als Schutz gegen schlechtes Wetter und Feinde.

Dreieckiges Auge Ein Auge, das so aussieht, als hätte es drei Augenwinkel. Der Eindruck entsteht durch das umgebende Gewebe wie beim Afghanischen Windhund (vgl. S. 29).

Dudley Nase Eine fleischfarbene oder rosa Nase. Führt bei vielen Rassen auf Hundeausstellungen zur Disqualifizierung.

Eichhörnchenschwanz Ein gebogener Schwanz, der hoch und nach vorne getragen wird (vgl. S. 30), z.B. beim Papillon.

Fahne Ein langer Schwanz mit Befederung, der hoch getragen wird (vgl. S. 30).

Fell Das Haar, das den Hund bedeckt. Es kann einfach oder doppelt sein.

Fellpflege Sie besteht darin, das Fell zu bürsten, zu kämmen oder zu trimmen.

Fessel Teil des Beines zwischen dem Knöchel und den Zehen.

Flecken Kleine Flecken in einer Farbe, die mit der des übrigen Fells kontrastiert. Mögliche Farben sind weiß und schwarz mit loh, in erster Linie im Gesicht, an den Ohren, den Beinen und am Schwanz.

Fledermausohren Ein rundes, breites Stehohr, z.B. bei Bulldoggen (vgl. S. 29).

Führhund Ein Hund, der besonders darauf trainiert ist, Blinde zu führen und gewissermaßen als deren Augen zu fungieren. Deutsche Schäferhund-Hündinnen und Labrador Retriever sind besonders dazu geeignet.

Gebrochenes Gesicht Eine zurückweichende Nase in Verbindung mit einem tief liegenden Stirnansatz, Falten und einem Unterbiss, wie bei Bulldoggen und Pekinesen (S. 29).

Gefleckt Fünf-Markstück-große, schwarze oder leberfarbene Flecken, die über den ganzen Körper verteilt sind, wie beim Dalmatiner.

Gelb Fachbegriff des japanischen Kennel Clubs für eine Fellfarbe zwischen fuchs- und hellbraun.

Geringelter Schwanz Ein fest zusammengeringelter Schwanz (einfach oder doppelt), der dicht am Hinterteil und den Sprunggelenken getragen wird, obwohl die Spitze hoch getragen werden kann.

Gesprenkelt Eine ererbte Fellfarbe, die durch ein einziges oder mehrere dominante Gene bestimmt wird und als geflecktes oder buntes Muster auftritt (vgl. S. 32).

Getigert Eine feine, gleichmäßige Mischung aus schwarzen Haaren und denen einer helleren Farbe wie loh, gold, braun oder grau, die normalerweise als gestreiftes, tigerähnliches Fell vorkommt, z.B. bei Boxern (vgl. S. 32).

Gewölbter Kopf Ein komplexer, gleichmäßig gerundeter Schädel, z.B. beim Amerikanischen Cocker Spaniel (vgl. S. 29).

Gewundener Schwanz Ein gebogener Schwanz, der auf eine Deformation der Schwanzwirbel zurückzuführen ist (vgl. S. 31).

Glasauge Diese Augenart ist auch als Fischauge oder Perlauge bekannt und hat eine blassblaue, weißliche oder farblose Iris (vgl. S. 29). Es kommt zum Beispiel bei der Deutschen Dogge mit Harlekinfell vor.

Glattes Fell Ein eng anliegendes Fell, das aus kurzen Haaren besteht.

Gold Eine Fellfarbe, die der eines Löwen ähnlich ist.

Goma Dies ist das japanische Wort für Sesam und ein Fachbegriff der 'Vereinigung für die Erhaltung der japa-

nischen Rassen', der für eine kontrastierende Fellfarbe steht. Es gibt vier verschiedene Sorten (aka goma, goma, kuro goma und shiro goma). Sie kommt bei in Japan heimischen Hunden vor.

Grizzle Ein gräuliches Fellmuster, das normalerweise eine Mischung aus schwarz, blaugrau, eisengrau mit roten bzw. weißen Haaren ist.

Hagebutte Ein drittes Augenlid oder eine Membran, bei manchen Rassen an der Innenseite des Augenwinkels zu sehen (vgl. S. 29), z.B. beim Bluthund, beim Bernhardiner und beim Clumber Spaniel.

Hakenschwanz Ein Schwanz, der niedrig getragen wird und bei dem sich die Spitze nach ober rollt (vgl. S. 30).

Halb stehendes Ohr Normalerweise ein spitz zulaufendes Ohr, bei dem nur die Spitze nach vorne abknickt (vgl. S. 29).

Handverlesen Auseinanderzupfen des Unterfells mit den Fingerspitzen.

Harlekin Ein Fellmuster aus blauen oder schwarzen Flecken auf weißem Grund, z.B. bei Deutschen Doggen (vgl. S. 32).

Heck Dieser Begriff bezieht sich auf den Schwanz eines Sport- oder Jagdhundes.

Höhe Sie wird manchmal auch als Schulterhöhe bezeichnet. Vertikales Maß vom Widerrist bis zum Boden (vgl. S. 28).

Honig Der Fachbegriff des japanischen Kennel Clubs für ein hellgelbes oder hellrotes Fell, z.B. beim Lhasa Apso.

Hosen Lange Haare an den Rückseiten der Hinterbeine, die den Hund so aussehen lassen als hätte er weite Hosen an, z.B. beim Schipperke.

Hundeausstellung Ein von einem nationalen Kennel Club ausgerichteter Championatswettbewerb bei der entweder nur eine einzige Rasse oder alle Rassen präsentiert werden.

Hundeführer Eine Person, die den Hund in einem Austellungsring oder bei einem Feldwettbewerb kontrolliert. Wenn er dafür Geld bekommt, gilt er als professioneller Hundeführer.

Jagdhund Ein Hund, der speziell dazu ausgebildet ist, mit seinem Herrn zusammenzuarbeiten und lebendes oder geschossenes Wild zu finden oder zu apportieren. Es kann auch eine für diese Arbeit repräsentative Rasse gemeint sein.

Jagdhundzeichnung Eine Fellfärbung, die aus lohfarbenen und/oder schwarzen Flecken besteht, die man am Kopf, am Rücken, an den Beinen und am Schwanz findet. Die Grundfarbe ist normalerweise weiß (vgl. S. 32), z.B. beim Beagle.

Kastanie Der Fachbegriff des Japanischen Kennel Clubs für eine mittelbraune Fellfarbe (vgl. S. 31).

Knickohr Ein Ohr, das teilweise nach vorne abgeknickt ist und die Ohrmuschel ganz oder teilweise verdeckt.

Körperlänge Die horizontale Entfernung vom vorderen Teil des Brustbeins bis zum hinteren Teil der Hüfte (vgl. S. 28).

Korkenzieherschwanz Ein von Natur aus kurzer Schwanz, der wie ein zusammengedrückter Korkenzieher geformt ist (vgl. S. 31), z.B. bei der Bulldogge.

Kragen Normalerweise weiße Abzeichen um den Hals herum.

Kurbelschwanz Ein Schwanz, der die Form einer Kurbel hat und tief getragen wird.

Kuro Dieses Wort heißt im Japanischen 'schwarz' und dieser Fachbegriff des japanischen Kennel Clubs bezieht sich auf schwarzes Fell, das mit hellrehfarbenen Haaren durchsetzt ist, wie z.B. bei einigen japanischen Rassen.

Kuro-Goma Dieser Fachbegriff des japanischen Kennel Clubs heißt 'schwarzer Sesam' und bezieht sich auf das Fell einiger japanischer Rassen, in dem mehr Schwarz enthalten ist als beim normalerweise vorkommenden Goma und das deshalb dunkler erscheint.

Kuro-Tora Im Japanischen bedeutet dies 'schwarzer Tiger' und dieser Fachbegriff des japanischen Kennel Clubs bezieht sich auf ein schwarz gestreiftes Tigermuster auf dunkler Grundfarbe, wie man es bei einigen japanischen Rassen findet.

Leber Dunkelbraune Fellfarbe (vgl. S. 31).

Leine Ein Riemen, ein Seil, eine Kette u.s.w., die am Halsband oder dem Geschirr des Hundes befestigt werden, um ihn festzuhalten oder zu führen.

Löwenfarbe Ein lohfarbenes Fell, z.B. bei den Ibizan Hounds.

Mähne Eine Fülle von langen Haaren im Genick und am Hals.

Mahagoni Der Fachbegriff des japanischen Kennel Clubs für ein kastanienrotes, fast rötliches, rehbraunes Fell wie bei Irish Settern (vgl. S. 31).

Mahagoni-loh Fachbegriff des japanischen Kennel Clubs für ein rötlich rehbraunes Fell, gelb gesprenkelt.

Mahagoni-gescheckt Ein geschecktes Muster auf mahagonifarbenem Grund.

Mandelaugen Ein verlängert erscheinendes Auge, bedingt durch das Auge umrahmende Gewebe (vgl. S. 29).

Maske Ein dunkles Gesicht, z.B. bei der Dogge, dem Boxer und dem Pekinesen (vgl. S. 32).

Matte Ein recht festes, geripptes Fell, z.B. beim Puli und beim Komondor.

Meliert Eine feine Mischung farbiger Haare mit weißen Haaren, z.B. beim Englischen Cocker Spaniel. Man verwendet meist noch ein zusätzliches Adjektiv, um die vorherrschende Farbe anzugeben; z. B. blau meliert, orange meliert, zitronen meliert, leber meliert (vgl. S. 32).

Merle Ein geschecktes oder buntes Fell, das durch ein einziges oder mehrere dominante Gene hervorgerufen wird, z.B. beim Collie (vgl. S. 32).

Molere Eine Deformation der Schädeldecke, deren Ursache in einer unvollkommenen oder anomalen Verknöcherung des Schädels besteht, z.B. beim Chihuahua.

Nasenrücken Die gerade oder gebogene Oberseite der Schnauze vom Stirnansatz bis zur Nase.

Orange Der Fachbegriff des japanischen Kennel Clubs für helle, rötlich lohfarbene Felle (vgl. S. 31).

Otterschwanz Ein runder, spitz zulaufender Schwanz, am Schwanzansatz dick, gescheitelte Haare an der Unterseite. Erstreckt sich nicht weiter als bis zum Sprunggelenk (vgl. S. 30), z.B. beim Labrador Retriever.

Ovale Augen Ein eiförmiges oder ovales Auge findet man bei Pudeln (vgl. S. 29).

Peitschenschwanz Ein spitz zulaufender Schwanz, der steif und gerade getragen wird, z.B. beim Dalmatiner (vgl. S. 31).

Pfeffer und Salz Eine Mischung aus schwarzen und weißen Haaren, z.B. beim Schnauzer (vgl. S. 32).

Polizeihund Ein Hund, der speziell für die Arbeit bei der Polizei ausgebildet ist.

Pompom Das runde Haarbüschel, das beim Scheren am Ende des Schwanzes stehen gelassen wird, z.B. bei Pudeln.

Porzellanauge Ein normalerweise hellblaues Auge, das manchmal hellblau gefleckt oder gesprenkelt ist oder ein weißliches Auge, z.B. bei blau merlefarbenen Collies.

Powder Puff Kleiner Hund mit viel Befederung, z.B. der Chinesische Schopfhund.

Quaste Lange Haare, die vom Schwanz herunterhängen (vgl. S. 32).

Ramsnase Eine Schnauze, die sich von der Schädeldecke aus bis zur Nasenspitze nach unten biegt wie beim Bull Terrier (vgl. S. 29).

Rattenschwanz Ein spitz zulaufender Schwanz, der am Ansatz dick ist und der nur wenig oder keine Haare hat, z.B. beim Irish Water Spaniel (vgl. S. 30).

Rauchfarben Ein Fell, das rauchfarben oder blaugrau ist.

Raues Fell Mittellanges oder langes Fell mit rauem Deckhaar.

Rehbraun Eine hellbraune oder rotgelbe, glänzende Farbe (vgl. S. 32).

Ringelschwanz Ein fast vollkommen runder Schwanz, der hoch getragen wird (vgl. S. 30).

Römische Nase Eine Nase, deren Rücken vergleichsweise so hoch liegt, dass eine leicht konvexe Linie von der Stirn bis zur Nasenspitze führt, z.B. beim Barsoi.

Rosenohr Ein kleines Hängeohr, das sich nach vorne und hinten wölbt und das Zäpfchen freilegt, z.B. bei Bulldoggen.

Rot Eine rot orange Fellfarbe, die Einzelfarben von hell oder gelblich rot bis hin zu knallrot enthält (vgl. S. 31).

Rot-Rehbraun Fachbegriff des japanischen Kennelclubs für ein dunkles, rötlich goldenes Fell.

Rubinrot Fachbegriff des japanischen Kennel Clubs für ein dunkelrotes, kastanienfarbenes Fell, z.B. beim King Charles Spaniel.

Rüsche Längerer, dickerer Haarwuchs um den Hals herum.

Rundes Auge Ein rundes Auge, z.B. beim Glatthaarigen Foxterrier (vgl. S. 29).

Sashi-o Japanischer Fachbegriff, der wörtlich übersetzt 'Sichelschwanz' heißt. Er bezieht sich jedoch auf einen Schwanz, der etwas weiter vorne und tiefer getragen wird (vgl. S. 30).

Sattel Ein schwarzes Abzeichen, das die Form eines Sattels hat und sich an der entsprechenden Stelle des Fells befindet.

Schädel Normalerweise meint man damit die Schädelknochen, aber dieser Fachbegriff bezieht sich auf den Teil des Kopfes vom Stirnansatz bis zu den

Augenhöhlen. Es gibt drei Arten: Den langen Schädel wie beim Barsoi, den kurzen Schädel wie beim Mops, dem Boston Terrier und dem Pekinesen und einen mittellangen Schädel wie beim Beagle und beim Setter.

Schatten Abgestuftes Haar, das an der Wurzel weiß ist und zur Spitze hin bunt wird.

Scherenbiss Ein starker Kiefer, bei dem die Innenseite der oberen Zähne ganz dicht an die Außenseite der unteren Zähne kommt, wenn das Maul geschlossen ist.

Schiefer Ein dunkles, graublaues Fell.

Schlappohr Ein nach unten geknicktes Ohr, das so dicht am Gesicht liegt, dass es die Ohrmuschel bedeckt, z.B. bei der Bulldogge (vgl. S. 29).

Schnauze Der Teil des Gesichts, der aus dem Nasenbein, den Nasenlöchern und dem Kiefer, sowie dem Bereich vor den Augen besteht.

Schokolade Fachbegriff des japanischen Kennel Clubs für Fellfarben von dunkel rehbraun bis braun.

Schopf Eine Stelle mit längeren Haaren auf dem Kopf.

Schultergelenk Gelenk zwischen Oberarm und Schulterblatt (vgl. S. 28).

Schur Eine Felltrimm-Methode, bei der ein eleganter Schnitt entsteht, z.B. der Löwenschnitt bei Pudeln.

Schwarze Maske Der Fachbegriff des japanischen Kennel Clubs für einen Hundekopf, bei dem das Gesicht und die Schnauze schwarz sind (vgl. S. 32).

Schwarze Schnauze Hier ist nur die Schnauze und nicht das ganze Gesicht schwarz.

Schwarz und loh Ein schwarzes Fell, mit lohfarbenen Abzeichen auf den Seiten der Schnauze oder am Hals, sowie an den Unterschenkeln durchsetzt. Außerdem sind einige kleine Abzeichen über den Augen und am After zu sehen (vgl. S. 32).

Seidenfell Ein anderer Name für ein glänzendes Fell aus langen, dünnen, weichen Haaren.

Shiro-Goma Ein Fachbegriff des japanischen Kennel Clubs, der übersetzt 'weißer Sesam' heißt und Fell mit schwarzen Haaren auf weißem Grund bezeichnet.

Sichelschwanz Ein Schwanz, der in einem Halbkreis nach oben getragen wird (vgl. S. 30).

Sichthund Dies ist ein Jagdhundrasse wie der Geryhound, der Barsoi oder der Irische Wolfshund, der Tiere eher auf Sicht als nach Geruch jagt und aufspürt.

Silber Fell, das leicht gräulich mit silber ist.

Silbergrau Graues Fell mit einem silbrigen Schimmer.

Socken Etwas längeres Fell an den Füßen eines Hundes bis zu den Fesseln und/oder den Afterkrallen.

Sprunggelenk Es handelt sich hierbei um die eigentliche Ferse des Hundes, die aus dem Tarsus, besteht, also einigen Knochen des Hinterbeines, die das Gelenk zwischen dem Unterschenkel und dem Metatarsus bilden.

Sprunggelenkkopf Die äußere Ecke des Sprunggelenks.

Spürhund Eine Jagdhundrasse, die Tiere über ihren Geruchssinn aufspürt, z.B. Beagle, Elchhund, Dackel, Foxhound und Otterhound.

Stag Red Fachbegriff des japanischen Kennel Clubs für ein rötliches Fell, einem ausgewachsenen Rotwildhirschen ähnlich.

Stahlblau Ein nicht silbernes, dunkelgraues, blaues Fell (vgl. S. 31).

Stammbaum Eine Auflistung von mindestens drei Generationen an Vorfahren eines Hundes.

Stehohr Ein Ohr, das spitz zuläuft und vollkommen aufrecht getragen wird.

Stirnansatz Der Punkt, an dem Nasenbein und Schädel zusammentreffen.

Stripper Ein spezielles Gerät mit Zähnen und einem Griff, mit dem man Haare aus dem Fell des Hundes herauszupfen kann.

Taubenführhund Führhund für taube Menschen.

Ticked Weißes Fell, das spärlich mit kleinen Flecken aus schwarzen, gefleckten oder gefärbten Haaren durchsetzt ist.

Tiger brindle Ein Fachbegriff des japanischen Kennel Clubs für ein schwarz gestreiftes Muster auf goldenem Untergrund (vgl. S. 32).

Tora-ge Dieser Fachbegriff des japanischen Kennel Clubs, der wörtlich übersetzt 'mit Tigerhaaren bedeckt' heißt, bezieht sich auf japanische Rassen mit einem getigerten Fell (vgl. auch aka-tora und kuro-tora)

Trab Ein rhythmischer, zweitaktiger Gang, bei dem die diagonal gegenüberliegenden Füße (zum Beispiel der rechte Hinterfuß und der linke Vorderfuß) gleichzeitig den Boden berühren.

Tricolor Ein Fell mit drei unterschiedlichen Farben, normalerweise Weiß, Schwarz und Loh.

Trimmen Frisieren des Fells durch Auszupfen und Scheren.

Troddel Befederung an den Ohren wie beim Bedlington Terrier.

Tulpenohr Ein recht breites Ohr, das aufrecht und etwas nach vorne getragen wird, wobei die Ränder sich leicht nach innen biegen.

Turn-up Eine nach oben gebogene Schnauze oder Unterkiefer wie bei der Bulldogge.

Unterbiss Ein Gebiss, bei dem die Schneidezähne der Unterkiefers die vorderen Zähne des Oberkiefers überlappen, wenn das Maul geschlossen ist.

Unterfell Ein dichtes, weiches, kurzhaariges Fell, das von längerem Deckhaar bedeckt wird.

Urajiro Dieser Fachbegriff des japanischen Kennel Clubs bedeutet 'weiße Rückseite' und bezieht sich auf die schneeweiße Unterseite eines Hundes vom Kinn zum Hals, zur Brust, zum Bauch, zu den Beinen und zum Schwanz bei japanischen Rassen.

Vieräugig Ein Fachbegriff des japanischen Kennel Clubs für Hunde mit kleinen, lohfarbenen Markierungen über den Augen.

Vogelhund Eine Sportrasse, die zur Jagd auf Wildvögel gezüchtet wurde.

Vollständiges Fell Ein Fell, das seine endgültige Länge und Fülle erreicht hat.

Vorstehen Die Haltung eines Jagdhundes. Er bleibt still stehen, um anzuzeigen, dass Wild vorhanden ist und wo es sich gerade befindet.

Vorstehendes Auge Ein großes, rundes, vorspringendes Auge, wie man es bei Chins und Möpsen findet (vgl. S. 29).

Wachhund Ein speziell ausgebildeter Hund, der auf bewachende Aufgaben trainiert ist, indem er auf Gebäude aller Art aufpasst und die Besitzer alarmiert, wenn Fremde sich nähern.

Wamme Recht lockere, herabhängende Haut unter der Kehle oder dem Hals, z.B. beim Boxer oder beim Basset (vgl. S. 28).

Weiß Eine Fellfarbe, die von schneeweiß bis rauchweiß reicht.

Weizen Ein blasses, gelbes oder rehbraunes Fell (vgl. S. 31).

Welpe Hund, der jünger als ein Jahr ist.

Welpenschnitt Schermethode bei Pudeln von neun bis zwölf Monaten. Die Haare im Gesicht, an den Füßen und an der Schwanzspitze werden geschoren, alle anderen bleiben stehen.

Widerrist Der Punkt direkt hinter dem Hals, von dem aus die Körperhöhe des Hundes gemessen wird.

Zangengebiss Gebiss, bei dem die oberen und unteren Vorderzähne aufeinander treffen, ohne sich zu überlappen, wenn das Maul geschlossen ist.

Zitrone Fachbegriff des japanischen Kennel Clubs für ein Fell von zitronengelb bis orangegelb.

Zobel Eine ererbte Haarfarbe aus Haaren mit schwarzen Spitzen auf einem silbernen, grauen, goldenen, rehbraunen oder braunen Grund (vgl. S. 32).

Zuchtregister Akte, in der die Besonderheiten bei der Zucht einer bestimmten Rasse aufgelistet sind.

Züchter Normalerweise eine Person, die Hunde züchtet, aber nach vielen Kennel Club-Regeln bezieht dieser Begriff sich speziell auf den Besitzer des Muttertieres (selbst dann wenn es für die Paarung geliehen worden ist), sobald der Wurf geboren wurde.

Zupfen Das Entfernen von Fell aus dem Deckhaar entweder mit den Fingern oder mit einem speziellen Gerät.

Index

Affenpinscher 266
Afghanischer Windhund 178
Airedale Terrier 222
Akita Inu 76
Alaskan Malamute 78
American Staffordshire Terrier . .224
Amerikanische Cocker Spaniel .132
Anatolischer Hirtenhund 34
Appenzeller Sennenhund 80
Australian Cattle Dog 36
Australian Kelpie 38
(Australian) Silky Terier 267
Australian Terrier 225
Barsoi .192
Basenji 180
Basset Fauve de Bretagne 186
Basset Hound 182
Bayer. Gebirgsschweißhund . . .187
Beagle 184
Bearded Collie 40
Bedlington Terrier 226
Belgischer Schäferhund 42
Bergamasker 44
Berner Laufhund 188
Berner Sennenhund 82
Bernhardiner 118
Bichon Frisé 268
Black and Tan Coonhound 189
Bluthund 190
Bobtail 60
Bordeaux Dogge 88
Border Collie 50
Border Terrier 229
Boston Terrier 310
Bouvier des Flandres 46
Boxer 84
Bretonischer Vorstehhund 134
Briard 48
Brüsseler Griffon 270
Bulldogge 308
Bullmastiff 86
Bullterrier 230
Cairn Terrier 232
Cavalier King Charles Spaniel . .272
Cesky Terrier 234
Chesapeake Bay Retriever 135
Chihuahua 274
Chinesischer Schopfhund 278
Chow Chow 312
Cirneco dell' Etna 194
Clumber Spaniel 136
Collie 52
Coton de Tulear 277
Curly-Coated Retriever 138
Dackel 196
Dalmatiner 314
Dandie Dinmont Terrier 235
Deerhound 195
Deutsch Kurzhaar/Drahthaar . . .150
Deutsche Dogge 94
Deutscher Jagdterrier 240
Deutscher Schäferhund 92
Deutscher Spitz 319
Deutscher Wachtelhund 149
Dobermann 90
Dogo Argentino 89
Drahthaariger Foxterrier 238
Drever 198
Elchhund 199
Englischer Springer Spaniel 146
English Cocker Spaniel 140
English Setter 144
Eurasier 316
Field Spaniel 147
Finnischer Spitz 318
Flat Coated Retriever 148
Foxhound 201
Französische Bulldogge 317
Glatthaariger Foxterrier 236
Glen of Imaal Terrier 241
Golden Retriever 152
Gordon Setter 154
Greyhound 202
Großer Münsterländer 164
Hamiltonstövare 204
Hokkaido 98
Holländischer Schäferhund 54
Hovawart 99
Ibizan Hound 206
Irischer Wolfshund 208
Irish Setter 156
Irish Terrier 242
Irish Water Spaniel 159
Island Hund 100
Italienischer Spitz 320
Italienisches Windspiel 280
Jack Russell Terrier 244
Jämthund 101
Japan Chin 282
Japanischer Spitz 321
Japanischer Terrier 284
Kai 102
Kanaan Hund 311
Karelischer Bärenhund 103
Katalonischer Schäferhund 51
Kerry Blue Terrier 246
King Charles Spaniel 285
Kishu .104
Komondor 56
Kooikerhondje 161
Kromfohrländer 322
Kuvasz .57
Labrador Retriever 162
Laika .105
Lakeland Terrier 248
Landseer 106
Leonberger 107
Lhasa Apso 324
Löwchen 286
Malteser 288
Manchester Terrier 250
Maremma-Abruzzenhund 58
Mastiff 108

Mastino Napoletano 109
Mexikanischer Nackthund 287
Mops .300
Mudi 59
Neufundländer 110
Norfolk Terrier 252
Norwich Terrier 253
Nova Scotia Tolling Retriever . . .165
Österr. Kurzhaarpinscher 81
Otterhound 210
Papillon 290
Pekinese 296
Peruanischer Nackthund 298
Petit Basset Griffon Vendéen . . .211
Pharaonenhund 212
Pinscher 112
Podengo Portugues 113
Pointer 142
Polnischer Niederungshütehund .62
Pont-Audemer Spaniel 166
Portugiesischer Wasserhund . . .168
Pudel .326
Puli 64
Pumi 65
Pyrenäenberghund 96
Pyrenäenschäferhund 66
Rhodesian Ridgeback 213
Rot-weißer Irish Setter 158
Rottweiler 114
Russischer Hütehund 116
Russischer Terrier 228
Saarloos Wolfhond 67
Sabueso Español 215
Saluki .214
Samoyede 120
Sarplaninac 68
Schapendoes 69
Schipperke 329
Schnauzer 330
Schweizerischer Laufhund 216
Scottish Terrier 254
Sealyham Terrier 260
Shar Pei 332
Shetland Sheepdog (Sheltie) 70
Shiba Inu 122
Shih Tzu 302
Shikoku 126
Siberian Husky 124
Siebenbürger Bracke 200
Skye Terrier 256
Soft-Coated Wheaten-Terrier . . .258
Spanischer Mastiff 127
Spinone 160
Staffordshire Bull Terrier 261
Sussex Spaniel 169
Tibet Dogge 129
Tibet Spaniel 334
Tibet Terrier 335
Tiroler Bracke 217
Tosa Inu 130
Toy Manchester Terrier 304
Ungarischer Windhund 205
Vizsla Kurzhaar 170
Weimaraner 172
Welsh Corgi Cardigan 72
Welsh Corgi Pembroke 74
Welsh Springer Spaniel 174
Welsh Terrier 264
West Highland White Terrier 262
Westgotenspitz 128
Wetterhoun 176
Whippet 218
Windhund 220
Wolfsspitz 322
Yorkshire Terrier 305
Zwergpinscher 290
Zwergspitz 298

Foto von Ray Paulsen

Tetsu Yamazaki

Der 1949 in Tokyo geborene Fotograf Tetsu Yamazaki ist Absolvent der Tama School of Art und studierte dann bei dem anerkannten Fotografen Yukichi Watanabe. Er arbeitete als freischaffender Fotograf und Autor und spezialisierte sich auf die Tierfotografie, wobei er Japan und das Ausland bereiste. Seine Tiermodels fühlen instinktiv seine Liebe zu Vierbeinern und entspannen sich deshalb schnell. Dies führt zu einer ungewöhnlichen Harmonie, die er festhalten und auf den Film bringen kann. Seine beeindruckenden Bilder etablierten ihn als führenden Hunde- und Katzenfotograf. Zu seinen Veröffentlichungen, Fotografien in Magazinen, Büchern und Kalendern, gehört auch der Band "Zauber der Katzen".

Toyoharu Kojima

Der Autor Toyoharu Kojima wurde 1933 in Tokyo geboren und ist derzeit Prüfer des japanischen Kennel Clubs und Direktor des West Tokyo Dog Club. Außerdem war er mehr als dreißig Jahre lang in Hundezirkeln aktiv. Zusätzlich zu seiner Tätigkeit als ein vom japanischen Kennel Club beauftragter, internationaler Richter für alle Rassen auf Hunderten von Hundeausstellungen in ganz Japan hat er auch an vielen internationalen Ausstellungen teilgenommen, die Westminster Crufts und das Australia National eingeschlossen. Der in der ganzen Hundewelt respektierte Toyoharu Kojima ist außerdem ein großer Katzenspezialist.